LES

TRAVAUX SOUTERRAINS

DE PARIS

2233. — PARIS, IMPRIMERIE A. LAHURE

9, rue de Fleurus, 9

PREMIÈRE PARTIE

LES EAUX

DEUXIÈME SECTION

LES EAUX NOUVELLES

PAR

M. BELGRAND

MEMBRE DE L'INSTITUT
INSPECTEUR GÉNÉRAL DES PONTS ET CHAUSSÉES
DIRECTEUR DES EAUX ET DES ÉGOUTS DE PARIS

PARIS

DUNOD, ÉDITEUR

LIBRAIRE DES CORPS DES PONTS ET CHAUSSÉES, DES MINES ET DES TÉLÉGRAPHES

49, QUAI DES AUGUSTINS, 49

1882

L'œuvre de M. Belgrand a été interrompue par la mort, le
8 avril 1878. Pour ses collaborateurs qui, deux jours aupara-
vant, à la réunion hebdomadaire des ingénieurs, avaient pu
admirer, comme à l'ordinaire, cette forte santé si rarement
atteinte et cette ferme intelligence portant, avec tant d'aisance, le poids de la plus lourde tâche, le coup fut particulièrement inattendu et cruel. Tous étaient ses amis et,
plus que personne, ils pouvaient apprécier l'étendue de la
perte que faisaient avec eux la science, la ville de Paris, le
pays tout entier.

De grands et légitimes hommages ont été rendus à la
mémoire de M. Belgrand. A l'Institut, le général Favé,
MM. Daubrée et Bertrand ; à la Société géologique, M. De-
laire ; dans la *Revue scientifique*, M. Mille, ont dit surtout
ce qu'était le savant et l'ingénieur. Plus récemment,
M. Lalanne, inspecteur général des ponts et chaussées,
membre de l'Institut, condisciple et ami de M. Belgrand,

a fait connaître, avec une double autorité, l'homme d'étude et l'homme de cœur, et tous ceux qui liront la notice, insérée dans les Annales des ponts et chaussées[1], trouveront, dans ces pages écrites avec émotion, un portrait réellement achevé, plein de vie et de relief.

Sur la proposition du Conseil municipal de Paris, le nom de M. Belgrand a été donné à une des voies de la grande cité pour laquelle il avait tant fait. Puis, dans la presse quotidienne, de nombreux écrivains ont tenu, en rappelant les travaux de l'ingénieur, à dire quelle était la reconnaissance de la population de Paris pour un de ses vrais bienfaiteurs.

Mais si la science, la ville de Paris et le corps des ponts et chaussées ont fait ce qu'ils avaient à faire, il reste, non seulement pour honorer la mémoire de M. Belgrand, mais encore pour compléter son enseignement, à terminer son œuvre écrite, et c'est cette tâche que ses collaborateurs entreprennent.

La dernière partie de l'ouvrage n'aura pas, à beaucoup près, le développement qu'elle mériterait et qu'elle devait avoir ; nous ne nous faisons aucune illusion à ce sujet, mais nous la présentons cependant avec confiance, parce qu'elle sera bien l'œuvre de M. Belgrand et non la nôtre, et qu'elle se composera, à peu près exclusivement, des notices, mémoires ou rapports, imprimés ou inédits, laissés par lui sur ce vaste sujet des travaux de Paris. Nous n'avons entendu faire autre chose qu'un travail de classement, complété par

[1] Numéro de novembre 1881.

quelques notes très courtes et absolument distinctes du texte. Nous sommes donc de simples éditeurs, et des éditeurs profondément respectueux[1].

Toutefois, malgré un défaut manifeste de proportion entre les préliminaires de l'œuvre, c'est-à-dire la description du bassin de la Seine et des anciens ouvrages, et l'œuvre elle-même, on aura un tableau exact de ce qui s'est fait à Paris, depuis le commencement du siècle, dans le service des eaux et de l'assainissement, et ce tableau, quoique réduit, sera complet pour les travaux de M. Belgrand, c'est-à-dire pour la période qui s'étend de 1854 à 1878.

Le texte, préparé en grande partie à l'occasion de l'exposition de 1878, forme un tout suivi, et nous avons rejeté dans un appendice ce qui, publié à des époques diverses et plus ou moins anciennes, n'aurait pu prendre naturellement sa place dans le corps même de l'ouvrage.

Ces rapports, ces fragments, dont quelques-uns n'avaient pas même été relus, ne sont pas et ne pouvaient être écrits avec le même soin. On reconnaîtra cependant, dans tout le volume, cette langue ferme et sobre, qui dit ce qu'elle veut dire et rien de plus. C'est M. Belgrand qui va parler et qui, en parlant, fait lui-même son portrait, d'une façon singu-

---

[1] Le libraire a désiré publier séparément ce qui est relatif au service des eaux. Tout ce qui concerne l'assainissement paraîtra ultérieurement, par les soins de M. l'ingénieur en chef Couche.

Recherches dans les papiers de M. Belgrand, révision des épreuves pour le texte et les planches, rédaction des tables, tout cela demandait plus de temps que nous ne pouvions en donner. Heureusement, nous avons pu être aidé dans notre tâche par M. Mourot, chef de bureau de la 2ᵉ Division du service des eaux et des égouts de Paris. Il a été pour nous un auxiliaire non moins intelligent que dévoué.

lièrement saisissante. On sent que l'excès, le superflu qu'il
ne veut pas dans les mots, il le tolérait encore moins dans
les choses. Rapports et travaux, tout devait se faire avec
une égale simplicité. Dire clairement et brièvement ce
qu'on a à dire; atteindre le but qu'on se propose le plus
complètement, mais le plus économiquement possible, telle
était sa règle absolue.

On lui a reproché quelquefois, et bien à tort, le dédain de
l'art. Tout ce qu'on peut dire, c'est que, pour lui, la beauté
d'un pont, d'une suite d'arcades, devait être dans la forme
et dans le relief, non dans la matière et dans le vêtement.
C'était d'ailleurs un esprit trop logique pour vouloir partout
la même simplicité ; seulement, même au milieu des villes,
il pensait que l'art doit d'abord être vrai, que son caractère
essentiel, c'est d'être en harmonie parfaite avec la destination de l'ouvrage et de l'accuser nettement.

Avec ce goût du vrai et du simple, ce qu'on sent le mieux
dans ses écrits, c'est l'union constante du savant et de l'ingénieur. La pensée de son service lui est toujours présente.
Qu'il s'occupe de géologie ou de météorologie, on ne cesse
de voir l'ingénieur derrière le savant. En géologie, il a une
prédilection évidente pour les terrains quaternaires et pour
le bassin de la Seine; en météorologie, ce sont les pluies,
c'est-à-dire les sources et les cours d'eau, qui le préoccupent
avant tout.

Voulant parfaitement faire sa besogne, il pensait que rien
de ce qui pouvait étendre ou éclairer l'art de l'ingénieur ne
devait lui être étranger, et, certes, la perfection, telle qu'il

la comprenait, était difficile à réaliser. Être, sur le terrain, un excellent conducteur de travaux, un constructeur auquel tous les détails du métier étaient familiers, puis, dans le cabinet, préparer les projets, exposer et défendre ses idées, diriger d'une main prudente et sûre un grand service : c'est ce qui est donné à bien peu. En outre, on le verra, l'homme de cœur n'était pas sans se montrer, et la pensée, qui allait sans fatigue des plus menus détails d'exécution aux vues d'ensemble et aux grands projets, savait quitter parfois les questions techniques pour aborder les améliorations que le service des eaux permettait de réaliser dans les conditions matérielles d'existence de la population de Paris.

Loin de nous la pensée de poser M. Belgrand en bienfaiteur de l'humanité. Il avait une véritable horreur pour toutes les exagérations et il détestait les grands mots, même quand ils s'appliquaient à de grandes choses. Nous ne voulons dire que ceci : c'est qu'il faisait son devoir, tout son devoir, complètement et simplement.

Certes, on s'apercevra encore, en le lisant, qu'on a affaire à un esprit rigoureux, pénétrant, très net, ennemi déclaré de l'à peu près. De notre temps, l'étude et l'attention se dispersent en bien des sens; on aime les formules simples, parce que l'amour du travail, la patience dans l'observation et la force de la volonté ne répondent pas toujours aux impatiences de l'esprit ou de l'ambition. M. Belgrand était, lui, un observateur réellement infatigable, d'une mémoire sûre, toujours en éveil, et il ne tirait de ses observations incessantes que leurs conclusions rigoureusement légitimes. Dans la question de l'influence des forêts sur le régime des cours d'eau, aussi bien que dans celle du débouché des ponts et dans beaucoup d'autres, il ne voulait pas de formules, pas de fausses généralisations. Ses conclusions pour les forêts ont été contestées, parce qu'on les a généralisées, ce qu'il ne songeait pas à faire. Elles ne s'appliquaient qu'au bassin de la Seine et aux forêts peuplées d'arbres à feuilles caduques, et dans ces limites elles restent absolument inattaquables.

Peu de temps avant sa mort, nous avions cru remarquer parfois quelques nuages dans le ciel d'ordinaire si serein du savant. Peut-être n'était-ce pas sans quelque tristesse qu'il voyait s'approcher l'heure de la retraite, le moment où il faudrait abandonner des créations qui étaient si bien les siennes et chercher un autre aliment au besoin de travail qui le possédait. Préoccupation toute naturelle, car celui-là n'est pas ingénieur, qui quitte, sans regret et même sans souffrance, ce qui a dû être l'objet de tant d'études et de tant de soucis.

Cette douleur lui a été épargnée ; mais, les travaux venant à manquer, la science lui serait restée et son intelligence eût eu encore d'autres aliments. On l'a dit : M. Belgrand aimait les arts et les lettres ; il pouvait faire de longues citations de nos grands écrivains ; et si tout cela ne se montrait qu'à de rares heures de délassement, c'est que sa ferme intelligence n'éprouvait guère le besoin de détente et de distraction. Puis, si on ne voyait d'abord en lui que le constructeur et le savant, l'homme qui aimait ses travaux d'un amour vif et

même un peu jaloux, qui défendait ses opinions avec une
extrême ardeur, il n'était pas cependant besoin d'un grand
sens d'observation pour découvrir bien vite l'homme affec-
tueux. Dans ses plus grandes préoccupations de service, l'ingénieur ne savait jamais résister à une question sur les en-
fants qui faisaient la consolation et la joie de sa maison. Sa
grave figure s'éclairait alors d'un bon et franc sourire, et il
entrait dans des détails qui montraient que, pour lui comme
pour beaucoup, la science et le travail avaient laissé au cœur
la promptitude et la fraîcheur des émotions de la jeunesse.
Quel vide sa perte a fait dans cette famille, où il donnait
l'exemple du travail sans trêve et du dévouement sans
réserve, c'est ce qu'elle seule pourrait dire, mais son sou-
venir y restera toujours vivant, et ce sera pour elle une
force en même temps qu'un honneur.

La science, les arts, les joies de la famille, n'auraient pas
seuls d'ailleurs consolé les dernières années de M. Belgrand. Cet esprit était trop grand pour ne pas s'élever
parfois au-dessus de cette terre, objet si aimé de ses études.
Il savait trop ce que coûtaient l'ordre et la règle pour croire
que tout marchait seul dans l'admirable ensemble de l'uni-
vers. Pendant les sombres jours du siège de Paris, au milieu
des angoisses qui étreignaient tous les cœurs, M. Belgrand
aimait à parler de ces graves sujets. Seulement, là encore,
on reconnaissait l'ingénieur et le savant; c'était dans les
faits qui se rattachaient à ses études, et notamment dans les
grands phénomènes géologiques qui ont si merveilleusement
préparé la terre, et le bassin parisien en particulier, pour

l'habitation de l'homme, qu'il voyait clairement la main première et souveraine.

Mais la passion maîtresse de sa vie, on ne saurait trop le répéter, ce fut la passion du travail et du devoir. La moindre perte de temps lui pesait. Dans les conférences de service, lorsque, après de longues discussions, il se disait quelques mots sur un sujet toujours grave, mais étranger aux travaux, c'est à peine si M. Belgrand prêtait, quelques instants, une oreille distraite; bientôt, il reprenait le dossier : « Allons, messieurs, disait-il, travaillons. » Travaillons! C'est une vieille et noble devise : elle eût pu être la sienne ; il pensait avec raison qu'elle devait être celle de la France.

A. BUFFET,

Inspecteur général des ponts et chaussées.

TRAVAUX SOUTERRAINS DE PARIS

DEUXIÈME PARTIE

LES EAUX NOUVELLES

CHAPITRE PREMIER

SÉPARATION DU SERVICE PUBLIC ET DU SERVICE PRIVÉ.

Paris est la seule ville du monde qui ait adopté, pour sa distribution d'eau, une double canalisation, destinée à séparer le service public du service privé. Lorsque le réseau sera complet, il y aura, dans toute rue de moins de 20 mètres de largeur, une conduite affectée au service privé, c'est-à-dire à la distribution d'eau dans les maisons, et, en outre, les tronçons de conduite nécessaires pour relier, aux artères maîtresses les plus voisines, les orifices d'écoulement des services publics.

Le double réseau sera établi sous chaque trottoir et, autant que possible, en égout, lorsque la rue aura 20 mètres et plus de largeur.

Le système n'est pas ancien. C'est en 1854 qu'il a été admis en principe par le Conseil municipal.

Les quartiers bas de Paris, c'est-à-dire les plus riches et les plus populeux de la ville, étaient alors alimentés exclusivement par l'eau du canal de l'Ourcq, et les vices de cette distribution commençaient à se faire vivement sentir. Elle avait surtout l'inconvénient de ne pouvoir atteindre les étages élevés ; malgré le robinet établi dans la cour, le porteur d'eau hantait encore les plus belles maisons. En effet, l'eau de l'Ourcq a pour point de départ le bassin de la Villette, dont le plan d'eau est à l'altitude de . . . . **52** mètres.

Le sol des rues à desservir est en moyenne un peu au-dessus de l'altitude . . . . **35** —

Différence ou charge . . . . **17** mètres.

Cette différence est absolument insuffisante pour la distribution d'une grande ville dont les maisons ont plus de 17 mètres de hauteur. Nous constatons tous les jours que les pertes de charge dans les conduites s'élèvent à la moitié au moins de cette différence de niveau.

L'eau de l'Ourcq ne monte régulièrement qu'au premier et au second étage, même dans les rues dont l'altitude ne dépasse pas 35 mètres, comme la rue de Rivoli.

Cette eau est d'ailleurs beaucoup trop chargée de sels de chaux, surtout de sulfate ; elle est souillée, dans le bassin de la Villette, par les déjections de 1500 mariniers. Elle ne convient donc pas au service privé ; elle est, au contraire, très suffisante pour le service public. L'altitude du bassin de la Villette permet de la répartir sur les deux tiers de la surface de l'ancien Paris, et, par son abondance, elle suffit amplement à l'alimentation des fontaines monumentales et au lavage des ruisseaux et des égouts.

Déjà, en 1854, les chefs de l'Administration de Paris, et notamment le préfet de la Seine, pensaient qu'on devait réserver l'eau du canal pour cet usage, et chercher une autre eau pour le service privé.

Cependant beaucoup de bons esprits, et notamment le directeur du Service municipal, défendaient vivement l'eau de l'Ourcq. Cette eau, suivant eux, valait mieux que sa réputation ; elle était, en somme, propre à tous les usages domestiques ; les propriétaires des maisons repoussaient d'ailleurs les distributions d'étages. Outre les frais énormes qu'exigerait l'adduction d'une autre eau, la double canalisation entraînerait aussi dans de grandes dépenses. Il convenait donc d'affecter l'eau du canal, non seulement au service public, mais encore au service privé.

Le préfet de la Seine était d'un avis absolument opposé, et, lorsqu'en 1854 il résolut de proposer au Conseil municipal la séparation des services, la double canalisation et l'adduction des eaux de source, il était en pleine dissidence d'opinion sur ce point avec le directeur du Service municipal.

Pour éviter un refus de concours qui paraissait imminent, ce magistrat me demanda officieusement, en avril 1854, de lui présenter un mémoire sur les sources qui pouvaient être conduites à Paris; j'étais alors ingénieur en chef de la navigation de la Seine entre Paris et Rouen, et, de plus, chargé du service hydrométrique du bassin de ce fleuve : le travail que le préfet me demandait rentrait donc dans mes attributions.

Dans des conférences préalables, j'avais fait remarquer au préfet que Paris était entouré d'une lentille de gypse qui gâtait l'eau des sources entre Château-Thierry et Meulan : il fallait donc s'attendre à aller chercher l'eau nécessaire aux besoins domestiques au delà de ces limites, c'est-à-dire à de grandes distances. La situation de Paris était, sous ce rapport, inférieure à celle de la plupart des autres grandes villes. Mais, néanmoins, ces mauvaises conditions ne devaient pas faire reculer l'Administration : il n'est pas plus permis de marchander à l'ouvrier l'eau saine et agréable que l'air pur et le bon pain.

Le préfet admit parfaitement ces raisons et me donna carte blanche.

Le 8 juillet 1854, je lui remis un rapport intitulé : *Recherches statistiques sur les sources du bassin de la Seine qu'il est possible de conduire à Paris;* il me paraît inutile de l'analyser ici. Je me bornerai à dire que le préfet en adopta les conclusions dans un premier mémoire, en date du 4 août suivant, et qu'il proposa, dans les termes suivants, la séparation du service public et du service privé :

« En ce moment, la quantité d'eau nécessaire pour assurer la marche de tous les services de la distribution est de 86 777 mètres cubes par jour, savoir :

SERVICE PUBLIC.

	MÈTRES CUBES.
Fontaines monumentales	9 910
Fontaines de puisage	4 630
Bornes-fontaines et bouches-sous-trottoir	35 600
Poteaux d'arrosement et bouches d'incendie	5 900
Total	56 040

SERVICE PRIVÉ[1].

		MÈTRES CUBES.
Fontaines marchandes		1 170
Concessions { à l'État . . . . 5 843 ; au département . . . . 88 ; aux établissements municipaux . 7 812 }	11 743	
aux particuliers		17 824
Ensemble 30 737		30 737
Résumé des deux catégories		86 777

« Mais il faut prévoir l'extension progressive du service des bornes-fontaines à toutes les rues de Paris, et du service des concessions particulières à toutes les maisons. A la vérité, lorsque ce dernier résultat sera obtenu, le service des fontaines de puisage gratuit, et celui des fontaines marchandes, deviendront inutiles ; mais on sentira de plus en plus le désir d'augmenter le nombre des fontaines monumentales, ornement fort apprécié de nos places et de nos jardins publics. D'un autre côté, il ne faut pas oublier que le macadam s'empare exclusivement de toutes nos grandes voies de circulation, et qu'il exige des arrosements plus souvent renouvelés que l'ancien pavé. Enfin, l'abondance des ressources a toujours pour effet infaillible d'en encou-

---

[1] La population de Paris s'élevait alors, en nombre rond, à un million d'habitants.

rager la consommation, et il convient de tenir compte de ce fait pour tous les services.

« Quelles que puissent être les exigences de l'avenir, il semble qu'on ferait leur part très large en évaluant à 110 000 mètres cubes d'eau par jour les besoins possibles des services publics ; car cette énorme quantité d'eau permettrait de doubler amplement le maximum de la consommation totale des fontaines monumentales, des bornes-fontaines et des poteaux d'arrosement.

« Quant aux concessions, il n'en reste à faire qu'à bien peu d'établissements de l'État, du département et de la Ville. La distribution ne saurait donc s'étendre beaucoup de ce côté. Mais un cinquième au plus des habitations sont desservies. En effet, le nombre des maisons de Paris, d'après le dernier cadastre, est d'environ 31 500 [1], et l'on ne compte que 7633 abonnements particuliers, applicables à 6229 maisons seulement.

« Le service de ces abonnements absorbe 17 824 mètres cubes, ainsi répartis :

		MÈTRES CUBES.
102 lavoirs.	2 380	
137 établissements de bains.	2 206	8 704
1 165 industries diverses	4 118	
6 229 maisons d'habitation		9 120
7 633 Chiffre égal.		17 824

« En conséquence, dans l'hypothèse de l'extension de la distribution à toutes les habitations de Paris, si l'on admet, pour base d'évaluation des besoins de l'avenir, la moyenne actuelle d'un mètre et demi (1500 litres) par maison, qui

---

[1] Ce nombre, rapproché du chiffre de la population de Paris, donne une moyenne de 32 habitants par maison. A Londres (cité et métropole réunies), où l'on compte 300 000 maisons pour 2 400 000 habitants, la moyenne est de 8. On voit combien les deux villes diffèrent ! A Paris, l'agglomération de la population, quatre fois plus serrée qu'à Londres, circonscrit l'action des services municipaux sur une surface quatre fois moindre proportionnellement. A côté de nombreux inconvénients, le système des constructions parisiennes offre donc des avantages très appréciables. La distribution et l'égout des eaux en sont beaucoup simplifiés.

donnerait, pour la ville entière, près de 50 000 mètres cubes (50 millions de litres), ce sera supposer que les facilités offertes à la consommation domestique par l'élévation naturelle de l'eau à tous les étages doivent plus que la doubler. Une telle hypothèse est très plausible: mais pourrait-on aller au delà sans exagération? Je ne le pense pas.

« Toutefois, il ne faut pas l'oublier, le nombre des maisons de Paris ne peut rester stationnaire, non plus que celui des habitants. Malgré les démolitions commandées par des nécessités d'assainissement et par les exigences successives de la circulation, il tend constamment à s'augmenter.

« D'après les supputations qui précèdent, 40 000 maisons seraient abondamment desservies par 60 000 mètres cubes. C'est ce chiffre, six fois plus fort que celui de 9 120 mètres, représentant la consommation actuelle des habitations, qu'il paraît sage d'adopter, dès à présent, comme expression des besoins domestiques, ci. . . . . 60 000 m.c.

« En y ajoutant :

« 1° — 15 000 mètres pour la consommation des établissements industriels, qui est aujourd'hui de 8 704 mètres seulement, ci. 15 000

« 2° — Pareille quantité pour celle des établissements de l'État, du département et de la Ville, évaluée à 11 743 mètres, et peu susceptible de s'accroître, ci. 15 000

« On trouve, comme maximum des besoins possibles des services privés, un total de. . . . . 90 000 m.c.

« *La réunion de ces* 90 000 *mètres cubes aux* 110 000 *mètres que j'ai supposés devoir former la dotation des services publics, donne un total de* 200 000 *mètres pour l'ensemble de la distribution normale de Paris.* On n'évalue pas plus haut l'approvisionnement de Londres, qui embrasse une surface six fois aussi grande, et qui contient une population deux fois et demie aussi nombreuse. Il est vrai que les services publics n'ont pas à Londres la même organisation ni surtout le même développement qu'à Paris ; mais on tient généralement que les services privés y sont assurés de la manière la plus complète.

« *Dans ma pensée, en raison même de l'importance que les premiers ont pris chez nous, il conviendrait d'y affecter une distribution spéciale et d'organiser séparément les autres.*

« L'indépendance réciproque des deux catégories de services ferait disparaître l'un des plus graves inconvénients du régime actuel. A la vérité, elles ne pourraient plus se faire d'emprunts alternatifs, mais, en revanche, *l'ouverture des bornes-fontaines ne suspendrait plus, à de certaines heures, l'écoulement de l'eau dans l'intérieur des habitations*, et la consommation considérable et simultanée des particuliers, dans les temps de sécheresse, ne porterait aucun préjudice à l'arrosage des rues et à l'alimentation des fontaines monumentales.

« *Si la ville de Paris jugeait à propos de concéder à une Compagnie l'exploitation des services privés, rien ne serait plus facile que d'aliéner, pour un temps, leur système spécial d'appareils, et de conserver la disposition entière de ceux destinés aux services publics.* Cet arrangement préviendrait tous les embarras qu'on peut appréhender, à juste raison, d'un emploi des eaux fait en commun. Aucune réclamation des particuliers ne se dirigerait vers la Ville ; aucune plainte du public ne s'adresserait à la Compagnie ; aucun conflit ne serait possible entre les agents de celle-ci et les ingénieurs de celle-là.

« *On fera sans doute beaucoup d'objections à la pose de deux conduites parallèles dans toutes les rues :* l'encombrement du sol, les embarras résultant d'une double chance d'accidents et de réparations ; enfin, la dépense. Je pourrais y répondre que l'état présent des choses permet de rencontrer, sur bien des points, une conduite d'eau de Seine et une conduite d'eau d'Ourcq placées côte à côte ; que l'inconvénient d'interruptions plus nombreuses du service est largement compensé par l'avantage de n'en interrompre que la moitié ; enfin, que les conduites, principales et secondaires, épuisées par le nombre excessif des orifices qui les criblent, devraient être remplacées presque toutes, au moindre développement de la consommation, tandis qu'elles se trouveront, pendant longtemps, de dimensions suffisantes pour une distribution spéciale, d'où suit que l'économie n'est peut-être pas du côté que l'on croirait d'abord. Mais je me bornerai à vous faire observer, Messieurs, que dans le système d'alimentation des étages supérieurs des maisons en eau de Seine élevée par des moyens mécaniques, aussi bien que dans le système auquel je donne la préférence, il faudrait, presque partout, deux distributions distinctes. On perdrait, en effet, le bénéfice des différences considérables de niveau obtenues entre les réservoirs d'eau d'Ourcq et ceux d'eau de Seine, si l'on établissait des communications permanentes entre les uns et les autres. »

Cette partie du mémoire du préfet, en date du 4 août 1854, est aujourd'hui la base du service des eaux de Paris.

La séparation des deux services, l'adduction d'eau de source dérivée dans des aqueducs voûtés pour le service privé, et l'affectation des eaux anciennes au service public, furent adoptées par le Conseil municipal dans sa séance du 12 janvier 1855.

Depuis cette époque, la canalisation a été disposée de manière à séparer, autant que possible, les deux services, mais cette séparation ne sera jamais absolue. J'ai dit que les conduites du service public ne s'étendraient pas dans toutes les rues ; aujourd'hui, elles sont posées seulement dans celles où il y a des appareils de lavage à desservir ; partout où il y a la double canalisation, les habitants choisissent l'eau qui leur convient le mieux.

EAUX AFFECTÉES A CHAQUE SERVICE.

SERVICE PUBLIC. — Les eaux affectées au service public, mais que les habitants peuvent prendre, dans les rues où la double canalisation existe, sont :

1° Eaux dérivées par le canal de l'Ourcq ;

2° Eau de Seine relevée par les douze machines à vapeur de Port-à-l'Anglais, Maisons-Alfort, Austerlitz, Chaillot, Auteuil et Saint-Ouen ;

3° Eau de Marne montée par les machines de Saint-Maur ;

4° Eau d'Arcueil (fontaines du Luxembourg) ;

5° Eau du puits de Passy (lac du bois de Boulogne) ;

6° Puits de Grenelle.

SERVICE PRIVÉ. — Les eaux de source réservées exclusivement au service privé sont :

1° Eaux amenées par l'aqueduc de la Dhuis et accessoirement eau de la source de Saint-Maur ;

2° Eaux dérivées par l'aqueduc de la Vanne.

Le volume d'eau que le service tient à la disposition du public peut s'évaluer ainsi qu'il suit, au maximum :

EAUX DE RIVIÈRE DESTINÉES PLUS SPÉCIALEMENT AUX SERVICES PUBLICS ET AUX GRANDES INDUSTRIES.

		MÈTRES CUBES.
Eau du canal de l'*Ourcq*	provenant de la rivière d'Ourcq.	105 000
	de la Marne, relevée dans le canal par les usines de Trilbardou et d'Isles-les-Meldeuses	80 000
Eau de la *Seine* relevée par les douze machines à vapeur de Port-à-l'Anglais, Maisons-Alfort, Austerlitz, Chaillot, Auteuil et Saint-Ouen.		88 000
Eau de la *Marne* montée par les machines de Saint-Maur		45 000
Volume total de l'eau de rivière. . .		316 000
Eau des puits artésiens		6 000
A reporter.		322 000

EAUX DE SOURCES

		MÈTRES CUBES.
Report		322 000
Eau d'*Arcueil*	1 000	
— de la *Dhuis*	20 000	
— de la source de *Saint-Maur* relevée par les machines de Saint-Maur	5 000	
— de la *Vanne*	100 000	
Volume total des eaux de source	126 000	126 000
Total général		448 000

Les machines de Trilbardou et d'Isles-les-Meldeuses, qui relèvent l'eau de la Marne pour compléter l'alimentation du canal de l'Ourcq, ne travaillent que dans les saisons sèches. Le canal est suffisamment alimenté dans les saisons humides. Pour relever 88 000 mètres cubes d'eau de Seine, il faut que les douze machines à vapeur marchent ensemble; le maximum obtenu n'a même pas atteint ce chiffre : il s'est élevé à 85 000 mètres cubes en 1873, année qui a précédé l'arrivée des eaux de la Vanne. Aujourd'hui, il ne serait pas prudent de compter sur une distribution totale de plus de 360 000 à 400 000 mètres cubes. Lorsqu'on aura jeté dans l'aqueduc de la Vanne la source de Cochepies, et dans celui de la Dhuis les sources que la Ville possède dans les vallées voisines, le volume des eaux disponibles s'élèvera de 390 à 430 000 mètres cubes par jour.

La quantité d'eau consommée est très inférieure à tous ces chiffres. En voici le résumé, mois par mois, pour l'année 1877 :

	CONSOMMATION		
	EN 24 HEURES		PAR MOIS
	1re quinzaine	2me quinzaine	
	MÈTRES CUBES	MÈTRES CUBES	MÈTRES CUBES
Janvier.	270 456	278 489	8 512 695
Février.	278 483	265 587	7 689 864
Mars	252 963	251 156	7 645 181
Avril	292 693	294 492	8 807 795
Mai.	296 281	284 440	8 895 262
Juin	302 785	321 411	9 364 454
Juillet	316 802	312 556	9 752 857
Août	315 247	319 027	9 734 105
Septembre	312 723	308 665	9 315 257
Octobre.	279 951	297 758	8 945 577
Novembre.	292 149	283 308	8 634 010
Décembre.	279 995	284 094	8 745 637
Total.			106 042 692

MÈTRES CUBES.

Moyenne par jour. 290 528

Moyenne pour les mois les plus chauds { juillet.   314 608
{ août. .   314 003

Moyenne, par tête et par jour, pour 1 988 806 habitants. . . . .   146 litres

Le volume d'eau distribué annuellement était :

En 1867. . . . .   76 128 078
En 1861 (annexion) 41 800 305
En 1854 (premières études) 25 350 975

Je vais décrire successivement les canaux, machines et aqueducs, qui servent à dériver ou à élever ce grand volume d'eau.

CHAPITRE II

SERVICE PUBLIC

LES CANAUX DE LA VILLE DE PARIS

HISTOIRE DE LA RIVIÈRE D'OURCQ.

Le bassin de l'Ourcq s'étend aujourd'hui sur les trois départements de l'Aisne, de l'Oise et de Seine-et-Marne ; autrefois, il faisait partie de trois provinces : la Champagne, le Soissonnais et le Valois. La rivière traverse les petites villes ou bourgs de Fère-en-Tardenois, La Ferté-Milon, Lizy et un grand nombre de communes de moindre importance. Elle a son origine en amont de Fère et se décharge dans la Marne au-dessous de Lizy, à peu près à mi-chemin entre Meaux et La Ferté-sous-Jouarre. Sa source se trouve à 12 kilomètres environ de Fère dans la forêt de Rez, à un lieu dit *Fontaine-d'Ourcq*. J'ai eu la curiosité, en 1854, de remonter le cours de la rivière jusqu'à cette fontaine ; quoique l'année fût très humide, elle ne donnait pas alors un volume d'eau équivalent au débit d'une borne-fontaine de Paris. C'est donc une très petite source.

La longueur du cours de l'Ourcq se décompose ainsi :

	MÈTRES.
De la Fontaine-d'Ourcq à Fère-en-Tardenois. . . .	12 000
De Fère au Port-aux-Perches, origine de l'Ourcq navigable.	35 500
De là à Mareuil, origine du canal de l'Ourcq . . .	11 191
De Mareuil à la Marne, partie de la rivière autrefois navigable.	28 752
Longueur totale	87 443

La vallée de l'Ourcq est tapissée, sur presque toute sa longueur, *de marais et de tourbières ; c'est son caractère le plus frappant.* Ces marécages sont dus à ce que la rivière est alimentée surtout par des sources et qu'elle n'éprouve, par conséquent, ni crues violentes, ni débordements d'eaux limoneuses. J'ai démontré ailleurs[1] que les vallées à fond tourbeux ne se trouvaient que dans les bassins dont le sol est formé surtout de terrains perméables : les eaux pluviales ne ruisselant presque jamais à la surface de ces terrains, les cours d'eau y sont sans violence et ne peuvent ni balayer les fonds de vallées couverts par leurs crues, ni se creuser des lits profonds. Les végétaux aquatiques croissent donc en toute liberté sur leurs rives, leurs débris s'y accumulent sans obstacle et forment la tourbe. Les marais ne se trouvent jamais au fond des vallées des bassins dont le sol est imperméable, parce que, les eaux pluviales y ruisselant à la surface du sol, les cours d'eau y éprouvent des crues violentes qui creusent des lits profonds et emportent les détritus des herbes aquatiques.

Le bassin de l'Ourcq offre un intéressant spécimen de cette double disposition. En amont de Fère-en-Tardenois, il se compose de *terrains imperméables :* il n'y a pas de *marais* dans cette partie de la vallée ; les sources y sont sans importance et la rivière est mal alimentée en été. En aval de Fère, les terrains les plus étendus sont *perméables.* Les *marais* et les *tourbières* prennent de plus en plus d'importance à mesure qu'on descend ;

___

[1] Voyez le *Bassin parisien aux âges antéhistoriques,* page 125.

les sources deviennent considérables. La rivière est bien alimentée en été, ses eaux sont abondantes, mais la tourbe leur communique une odeur et une saveur bien connues, celles des marécages, ce qui les rend peu agréables à boire. Elles ne conviennent donc guère à l'alimentation d'une ville. A ce grave inconvénient s'en joint un autre, très fâcheux au point de vue de l'exécution des travaux : le fond de la vallée de l'Ourcq est tapissé, *sous la tourbe, d'une couche épaisse d'argile glaiseuse*, surtout depuis le Port-aux-Perches, point où la rivière commence à être navigable, jusqu'à Lizy. Quand même on ne verrait pas, de distance à autre, les affleurements de cette argile, sa présence serait indiquée par les noms caractéristiques de plusieurs villages ou hameaux : *Silly-la-Poterie, Marnoue-la-Poterie, Marnoue-les-Moines*, etc. A La Ferté-Milon, en donnant un coup de sonde au fond de la vallée, on trouve d'abord la tourbe, puis une couche d'argile bleuâtre alternant avec des lignites, sous laquelle on rencontre une nappe d'eau jaillissante. Ces caractères sont ceux des couches des terrains tertiaires inférieurs, auxquelles on a donné le nom d'*argile plastique*.

La présence de ces deux terrains, si redoutés des ingénieurs, la tourbe et l'argile plastique, a été un grand obstacle à la construction des ouvrages destinés à rendre la rivière navigable. L'Ourcq donne donc une mauvaise eau potable, et les constructions sont mal assises au fond de sa vallée. La ville de La Ferté-Milon, construite au travers du marais, est un curieux exemple de ces bâtisses crevassées, lézardées, penchant, les unes à gauche, les autres à droite, d'escaliers et de parquets déversés et de fenêtres et portes refusant de se fermer ou de s'ouvrir.

Travaux entrepris en 1528. — C'est pour n'avoir pas connu cette mauvaise nature du sol que le Bureau de la Ville a éprouvé un échec complet dans les premiers travaux entrepris pour rendre la rivière navigable entre La Ferté-Milon et Lizy.

C'était en 1528; à cette époque désastreuse de notre histoire, le prévôt des marchands et les échevins de Paris savaient combien il était difficile de tirer des contrées éloignées les approvisionnements d'une aussi grande ville, surtout pendant les guerres civiles et étrangères. Ils usèrent donc des privilèges qui leur avaient été octroyés en février 1415, par lettre du roi Charles VI, sur les rivières qui pouvaient contribuer à alimenter Paris[1]. Ces privilèges furent confirmés par François Ier. « Le Roy, considérant la grandeur de ladicte ville de Paris, la multitude du peuple résidant et affluant en ycelle et autres causes à ce mouvant, a permis auxdictz prévost des marchands et eschevins de Paris de faire curer, nettoyer et rendre navigables tant lesdictz rus et rivières de Seyne, Vannes, Morin, Ourcq, qu'autres estangs, au-dessus et au-dessous de ladicte Ville[2] ».

Le Bureau commença par la rivière d'Ourcq, et il y avait de bonnes raisons pour cela : la forêt de Villers-Cotterets s'étendait le long de l'Ourcq et de son affluent, la Savière. Le fertile duché de Valois était considéré comme un des greniers de la France.

Le sieur Lelyeux, un des échevins, fut chargé de l'évaluation des dépenses à faire pour canaliser la rivière, sur une longueur d'environ 35 kilomètres, depuis la ville de La Ferté-Milon jusqu'à la Marne. Un devis fut dressé « par des gens de l'art » ; l'estimation montait à 16 000 livres tournois, et ce n'était pas cher, car il ne s'agissait de rien moins que de construire onze petits pertuis, qu'on nommait alors portereaux, pour former des retenues et donner à la rivière le tirant d'eau nécessaire, avec bassins en amont pour faire stationner les bateaux, en attendant le débouchage des portereaux ; de relever les quatre ponts de Lizy, de Viron, de Mareuil et de Marolles, de construire une passerelle à Crouy et de faire de nombreuses rectifications

---

[1] Archives nationales : Ordonnances des rois de France de la 3e race. Volume X, pages 257 et suivantes.

[2] Archives nationales : Série F¹⁴, 684. — Liasse. Jugement « de la Cour de parlement » du 19 août 1528. — Les parties entre guillemets sont copiées textuellement.

du lit, des dragages dans les parties non rectifiées, etc. Mais
16 000 livres tournois étaient, à cette époque, une lourde charge
pour les finances de la Ville. Quatre bourgeois de Paris, Claude
Sanguin, Guyon, Jourmies et Jehan Bonnet, comparurent, le
9 janvier 1528, devant la cour du Parlement et s'engagèrent
à faire l'avance de cette somme. Le Parlement prit acte de
cette déclaration et *condamna* les quatre bourgeois à effectuer
le versement des 16 000 livres aux échéances indiquées
par eux.

Le devis des ouvrages à faire, pour rendre la rivière navigable, fut enregistré par arrêt du 19 août de cette année ; le montant des grosses indemnités de terrain fut arrêté par le même
jugement. Les petits propriétaires devaient être « appellez et
adjournez à crys publics, à son de trompe, aux lieulx et villes
plus prochaines desdictz héritages, pour déclairer leurs intérêts, si aucuns en veulent prétendre, pour estre communiquez
audict prévost [1] ».

Les travaux furent adjugés en 1529, au rabais, par Mᵉ Adrien
Dudrou, conseiller du roi, à Adam Paulmard, bourgeois de
Paris, qui ne connaissait probablement pas mieux le terrain
que les gens de l'art, auteurs du devis, car il se chargea, à forfait, de cette désastreuse entreprise, au prix de 11 500 livres [2].
Il mit immédiatement la main à l'œuvre, mais marcha d'échec
en échec. Le 21 juin 1530, un des échevins se rendit sur les
lieux avec le « maistre des œuvres de la Ville et aucuns massons
et meugniers de la ville de Meaulx ». Entre autres ouvrages,
les terrassements de la grande tranchée de Mareuil ne se soute-
naient pas, et l'échevin prétendit que Paulmard devait être mis
en demeure de se conformer à son devis. Paulmard répondit
qu'il s'en rapporterait volontiers « à gens à ce cognoissants...
autres que ceulx de Meaulx... », mais, en ce qui concernait la
tranchée de Mareuil, il ajoutait que « la terre ne vault riens »

---

[1] Archives nationales : Séric F¹⁴, — 684. Liasse.
[2] Registres de la Ville. H. 1779, — fol. 42.

et déclarait que les travaux des portereaux seraient suspendus le mardi suivant[1]. Il avait déjà touché la somme de 7 000 livres; le Bureau prit la résolution de ne plus lui « bailler argent »[2]. Paulmard s'adressa alors au Parlement pour avoir un nouvel à-compte, et, par transaction, il lui fut encore délivré 1 000 livres, à la condition que les travaux seraient terminés à la Saint-Remi (1er octobre) de la même année. Ils le furent en effet, mais ne présentaient aucune solidité. Dès le 27 mars 1531, Paulmard était de nouveau mandé au Bureau. Il lui fut remontré par le prévôt qu'il résultait des plaintes des marchands de bois que les ports et portereaux « estoient tous rompuz et desmoliz »; ils s'étaient enfouis dans les fondrières de tourbe et de glaise. Paulmard était mis en demeure de les « faire refaire et racouster »; il prit l'engagement de partir de Paris incontinent après les fêtes de Pâques pour mettre la main à l'œuvre.

Il tint sa parole et la rivière fut de nouveau livrée à la navigation, mais sans plus de succès; un procès s'engagea et, le 15 avril 1535, les experts nommés d'un commun accord par les parties, Jacques Coralle, Pierre Sambiche, Thomas Sahnez et Gilles Mornes, rendirent un compte détaillé de leur mission. Les ouvrages, suivant eux, ne pouvaient guère durer, et, ajoutait l'un d'eux, « quand mesme ils seroient faictz selon le devis, encores ne seroient ils suffizans »[3]; c'était la condamnation du devis. Je ne vois pas dans les pièces que j'ai sous les yeux quelle fut l'issue du procès; il paraît bien probable que la Ville fut condamnée, car, le 23 mai 1535, une délibération fut prise par le Bureau pour faire au Roi diverses remontrances, notamment « sur l'arrest intervenu sur le faict du navigaige de la rivière d'Ourc. » On ne demandait pas la réforme de cet arrêt; on se bornait à « supplier très humblement le Roy que son bon

----

[1] Registres de la Ville. H. 1779, fol. 40.
[2] Registres de la Ville. H. 1779, fol. 42.
[3] Registres de la Ville. H. 1779, fol. 151.

plaisir soit entretenir la Ville en ses privillèges par lui ci-devant confirmez [1] ».

Telle fut la première entreprise de la Municipalité de Paris dans la vallée de l'Ourcq ; sa triste issue ne peut être attribuée qu'à la mauvaise nature du terrain. Il ne paraît pas, cependant, qu'on ait tenu compte de cette expérience, et qu'on ait vérifié le dire d'Adam Paulmard « *que la terre* (de la vallée de l'Ourcq) *ne vault riens* » ; du moins, les experts n'en parlent pas dans leur rapport.

Je passe sous silence les tentatives d'amélioration de la navigation de l'Ourcq faites, en 1552, par Catherine de Médicis. La reine de France ne réussit pas mieux que le bourgeois de Paris. Quelques bateaux, partis de La Ferté-Milon, arrivèrent à Paris ; les travaux périrent sans doute comme ceux de Paulmard ; les troubles de la fin du xvie siècle firent oublier la petite rivière.

Entreprise de Foligny. — Cent ans après l'échec de Paulmard, en 1631, le Roi adressait au Bureau de la Ville la requête d'un autre bourgeois de Paris, Denis Foligny, qui s'engageait à rendre navigables, dans le délai de deux ans, les cinq rivières suivantes :

La Vesle, depuis Reims jusqu'à l'Aisne ;

La rivière de Dreux (l'Avre et l'Eure), jusqu'à son embouchure dans la Seine ;

L'Ourcq, depuis La Ferté-Milon, « ou plus haut, si faire se peult », jusqu'à son débouché en Marne ;

La rivière de Chartres (l'Eure) et *celles d'Étampes* (la Juine et l'Essonne), jusqu'à Paris.

« En récompense des grands fraiz » qu'il devait faire, il demandait le monopole de la navigation sur ces rivières pendant quarante ans, le privilège d'y construire des moulins, et des lettres de noblesse pour huit personnes désignées par lui.

---

[1] Registres de la Ville. H. 1779, fol. 154.

Le Bureau de la Ville appuya chaudement cette requête[1], et des lettres patentes du Roi Louis XIII, en date du 5 avril, accordèrent à Foligny tout ce qu'il demandait, en reproduisant presque textuellement sa requête. Seulement le monopole n'était accordé que pour vingt années. Ces lettres, portant le grand scel de cire jaune sur simple queue, furent enregistrées au Parlement le 7 septembre 1652[2].

Foligny et ses associés ne perdirent pas de temps. Ils obtinrent, pour vingt années, des seigneurs de Lizy, le droit de traverser le parc qui tenait à leur château ; c'était le passage difficile, et il fallait établir, dans ce parc, plusieurs écluses pour effacer la grande pente de la rivière avant son débouché en Marne. Ils purent mettre la main à l'œuvre, sans être arrêtés par les riverains, et, le 15 juillet 1636, à deux heures de relevée, les échevins, Nicolas de Creil, Jean Touquoy, Joseph Charlot et Jean de Bourges, accompagnés du procureur du Roi et de la Ville, et du greffier, se transportèrent au Port-au-Blé en Grève, à la requête de Foligny, pour assister à l'arrivée de quatre bateaux, chargés le 7 du même mois, aux nouveaux ports de La Ferté-Milon et de Marcuil.

Pendant ces quatre premières années de leur concession, Foligny et ses associés avaient été favorisés dans leurs travaux par des années sèches, et, néanmoins, ils s'étaient fait des illusions sur la facilité de leur entreprise, car les associés de Foligny, de Creil et Couturier, se trouvèrent ruinés ; il assura à chacun d'eux une rente annuelle de 500 livres ; « mais, ne pouvant lui-mesme se soustenir », il s'associa, le 5 août 1645, avec le sieur Nicolas Arnould, ancien intendant des bâtiments du Roi. Par de nouveaux traités, en date des 16 mai et 24 juillet 1646, et 6 mai 1647, Arnould se rendit entièrement maître de l'affaire ; il prolongea le canal en remontant depuis La Ferté-Milon jusqu'à Troësnes (Port-aux-Perches), qui est

[1] Registres de la Ville. H. 1805, fol. 415 verso.
[2] Archives nationales : X¹ᵃ, — 8652, fol. 60 (Registres).

encore aujourd'hui la limite de la partie navigable de la rivière.

Il obtint une prorogation de concession de dix années à partir de 1653, terme de celle accordée à Foligny. Mais il trouva de grandes difficultés à faire enregistrer les nouvelles lettres, parce qu'on en avait accordé de semblables au sieur de Forax; il dut financer et racheta le droit de de Forax au prix de 53 000 livres. Un sieur Roberty obtint de nouvelles lettres patentes qui furent révoquées par un arrêt du Conseil d'État du 5 août 1660, et une nouvelle prolongation de jouissance, se terminant en 1675, fut accordée à Arnould. Il obtint d'autres lettres patentes, le 2 septembre 1660, qui furent enregistrées avec celles de 1652, le 8 février 1661.

Les travaux de Foligny, et surtout ceux d'Arnould, paraissent avoir été très sérieux; au lieu de portereaux ou petits pertuis qui ne pouvaient s'ouvrir qu'à certaines heures et ne permettaient pas la navigation à la remonte, ils construisirent de véritables écluses à sas, dans lesquelles les bateaux pouvaient entrer à toute heure aussi bien à la montée qu'à la descente.

Ces écluses furent purement et simplement réparées et entretenues par la famille d'Orléans, qui succéda à Arnould dans la jouissance de la rivière d'Ourcq canalisée; elle n'y construisit aucun ouvrage nouveau jusqu'en 1750. Cela n'était pas nécessaire.

La rivière d'Ourcq canalisée est réunie à l'apanage de la famille d'Orléans. — Arnould devait se croire en paisible jouissance du fruit de son travail, lorsque Louis XIV, par un brevet confirmé par lettres patentes de novembre 1661, fit don de la rivière d'Ourcq canalisée à son frère unique, Monsieur, Philippe de France, duc d'Orléans, de Valois et de Chartres. Arnould et sa femme s'opposèrent à l'enregistrement de ces lettres, mais se désistèrent de cette opposition par acte du 28 avril 1665, à la suite d'une transaction faite avec le prince, qui se chargea de la moitié de l'indemnité due au sieur de Forax et accorda aux époux Arnould, à titre de dédommagement, une somme de 60 000 livres. Les lettres patentes de Louis XIV furent enregistrées au Parlement, le 2 juin 1665, et, à la Cour des comptes, le 25 du même mois. Le jugement de cette Cour porte que les lettres seront enregistrées « pour en jouir, par ledit sieur impétrant (le prince) et ses hoirs mâles [1] ».

L'entrée en jouissance du duc d'Orléans donna lieu à de vives contestations avec les riverains de l'Ourcq.

« Le Roy nomma, en 1669 et 1671, des commissaires pour « la réformation générale des eaux et forêts, de l'apanage de « S. A. R. Monsieur ; » ces commissaires étaient des maîtres des requêtes qui obligèrent les religieux chartreux de Bourg-Fontaine, le seigneur de Bournonville, le seigneur duc de Gesvres et les seigneurs de la Trousse et de Lizy, à présenter leurs titres. Par un jugement, en date du 5 février 1672, les intéressés conservèrent leurs droits de pêche, leurs moulins et leurs droits de justice ; il leur était, en outre, alloué des indemnités qui montaient en tout à 1800 livres de rentes annuelles. Les commissaires fixèrent aussi les tarifs de la navigation. Les prévôt des marchands et échevins de Paris étaient à peine nommés dans ce jugement ; leurs privilèges sur la navigation étaient purement nominaux et passaient en fait aux officiers de la maîtrise de Valois.

Vers cette date, la perception des droits de la rivière fut affermée, à raison de 16 000 livres, de 1709 à 1720 ; puis de 17 400 livres, de 1721 à 1726 ; enfin de 20 100 livres, de 1727 à 1732 ; à partir de cette date, ils furent confondus dans un bail

---

[1] Les princes d'Orléans, qui jouirent de cette partie de l'apanage de la famille, furent :

Philippe de France, duc d'Orléans, frère de Louis XIV, né à Saint-Germain-en-Laye en 1640, mort à Saint-Cloud en 1702.

Philippe, duc d'Orléans, fils du précédent, régent de France, né à Saint-Cloud en 1674, mort en 1723.

Louis, duc d'Orléans, fils du précédent, né à Versailles en 1703, mort en 1752.

Louis-Philippe, duc d'Orléans, fils du précédent, né à Paris en 1725, mort en 1785.

Louis-Philippe-Joseph, duc d'Orléans, fils du précédent, né à Saint-Cloud en 1747, mort sur l'échafaud, le 6 novembre 1793.

général avec les produits des domaines, moulins et étangs de Valois, affermés à la somme totale de 50 000 livres par an. Le fermier devait, en outre, servir les rentes de 1 800 livres dues aux seigneurs, et fournir, par an, 600 livres pour l'entretien de la rivière. Cette somme ayant été reconnue insuffisante, cet entretien fut affermé à partir de 1711, pendant 48 années, à trois fermiers successifs, moyennant 2 100, 2 200 et 2 000 livres par an; on déduisait de ces sommes les 600 livres payées par le fermier des perceptions, de sorte que le duc d'Orléans n'avait à payer, pour l'entretien annuel de la rivière, que 1 500, 1 600 et 1 400 livres.

A la mort du Régent, on fit la liquidation de sa fortune, et l'état de la rivière d'Ourcq fut constaté par un agent de la famille, nommé M. de Cramail. Il reconnut que, depuis l'entrée en jouissance de la famille, on n'avait pas fait d'ouvrages nouveaux, que la rivière était soutenue par 22 portes[1], que la navigation n'avait pas été interrompue pendant plusieurs années et se soutiendrait dans cet état par de petits travaux. J'ai dit ailleurs que, de 1660 à 1737, une longue sécheresse avait régné dans toute l'étendue du bassin de la Seine : la rivière d'Ourcq n'avait donc pas subi l'effet des grandes pluies et des crues des années humides; et c'est à cela qu'on doit attribuer la facilité de son entretien.

Grosses réparations en 1750. — Mais, à partir de 1738, le xviiiᵉ siècle devint excessivement humide; l'entretien de la rivière d'Ourcq se ressentit des grandes crues qui furent générales, et, en 1748, un ingénieur très distingué, de Régemortes, directeur des canaux d'Orléans et du Loing, eut mission de visiter les travaux de cette rivière qui menaçaient ruine. Il constata que ces travaux n'avaient reçu aucune amélioration depuis leur origine et qu'il était devenu nécessaire de les rétablir à neuf. Pour ne point interrompre la navigation, il se borna à prescrire les répa-

---

[1] Ces vingt-deux portes formaient onze écluses à sas.

rations indispensables qu'il évaluait à 60 000 livres et qui furent achevées en 1750 ou, d'après d'anciens documents, en 1755.

Voici quels étaient alors les ouvrages servant à la navigation :

OUVRAGES CONSTRUITS PAR FOLIGNY ET ARNOULD.

	MÈTRES.
Pertuis de Mosloy à l'aval de Port-aux-Perches.	1 844
Pertuis de Saint-Waast.	2 476
Écluse de La Ferté-Milon. Deux portes busquées, sas en terre.	968
Écluse de Marolles.	2 468
Pertuis de Queue d'Ham.	1 240
Porte de Queue d'Ham	1 503
Écluse de Mareuil.	3 828
Pertuis de Mareuil.	660
Porte de Guillouvray.	1 229
Pertuis du bouchis de Neufchelles.	2 251
Écluse de Crouy. Deux portes busquées, sas en terre.	5 192
Écluse de Viron. Deux portes busquées, sas en terre.	7 674
Écluse du Vieux-Moulin. Deux portes busquées, sas en terre.	5 010

OUVRAGES CONSTRUITS PAR DE RÉGEMORTES.

Écluse de Lizy ou de Saint-Hubert. Deux portes, sas en terre; à l'aval, déversoir de Porte-Madame.	1 115
Trois écluses accolées du parc. Quatre portes busquées, trois sas en terre.	1 280
Pertuis du bouchis (aujourd'hui passerelle).	815
Confluent en Marne.	390
Longueur totale de la rivière canalisée.	39 945

Les ruines de ces ouvrages existent encore. Les bajoyers des portes et pertuis sont en maçonnerie ; plusieurs ont été restaurés pour supporter des passerelles. Il y avait ainsi 10 écluses avec 18 portes busquées, et 7 portes ou pertuis, en tout : 25 portes.

La longueur des sas variait de 50 mètres à 97^m,45.

L'insuffisance du mode d'entretien était démontrée ; à partir de 1751 jusqu'à la mort du duc d'Orléans, en 1793, on substitua la régie à l'adjudication. Les ouvrages furent maintenus en bon état, à la satisfaction de tout le commerce ; mais les dépenses, non compris certaines grosses réparations, s'élevèrent à 647 751 fr., 68, pour les 37 années commençant en 1751 et finissant en 1787, soit, en moyenne, à 13 783 francs par an. Cette dépense est à peu près sept fois plus grande que celles faites de 1671 à 1750. Il est vrai que, pour ces 37 années, les recettes s'élevèrent à 2 037 500 fr., 17, soit à 43 551 francs par an ; le revenu net était à peu près doublé.

La rivière d'Ourcq est remise à la Commission des travaux publics (1794). — Le 16 prairial an II (4 juin 1794), la rivière d'Ourcq fut remise à la disposition de la Commission des travaux publics par un arrêté du Comité de Salut public, signé par Robespierre, Couthon, Barrère, Lindet, Carnot et Billaud-Varenne.

Transaction entre la ville de Paris et la famille d'Orléans. (1824). — Après la Restauration, le duc d'Orléans, depuis Roi des Français, rentra en possession de la rivière d'Ourcq canalisée. Mais cette rivière se trouvait alors coupée en deux par le canal de l'Ourcq, propriété de la ville de Paris ; ce canal était complètement terminé en 1822, et il s'agissait de le mettre en service. La navigation de la partie inférieure de la rivière d'Ourcq se trouvait ainsi complètement supprimée, puisque le canal devait dériver toute l'eau de la rivière. Le prince fit donc opposition à la dérivation de l'Ourcq. Cette affaire délicate se termina, le 24 avril 1824, par une transaction. Le prince renonça à tous ses droits moyennant une rente annuelle et perpétuelle de 50 000 francs qui lui fut desservie par la ville de Paris.

Dans les dernières années du premier Empire, les bateaux de la rivière d'Ourcq canalisée avaient 13 pieds (4^m,22) de largeur et 90 pieds (29^m,33) de longueur. Ils transportaient environ 30 cordes de bois ou 72 tonnes[1] et voyageaient par convois, sans doute pour franchir les portereaux ou pertuis. Il n'y avait qu'un départ par jour, à sept heures du matin, au pertuis de Mosloy. La décharge se faisait à l'arrivée en Marne, sur les grands bateaux de cette rivière. Les bateaux de l'Ourcq remontaient toujours vides.

Ainsi se termina la concession de la rivière d'Ourcq faite par Louis XIV à la famille d'Orléans.

[1] Rapport des inspecteurs généraux des Ponts et Chaussées, 25 avril 1816.

CHAPITRE III

LES CANAUX DE LA VILLE DE PARIS (suite).

DÉRIVATION DE LA RIVIÈRE D'OURCQ JUSQU'A PARIS.

Projet de Riquet et de de Mance. — Ce projet était une très grande et très utile opération : Pierre-Paul Riquet, seigneur de Bonrepos, l'auteur du canal du Languedoc, et son gendre de Mance, trésorier général de la vénerie du Roi, obtinrent, en juillet 1676, des lettres patentes qui les autorisaient à dériver la rivière d'Ourcq depuis la limite du duché de Gesvres [1] en amont de Lizy, et de la conduire jusqu'à Paris. Ils substituaient ainsi un canal constamment navigable à la Marne, dont la navigation était très défectueuse, comme elle l'était encore il y a quelques années. Ils pouvaient vendre en route la trentième partie de l'eau dérivée et avaient le privilège d'en distribuer dans cer-

---

[1] Le parc du château de Gesvres se terminait entre Marnoue-la-Poterie et Marnoue-les-Moines. Il ne reste aujourd'hui aucune trace ni du parc ni du château.

taines parties de la ville. Malgré l'incontestable valeur de ce projet, on doit peu regretter qu'il n'ait pas été exécuté : il conduisait l'eau au pied de la Bastille vers l'arc de triomphe de la porte Saint-Antoine, c'est-à-dire à l'altitude 38 mètres environ, tandis que le canal de l'Ourcq débouche au bassin de la Villette à l'altitude 52 mètres. — Avec le canal de Riquet, nous ne pourrions distribuer l'eau de l'Ourcq à Paris ni alimenter les canaux Saint-Martin, Saint-Denis et le bassin de la Villette, qui reçoivent la navigation la plus active de la France.

Le Bureau de la Ville fit une très vive opposition au projet de Riquet. Mais ce projet était soutenu par Colbert, et il est certain qu'il aurait été exécuté, si la mort de ces deux grands hommes, en 1680 et 1683, n'était venue interrompre les travaux.

Après la mort de son beau-père, de Mance commença les terrassements du canal ; mais, en 1684, de nouvelles tracasseries du Bureau de la Ville le paralysèrent complètement. Il avait perdu, en 1683, Colbert, son protecteur le plus éclairé et le plus puissant.

En 1717, sa veuve s'adressa au Régent pour obtenir l'autorisation de continuer les travaux, mais cette démarche n'eut aucune suite.

Projet de M. Brullée. — Il ne fut plus question du canal de l'Ourcq jusque vers la fin du xviiie siècle. Le 21 décembre 1785, l'Académie des sciences fut saisie d'un projet de canal de la Seine à la Seine et à l'Oise, présenté par M. Brullée. Ce canal partait des fossés de l'Arsenal, passait à peu près par le tracé actuel du canal Saint-Martin et débouchait, dans la Seine, à Saint-Denis et à Conflans-Sainte-Honorine, et, dans l'Oise, en amont de Pontoise. Ce canal était donc à point de partage ; son bief supérieur, situé un peu plus bas que l'emplacement actuel du bassin de la Villette, s'étendait jusqu'à la vallée de Montmorency et était alimenté par une dérivation de la Beuvronne, dont l'eau surabondante pouvait être distribuée dans Paris, absolument comme celle de notre canal de l'Ourcq.

L'Académie des sciences fit examiner ce projet par cinq commissaires dont les noms sont restés illustres : Borda, Perronet, Lavoisier, Condorcet et Bossut; dans un rapport du 24 mai 1786, ils donnèrent leur pleine approbation au projet ; ils étaient trop éclairés pour qu'il en fût autrement. Au moyen de ce canal, la navigation se trouvait affranchie du passage de la Marne, si redouté des mariniers, de la traversée des ponts de Paris dont l'un, le pont Notre-Dame, était à peu près infranchissable, et des longs détours que forme le fleuve entre Paris et Conflans-Sainte-Honorine. La distribution d'eau de Paris se trouvait doublée : c'était donc une grande et belle entreprise qui prit le nom de canal royal de Paris. Ce projet de M. Brullée a été incomplètement réalisé, depuis, par la construction des canaux Saint-Martin et Saint-Denis et du bassin de la Villette.

Le 26 mai 1790, les mêmes commissaires furent saisis d'un projet additionnel de M. Brullée, qui reliait la rivière d'Ourcq à son canal par une voie navigable. C'était une simple indication, une idée sur laquelle l'Académie ne put se prononcer, faute d'études suffisantes. Mais, dans cette idée, il y avait une grande amélioration au projet de Riquet, le passage du canal de l'Ourcq par Claye et les bois de Saint-Denis, et son arrivée à Paris, à la hauteur du bassin de la Villette, avec le grand volume d'eau que nous distribuons aujourd'hui. Bailly, maire de Paris, et l'Assemblée nationale, s'associant à l'Académie des sciences, firent un très chaleureux accueil au projet de M. Brullée; ce dernier fut autorisé à mettre la main à l'œuvre, et il travaillait à son canal de la Seine à la Seine, ainsi que le constate un rapport du 1er juin 1791 de Bossut et Leroy, lorsque les événements politiques l'obligèrent à renoncer à son entreprise.

Projet de MM. de Solages et Bossu. — Sous le consulat, MM. Bossu[1] et de Solages, concessionnaires des droits de M. Brullée, voulurent faire revivre le projet du canal de la Seine à la Seine,

---

[1] Il ne faut pas confondre M. Bossu, associé de M. de Solages, avec Bossut, de l'Académie des sciences.

en l'alimentant par la Beuvronne et la rivière d'Ourcq. Mais leurs études étaient incomplètes ; MM. les ingénieurs Bruyère et Égault reconnurent notamment que la prise d'eau dans l'Ourcq était à un mètre en contre-bas du point d'arrivée à Paris. L'entreprise fut donc ajournée.

Construction du canal de l'Ourcq. — Girard est nommé ingénieur en chef des travaux. — A la suite de cette vérification, le Gouvernement se décida à faire des études plus précises et à construire lui-même le canal de l'Ourcq ; sur la proposition des Consuls, le Corps Législatif rendit un décret, en date du 29 floréal an X (19 mai 1802) ordonnant l'ouverture de ce canal. Un arrêté consulaire, du 25 thermidor an X (13 août 1802), fixa au 1ᵉʳ vendémiaire an XI (23 septembre 1802) l'ouverture des travaux, dont l'administration fut confiée au préfet de la Seine.

Girard, qui avait été attaché, en l'an VI (1798), à l'expédition d'Égypte, fut chargé à son retour, le 28 fructidor an X (15 septembre 1802), de la direction des travaux, en qualité d'ingénieur en chef.

Il fut engagé malgré lui, dès l'origine, dans une impasse dont il ne put sortir pendant toute la durée de sa direction. On ne lui remit aucun projet ni même aucune pièce précise, si ce n'est un rapport de M. l'ingénieur Bruyère, qui indiquait les moyens de fournir l'eau nécessaire à Paris, par une dérivation de la Beuvronne, sans avoir recours à la rivière d'Ourcq ; les pièces laissées par M. de Solages étaient entachées de telles inexactitudes qu'elles ne pouvaient servir à la rédaction d'un projet régulier. Au rapport de M. Bruyère étaient joints : un nivellement général de Paris à Lizy, fait par MM. Égault et Boustier, un plan parcellaire du territoire compris entre Paris et la Beuvronne et un profil en long incomplet de la dérivation de la Beuvronne.

C'est avec *ces pièces si incomplètes* que Girard, nommé ingénieur en chef le 15 *septembre* 1802, *devait, le 23 du même mois, commencer les travaux* : l'arrêté consulaire du 13 août 1802, qui fixait cette date, était rappelé dans l'instruction du directeur général des Ponts et Chaussées qui fut remise à Girard en même temps que sa nomination. C'était un problème insoluble que cet ingénieur avait à résoudre.

Cependant, il fallait de toute nécessité mettre la main à l'œuvre, car telle était la volonté de l'homme extraordinaire qui gouvernait alors la France, et, malheureusement, la seule partie du tracé où l'on pouvait travailler était celle où se trouvaient accumulées les plus grandes difficultés. Le tracé, dans les bois de Saint-Denis, passait en tranchée dans un terrain limoneux, au fond duquel se trouvait un banc d'argile fluente; entre Bobigny et la forêt de Bondy, le tracé traversait une plaine basse très fertile; avant d'arriver à Claye, on rencontrait les tourbières de l'Arneuse et du Mory. Au lieu de contourner ces terrains difficiles de manière à éviter les grands terrassements, et de se tenir hors des tourbières, en longeant le pied des coteaux de la rive gauche de l'Arneuse, on procéda par grands alignements. On n'en compte que six, sur une longueur de 18 kilomètres, entre Bobigny et le pont du Mory, près de Claye. L'ignorance où l'on était de la mauvaise nature du terrain pouvait seule justifier ce tracé, et, ce qu'il y avait de plus fâcheux, c'est que l'Assemblée des Ponts et Chaussées [1] n'avait pas été consultée.

Girard s'attira ainsi, sans le vouloir, une de ces haines de corps qui ne s'éteignent pas, et, de plus, deux ingénieurs d'un haut mérite, Gauthey et Bruyère, se montrèrent ses constants adversaires dans toutes ses relations avec le corps des Ponts et Chaussées.

Inauguration de l'ouverture des travaux. — Le 1er vendémiaire an XI (23 septembre 1802), jour fixé pour l'ouverture des travaux, le ministre de l'Intérieur, le directeur général des Ponts et Chaussées, le préfet de la Seine, suivis d'un nombreux cortège de fonctionnaires et d'ingénieurs, se rendirent « à la

---

[1] C'est le nom qu'on donnait alors au Conseil général des Ponts et Chaussées.

barrière de la Villette ; il y fut posé, en leur présence, un repère élevé de 25^m, 75 au-dessus des basses eaux de la Seine (zéro de l'échelle du pont de la Tournelle), hauteur à laquelle devaient être soutenues les eaux du grand réservoir » (bassin de la Villette).

A la suite de cette inauguration de l'ouverture des travaux, l'ingénieur en chef reçut les ordres les plus pressants de donner aux ateliers tout le développement possible ; on lui faisait entrevoir que le Premier Consul pourrait bien visiter les lieux. C'est ainsi que commença, avec l'activité fiévreuse des hommes de cette époque, une des plus vastes entreprises de la ville de Paris, qui, par la force des événements, ne fut cependant terminée qu'en 1822.

Opposition de l'Assemblée des Ponts et Chaussées. — Gauthey et Bruyère. — Quelques mois après, un premier mémoire de Girard, justifiant le tracé adopté entre Paris et les bois de Saint-Denis, fut soumis à l'Assemblée des Ponts et Chaussées. Gauthey fut chargé du rapport, qui concluait ainsi : « Les règles de l'art n'avaient pas été rigoureusement observées dans le tracé..., ce qui provenait vraisemblablement de la trop grande promptitude avec laquelle les travaux avaient été entrepris. »

Au fond, Gauthey était d'accord avec Girard, et il pensait que le canal de l'Ourcq devait être à la fois un porteur d'eau et une voie navigable à petite section. Si son rapport et la critique qui le terminait avaient été adoptés par l'Assemblée, il est probable que bien des difficultés se seraient aplanies ; mais ce n'était pas l'affaire de Bruyère, cet adversaire acharné du canal de l'Ourcq. Cet ingénieur pensait, avec raison, que l'eau distribuée dans une ville doit être non seulement *salubre*, mais encore *agréable*, c'est-à-dire fraîche et limpide, ce qui exige qu'elle soit dérivée au moyen d'*un aqueduc couvert* et non d'*un canal* exposé à toutes les actions extérieures.

Aujourd'hui, personne, à Paris, ne contesterait l'opinion de Bruyère ; mais il se trompait absolument dans l'application de son principe.

Il croyait que la meilleure solution consistait à dériver seulement la Beuvronne, un des principaux affluents de l'Ourcq. Or, il est établi que l'eau de la Beuvronne contient une telle quantité de sels terreux qu'elle est impropre à tout usage domestique. Son débit, en temps de grande sécheresse, est de 7 500 mètres cubes en 24 heures, quantité d'eau insuffisante pour Paris, qui en consomme aujourd'hui plus de 300 000 mètres en été. La solution proposée par Bruyère était donc mauvaise, et celle de Girard, qui fournissait un très grand volume d'eau propre à laver les rues et les ruisseaux, était incontestablement préférable.

Bruyère avait une grande influence sur l'Assemblée des Ponts et Chaussées, quoiqu'il n'en fît pas partie ; il obtint que la délibération fût ajournée à la séance du 4 pluviôse an XI (24 janvier 1803). Après un nouvel ajournement, Gauthey fit adopter un rapport concerté entre Bruyère et lui. Ce qu'il y a de singulier, c'est que, dans ce rapport, on ne se préoccupait, en aucune façon, des inconvénients des grands alignements, dont il a été question ci-dessus, au point de vue de la stabilité du canal dans la partie en remblai entre Bobigny et Bondy, et dans la tranchée profonde des terrains glissants des bois de Saint-Denis. Gauthey ne voyait d'autre faute commise qu'un excédant de terrassements, dont il résultait, suivant lui, une dépense inutile de 678 000 francs, ce que Girard niait absolument. Bruyère proposa de déclarer que, sous le rapport de l'art et de l'économie, le tracé de la tranchée (des bois de Saint-Denis) qu'on avait commencé à ouvrir ne pouvait être approuvé. L'Assemblée adopta cet avis le 4 ventôse an XI (23 février 1803), sans tenir compte des observations de Girard. Celui-ci para le coup en conduisant le Premier Consul sur les travaux. Cette visite eut lieu du 9 au 10 ventôse (28 février, 1er mars). Le Premier Consul était accompagné des généraux de division Moncey et Bessières ; le préfet de la Seine et Girard dirigeaient l'excursion. On partit à cheval de la rotonde de la Villette, à 7 heures du matin ; on visita les travaux en cours d'exécution entre Paris et les bois de Saint-Denis, puis tout le tracé du canal entre Claye et Lizy, en s'arrêtant aux points les plus remarquables, notamment à la roche de Crégy, près de Meaux, au coteau de Poincy et à quelques autres localités où se trouvaient des obstacles infranchissables, au dire des antagonistes du projet. Le Premier Consul coucha à Lizy, chez le général d'Harville, où Mme Bonaparte l'attendait, visita le lendemain la prise d'eau de Mareuil et rentra à Paris le même jour.

Il n'était pas difficile de comprendre le but de cette visite, véritable course au clocher. Girard renouvela sa demande de vérification du tracé entre Paris et les bois de Saint-Denis; elle fut enfin accueillie par l'Assemblée, le 2 mars 1803, le lendemain du retour du Premier Consul.

Cette lutte intestine creusait plus profondément la scission qui s'était établie entre l'Assemblée des Ponts et Chaussées et Girard; les effets de ce défaut d'entente se firent sentir pendant toute la durée des travaux.

Tracé du canal. — Le tracé du canal fut définitivement arrêté dans le cours de l'année 1803 et fixé par des bornes en pierre de taille, solidement établies et destinées en outre à servir de repères de nivellement. On sait que ce tracé part du sous-bief du moulin de Mareuil, longe la rive droite de la vallée de l'Ourcq, où il reçoit les eaux de la Collinance, puis la Gergogne[1], s'élève sur la pente rapide des coteaux de Lizy, et arrive ainsi à une très petite distance du confluent de l'Ourcq et de la Marne, et, près de là, laisse à gauche le village de Villers-les-Rigault[2].

Après avoir reçu, à Congis, la Thérouanne, un des affluents de la Marne, le tracé se rapproche de nouveau de la Marne, et se tient sur la pente rapide du coteau, puis s'éloigne de la ri-

---

[1] Depuis, on y a dérivé également l'eau du Clignon, le plus important des affluents de la rive gauche de l'Ourcq, en aval de Mareuil. Le canal du Clignon tombe dans celui de l'Ourcq entre le confluent de la Collinance et Neufchelles.

[2] C'est à Villers-les-Rigault que le canal reçoit l'eau de l'usine d'Isles-les-Meldeuses, construite par la ville de Paris, il y a peu d'années.

vière pour contourner la dépression de Vareddes. Il arrive ainsi au passage si redouté des carrières de Poincy, qui le resserre contre la Marne, contourne le contrefort à pentes douces de Trilport, puis le coteau rapide de la Roche de Crégy, qui le conduit jusqu'à Meaux. Le chemin de halage du canal est à une assez grande hauteur au-dessus du niveau de cette ville et, à l'origine, cette situation a dû paraître menaçante. Entre Meaux et Claye, le canal conserve sa position sur la pente des coteaux de la rive gauche de la Marne; mais ces coteaux sont peu escarpés, excepté entre Trilbardou[1] et Charmentray. La construction du canal n'a présenté aucune difficulté de Meaux à Claye.

A Fresnes, le canal quitte la vallée de la Marne et longe, jusqu'à Claye, celle de la Beuvronne; de Claye à Sevran, le tracé suit un ancien bras de la Marne, séparé autrefois du bras principal par une île élevée qui forme aujourd'hui les hauts coteaux de Villevaudé, Vaujours, Montfermeil, le Raincy, puis traverse le haut de la plaine Saint-Denis, entre Sevran et Paris. C'est entre Claye et Paris qu'aux yeux des ingénieurs de cette époque étaient accumulées les plus sérieuses difficultés du tracé. On ne voyait, entre Mareuil et Claye, que quelques obstacles matériels peu étendus, des rochers calcaires à exploiter; on ne se préoccupait alors, en aucune façon, de la perméabilité des terrains dans lesquels le canal était creusé, et du peu de consistance et de stabilité des remblais qui en provenaient et qui formaient la berge de gauche et le chemin de halage. Aujourd'hui, cette perméabilité serait considérée comme une des graves difficultés de la construction.

On ne tarda pas à sentir l'effet de cette lacune qui existait alors dans les règles de l'art de l'ingénieur, et on dut exécuter de très grands travaux d'étanchement sur toute la longueur du canal. Les pertes d'eau constatées, après l'achèvement de ces

---

[1] A Trilbardou, le canal reçoit l'eau de Marne montée par l'usine que la Ville a construite récemment.

travaux, s'élevèrent encore à 340 mètres cubes par kilomètre et par jour sur le canal, et, dans le bassin de la Villette, à 8 000 mètres cubes environ en 24 heures, ce qui fait une perte totale d'environ 44 690 mètres, tant pour le canal et le bassin de la Villette que pour la rivière d'Ourcq canalisée entre le Port-aux-Perches et Mareuil.

Pentes. — Singulière théorie de Girard. — La pente totale de la rivière canalisée entre le Port-aux-Perches et Mareuil est de 6^m,50, ce qui, pour une longueur de 11 191 mètres, donne une pente kilométrique moyenne de 0^m,58; c'est beaucoup trop : l'excès de pente fut effacé par les cinq écluses de Mosloy, La Ferté-Milon, Marolles, Queue-d'Ham et Mareuil.

La pente totale du canal, entre Mareuil et Paris, est de 8^m,89; la pente moyenne kilométrique, pour une longueur totale de 96 723 mètres, est donc de 0^m,092. C'est cette pente qui aurait dû être adoptée pour toute la longueur du canal, en admettant un débit constant d'une extrémité à l'autre. En tenant compte de la portée des affluents, il aurait fallu augmenter légèrement la pente au fur et à mesure qu'on descendait. Cela est absolument vrai, et aucun ingénieur n'oserait aujourd'hui régler autrement la pente d'un aqueduc ou d'un canal porteur d'eau. Girard n'a pas vu la chose ainsi, et il a publié un long mémoire pour démontrer que le profil en long d'un canal porteur d'eau devait avoir la forme d'une demi-chaînette, ou, en d'autres termes, que la pente, forte à l'origine, devait être diminuée en descendant, de telle sorte que la pente la plus faible se trouvât à l'extrémité d'aval du canal.

Cette singulière théorie aurait été appliquée au canal de l'Ourcq, sans les observations faites à Girard par une Commission, composée de Gauthey, Prony et Lepère, qui démontra que la pente devait être uniforme. Girard céda, non par conviction, mais par déférence; toutefois, les parties du canal déjà construites restèrent ainsi réglées, notamment sur les 24 kilomètres compris entre la Beuvronne et Paris. On a dû, pour atténuer les effets de cette faute, construire, en 1841, cinq écluses entre Mareuil et Claye. La pente étant presque nulle entre Claye et Paris, on se trouve obligé souvent de déverser dans la Marne l'eau que le canal ne peut débiter au-dessous de Claye, faute de pente.

Section transversale. — D'après le devis général de Girard, le canal, depuis Mareuil jusqu'à Lizy, devait servir de communication entre la Marne et le canal de Saint-Quentin et avoir les mêmes dimensions que ce canal, savoir :

10 mètres de largeur au plafond, $2^m,50$ de profondeur avec talus réglés à deux de base pour un de hauteur, ce qui donnait 20 mètres de largeur au niveau du chemin de halage.

Entre Lizy et le bassin de la Villette, les dimensions furent réduites à celles d'un canal de petite navigation : la cunette fut réglée à $3^m,50$ de largeur au plafond, 11 mètres d'ouverture entre les arêtes intérieures des berges et $2^m,50$ de profondeur. Le tirant d'eau fut fixé à $1^m,50$ et la largeur au niveau du plan d'eau à 8 mètres.

Aujourd'hui, par suite des éboulis et des dragages qui en ont été la conséquence, la largeur de la cunette est partout d'environ 5 mètres au plafond et de 10 mètres au niveau du plan d'eau. Le tirant d'eau normal n'est, en fait, que de $1^m,40$. Les chemins de halage et de contre-halage ont 3 mètres de largeur ; le chemin de halage est empierré, depuis Lizy jusqu'à Paris, sur une longueur de 76 kilomètres.

Le nombre des ponts construits sur le canal est de 59, les uns fixes, les autres mobiles. La hauteur de la clef des ponts fixes au-dessus du plan d'eau est de $3^m,25$ au minimum.

Les plans généraux et le mémoire descriptif du projet furent remis, le 15 vendémiaire an XII (8 octobre 1803), au préfet de la Seine, qui les envoya à M. Cretet, directeur général des Ponts et Chaussées, pour être soumis le plus promptement possible à l'Assemblée. On attachait une telle importance au canal de l'Ourcq, que l'impression des pièces fut ordonnée et que le directeur général décida que chaque membre de l'Assemblée donnerait son avis motivé par écrit. Avant d'arrêter définitivement son opinion sur le projet, il voulut visiter les travaux et parcourir le tracé; il fit cette reconnaissance les 17, 18 et 19 germinal an XII (7, 8 et 9 avril 1804), accompagné de MM. de Prony et Liard et de l'ingénieur en chef. MM. de Prony et Liard se rangèrent à l'opinion de Girard sur diverses dispositions qui n'ont point été exécutées, et dont il est inutile de parler ici.

La Chambre de commerce de Paris, consultée, donna à l'unanimité un avis favorable au projet de Girard.

Jaugeage de l'Ourcq et de ses affluents. — Septembre 1804.

Enfin, pour répondre aux diverses objections des ennemis du projet, on décida que la rivière d'Ourcq serait jaugée par une Commission formée de MM. de Prony, Becquey de Beaupré, Bruyère et Regnard, auxquels furent adjoints Girard et M. Stanislas Léveillé, ingénieur attaché aux travaux. Les avis étaient très partagés sur le débit moyen de l'Ourcq et de ses affluents [1]. Plusieurs ingénieurs, et notamment M. Liard, réduisaient ce débit à 120 000 mètres cubes par 24 heures; Girard l'estimait à 260 000 mètres cubes, c'est-à-dire à plus du double [2]. Le travail de la Commission était donc indispensable pour éclairer l'Assemblée des Ponts et Chaussées.

Les opérations eurent lieu dans la véritable saison des basses eaux, mais l'année 1804 fut humide. Les résultats obtenus n'ont donc pas une grande valeur. Du 21 au 26 fructidor (du 8 au 13 septembre 1804), Girard constata, par 247 observations répétées de demi-heure en demi-heure, que l'Ourcq à Guillouvray, un peu au-dessous de Mareuil, débitait, en 24 heures, 138 300 mètres cubes.

---

[1] J'ai eu souvent occasion de dire que, lorsqu'il s'agit de l'alimentation d'une ville et même d'un canal, ce n'est pas la portée moyenne, mais la portée minimum de la source ou de la rivière, qu'il faut constater.

[2] Les opérations de Girard étaient très contestables. Les jaugeages avaient été faits en février et en juin 1804 : tous les ingénieurs savent qu'à ces deux époques de l'année les rivières alimentées par des sources ne descendent jamais à leur plus basse portée et rarement à leur portée moyenne; de plus, l'année 1804 a été très humide.

La Commission procéda autrement : elle fit fermer les vannes de tous les moulins supérieurs pour régulariser le cours de la rivière. Cet ordre fut donné le **26** septembre, et, le jour même, à **6** heures du soir, la Commission commença ses observations ; c'était trop tôt : le régime d'aval n'était pas établi. On trouva donc un volume d'eau beaucoup plus petit que celui que Girard avait constaté, 312 007^{mc} en trois jours, ou par **24** heures. . . . . 104 000 MÈTRES CUBES.

Les portées suivantes des affluents furent déterminées par des opérations analogues faites dans la même saison :

La Collinance.	11 500
La Gergogne.	20 100
La Thérouanne.	11 500
La Beuvronne.	18 800
Les sources de Crégy.	300
— de Sevran.	6 000
TOTAL. . .	172 200 MÈTRES CUBES.

Girard critiqua vivement les opérations de la Commission, spécialement en ce qui concerne la rivière d'Ourcq ; en cela il avait raison, car nous savons aujourd'hui que, dans les années où les petits affluents portent ensemble **68 200** mètres cubes, l'Ourcq porte beaucoup plus de **104 000** mètres cubes d'eau en **24** heures. On a donc rétabli le chiffre de Girard, et jusqu'à ces dernières années on admettait, dans le service des eaux, que la portée moyenne de l'Ourcq était de **229 200** mètres cubes [1].

---

[1] Par des jaugeages contradictoires, faits en 1859 avec la Compagnie concessionnaire des canaux, nous avons trouvé :

Débit du canal en amont de la Beuvronne	135 000 M. C.
Débit de la Beuvronne.	7 700
Débit des petites sources	1 600
Total . . .	144 300 M. C.

L'année 1858, si connue par la sécheresse séculaire, a réagi sur l'année 1859, elle-même très sèche.

La Commission conclut, du résultat des jaugeages, que l'Ourcq ne peut alimenter un canal navigable. — La Commission maintint le débit constaté par elle et fut d'avis que ce débit ne permettait pas d'établir un canal navigable [1], et que le canal de l'Ourcq devait se réduire à une simple rigole de dérivation. Le directeur général des Ponts et Chaussées adopta cet avis dans un mémoire qu'il remit à l'Empereur le 22 pluviôse an XIII (11 février 1805); le lendemain, Girard fut avisé de ce fâcheux contre-temps par le préfet de la Seine ; il para le coup en remettant lui-même à l'Empereur, cinq jours après, un mémoire dans lequel il attaquait les opérations et l'avis de la Commission. Cette pièce, qui est loin d'être inattaquable elle-même, est très intéressante ; elle donne une juste idée de l'état de l'art de l'ingénieur à cette époque déjà ancienne, notamment sur la salubrité de l'eau, sur les pertes d'un canal [2], etc., etc..., mais elle est trop longue pour que je la transcrive ici.

Intervention de l'Empereur favorable au projet de Girard. — 1805. — « Mais l'Empereur n'avait pas attendu que cette demande lui fût adressée : il lui avait été facile de s'apercevoir, à la simple lecture des conclusions qui terminaient le rapport de la Commission, qu'en réduisant l'usage du canal de l'Ourcq à celui d'un aqueduc dans lequel on n'aurait introduit, en tout temps, que le volume des eaux d'été, on s'était mépris sur la grandeur de ses vues, et qu'on ne donnait point à cette entreprise toute l'utilité dont il l'avait jugée susceptible. Il sentit dès lors la nécessité d'intervenir de sa personne dans le jugement de la question, et d'assurer l'heureuse issue des travaux commencés, en donnant une preuve authentique de l'intérêt qu'il mettait à les poursuivre [3]. »

[1] La navigation du canal de l'Ourcq a été maintenue avec un volume d'eau beaucoup plus petit, notamment en 1859, 1864 et 1865.

[2] On supposait alors que les pertes d'eau, dans un canal, étaient les mêmes dans tous les terrains : ainsi, Girard, pour constater les pertes du canal de l'Ourcq, se basait sur les résultats constatés, pour le canal du Midi, entre Toulouse et Carcassonne. On n'avait aucune idée nette sur les différences de perméabilité qui pouvaient exister entre deux terrains.

[3] Girard.

Il chargea Monge de visiter les travaux et de lui rendre compte de son impression. Cet illustre savant adressa à Girard une note dans laquelle il lui renouvelait une demande qu'il lui avait faite précédemment, et le priait de parcourir avec lui le tracé du canal, depuis Paris jusqu'à La Ferté-Milon, sans lui faire connaître le but de cette visite. Girard se rendit avec empressement à cette invitation, et la tournée eut lieu les 15, 16 et 17 février 1805. Le 7 mars 1805, M. Cretet, directeur général des Ponts et Chaussées, invita Girard à se rendre le lendemain chez M. de Champagny, ministre de l'Intérieur, pour aller de là au palais des Tuileries. Outre MM. de Champagny et Cretet, les personnages qui prirent part à la conférence furent Regnault de Saint-Jean d'Angély, conseiller d'État, Maret, secrétaire général, La Place, Monge, de Prony et Becquey de Beaupré, ingénieur en chef du département de la Seine, qui, presque tous, portent des noms qu'ils ont su rendre historiques.

Une discussion très vive s'engagea sur le mode de dérivation de l'Ourcq. M. Cretet rappela son rapport dans lequel il résumait l'avis de la Commission de l'Assemblée des Ponts et Chaussées : pour procurer à Paris des eaux aussi salubres que possible, la dérivation serait faite au moyen d'un aqueduc maçonné, partant du bief supérieur de Mareuil, et on y introduirait seulement un volume d'eau égal à la portée de l'Ourcq en temps de basses eaux.

Girard défendit énergiquement son projet : il fallait, en toute saison, conduire à Paris la totalité des eaux de l'Ourcq ; on ne pouvait songer à faire cette dérivation au moyen d'un aqueduc qui aurait été très coûteux et dont l'achèvement aurait pris trop de temps. Un canal était seul possible. Dé Prony se rangea à l'avis de Girard, mais il demanda que les parois du canal fussent revêtues de maçonnerie. Becquey combattit vivement le projet de Girard : suivant lui, on devait s'en tenir à la dérivation de la Beuvronne.

Après avoir laissé chacun exprimer son opinion, l'Empereur

prit la parole vers deux heures du matin. Loin de trouver que l'Ourcq fût trop abondant pour les besoins de Paris, il regrettait qu'on ne pût introduire la Marne tout entière dans le canal.

« Paris, ajouta-t-il, est la capitale de l'Europe : ce ne sont pas des embellissements ordinaires qui la rendront digne de ce rang et de notre époque. Il faut que ses revenus soient enfin utilement employés et qu'on puisse y arriver par eau de tous les côtés. On ne bâtira jamais de magasins sur le quai du Louvre ; le commerce de la Seine doit être porté dans d'autres quartiers. Quand on aura rendu le canal de l'Ourcq navigable, on le prolongera jusqu'à celui de Saint-Quentin, qui sera achevé dans trois ans, et l'on aura une communication directe entre Paris et Anvers, en attendant qu'il s'en établisse une autre, par l'Aisne et la Meuse, entre Paris et Rotterdam.

« Les difficultés d'exécution qu'on oppose à ce projet ne doivent pas arrêter : il n'y a point de travaux de cette nature qui n'en présentent plus ou moins ; j'ai vu des redoutes en terre s'ébouler jusqu'à six fois de suite ; c'était l'affaire de l'ingénieur : celui du canal de l'Ourcq est instruit et actif, il ne voudra pas laisser sa réputation déchoir ; on ne manquera jamais en France d'ingénieurs habiles, ni de moyens d'argent pour exécuter de pareilles entreprises ; c'est le temps qui manque pour tout. Au surplus, si nous n'en avions point assez pour achever le canal de l'Ourcq, nos successeurs le continueraient, ou, s'ils en abandonnaient l'exécution, c'est qu'ils n'en auraient pas compris l'utilité et qu'ils vaudraient moins que nous. »

Il est décidé que le canal de l'Ourcq sera navigable pour des bateaux de moyenne grandeur. — « Quand l'Empereur eut cessé de parler, M. Cretet trouva qu'il n'avait laissé subsister aucune des objections qu'on avait élevées sur la destination du canal de l'Ourcq. Tout le monde partageant cet avis, il fut décidé que ce canal serait rendu navigable pour des bateaux de moyenne grandeur, et qu'il serait prolongé jusqu'à la rivière d'Aisne, à Soissons [1]. »

Canal de Soissons. — On reconnut la possibilité de construire le canal de Soissons, ainsi que le voulait l'Empereur. La seule difficulté consistait dans le percement d'un souterrain de 2 000 mètres de longueur, avec puits de 50 mètres de profondeur, sous un seuil qui séparait les eaux de l'Ourcq de celles de l'Aisne.

Le projet de Girard est adopté par le Conseil des Ponts et Chaussées. — Ce fut le 14 juillet 1806 que M. l'inspecteur général Lefebvre fit son rapport au Conseil des Ponts et Chaussées sur le devis du canal de l'Ourcq ; le Conseil adopta ce devis, le 1er novembre suivant, en introduisant dans le projet des modifications peu importantes.

---

[1] — Girard. — Il est facile aujourd'hui d'apprécier les résultats de cette mémorable conférence. Je laisse de côté l'opinion de M. Becquey de Beaupré, calquée sur celle de Bruyère. J'ai déjà dit que la Beuvronne donne une très mauvaise eau et que son débit, en temps de grande sécheresse, tombe à 7500^{ms} en 24 heures ; une si petite quantité d'eau ne compterait plus aujourd'hui dans la distribution de Paris.

Les conclusions du rapport du directeur général, M. Cretet, ou plutôt de la Commission de l'Assemblée des Ponts et Chaussées, n'étaient pas plus soutenables. Si une source, comme celle du Loiret, s'était trouvée en tête de la prise d'eau du canal de l'Ourcq, à Mareuil, il aurait été très rationnel de s'en contenter et de la conduire à Paris, renfermée dans un aqueduc voûté et maçonné : on aurait ainsi distribué à Paris une eau salubre et agréable à boire. Mais l'Ourcq, avant d'arriver à Mareuil, coule à ciel ouvert sur une longueur d'environ 60 kilomètres ; son eau contracte dans des marais et des tourbières une odeur et une saveur inadmissibles dans la distribution de Paris ; il reçoit, en passant, les déjections des tanneries et des cabinets d'aisance de La Ferté-Milon. Sans être insalubre, son eau n'est donc plus agréable à boire à la prise d'eau du canal ; elle est, en outre, trop chargée de sels terreux, et est beaucoup moins propre aux usages domestiques que l'eau de la Seine, de la Vanne ou de la Dhuis. Girard avait donc raison lorsqu'il soutenait que la dérivation par un aqueduc aurait donné lieu à un supplément de dépense inutile. Il ne faut pas oublier qu'à cette époque un aqueduc comme celui de la Vanne aurait coûté deux ou trois fois plus cher qu'aujourd'hui. La véritable destination de l'eau de l'Ourcq étant d'être employée au lavage des rues et des égouts, il n'y avait aucun inconvénient à la dériver par un canal qui, non seulement devait coûter moins cher, mais encore pouvait être d'une grande utilité dans la riche contrée qu'il traversait. Dans ces conditions, il convenait d'y jeter un très grand volume d'eau. Il y avait sans doute une grande exagération dans le langage de l'Empereur, lorsqu'il exprimait le regret qu'on ne pût y introduire la Marne tout entière. Il voulait dire, sans doute, que Paris n'aurait jamais assez d'eau, ce qui est encore vrai aujourd'hui. Le résultat de cette conférence a donc été excellent, et c'est avec raison qu'on a construit le canal de l'Ourcq, et non un aqueduc.

Les travaux marchèrent alors régulièrement et sans incident qui doive être relaté ici.

Nivellement de Paris par Égault, en 1807. — Une des plus grandes opérations qui aient été exécutées par le service municipal, le nivellement de Paris et le tracé, de mètre en mètre, de courbes de niveau sur toute la surface de la ville, fut entreprise et terminée vers cette époque. Les opérations furent faites, sous la direction de M. l'ingénieur Égault, par MM. Lamblardie, Vaissière, Robillard, Treuil et Debout. En ce temps-là, les ingénieurs ne craignaient pas de manier eux-mêmes leurs niveaux. Égault se chargea des opérations sur l'emplacement des canaux Saint-Denis et Saint-Martin, dont les tracés ont été arrêtés sur ses plans. C'est vers la fin de juillet 1807 que cette grande entreprise fut terminée.

Administration des eaux de Paris — 1807. — L'administration des eaux de Paris fut réglée par un décret du 4 septembre de la même année. Le préfet de la Seine en resta chargé, mais sous *la surveillance* du conseiller d'État, directeur général des Ponts et Chaussées, et *l'autorité* du ministre de l'Intérieur.

Un ingénieur en chef-directeur fut chargé des travaux ; il avait sous ses ordres deux ingénieurs en chef et un certain nombre d'ingénieurs ordinaires. Malgré la grande extension que ce service a prise depuis cette époque, le personnel des ingénieurs est encore dans le même état.

Girard fut le premier directeur du service des eaux de Paris. Les travaux du canal furent alors poussés avec activité. On commença les travaux de distribution intérieure. Le bassin de la Villette était achevé au mois d'octobre 1808. Les eaux de la Beuvronne y furent introduites le 2 décembre, et coulèrent à la fontaine des Innocents, le 15 août 1809. Le 15 août 1813, la navigation s'ouvrit entre Claye et Paris.

Situation des travaux des canaux de l'Ourcq, Saint-Denis et Saint-Martin, à la chute de l'Empire. — Commission de 1816. — En 1815, une Commission d'ingénieurs expérimentés fut chargée de rendre compte au Gouvernement de la situation du canal de l'Ourcq, des dépenses et des travaux restant à faire pour terminer les trois canaux et leurs accessoires.

Cette Commission était composée de MM. de Prony, Tarbé et Bruyère, inspecteurs généraux des Ponts et Chaussées, Gayant, inspecteur divisionnaire, et Bérigny, ingénieur en chef. Le rapport, rédigé par M. Tarbé, est remarquable, à tous les points de vue, et surtout par sa haute impartialité. Il porte la date du 25 avril 1846.

Situation des travaux. — Le canal de l'Ourcq était alors achevé et en eau, depuis Souilly (débouché de la Beuvronne) jusqu'à Paris, sur une longueur de[1] . . . . . .   27 000 mètres

Il était terminé, mais à sec, depuis Souilly jusqu'au delà de Lizy. 42 000

Il était ébauché sur une longueur de 7 000

Et il n'était pas commencé sur 17 982

Longueur totale . . . .   93 982 mètres

Le bassin de la Villette était entièrement terminé.

Les terrassements du canal Saint-Denis étaient exécutés en grande partie ; il restait à faire les écluses et les ponts.

Le canal Saint-Martin était à peine commencé à son origine, du côté de la Villette. La voûte de la place de la Bastille était terminée sur une longueur de 90 mètres.

Les travaux de la gare de l'Arsenal étaient commencés.

Distribution. — L'aqueduc de ceinture était exécuté sur 3 300 mètres (sa longueur totale était de 4 350 mètres). Les galeries Saint-Laurent et des Martyrs étaient achevées : 3 600 mètres de tuyaux de $0^m,25$ de diamètre étaient placés dans ces galeries et dans d'autres de moindre importance. De nombreuses bornes-fontaines étaient posées dans les rues. Trois fontaines : des Innocents, du Ponceau, de la place Royale, et le château-d'eau de Bondy, étaient en service.

[1] Il restait cependant quelques travaux à faire dans la tranchée des bois de Saint-Denis.

Les dépenses faites au 1ᵉʳ janvier 1816 se décomposaient ainsi :

	FR.
Canal de l'Ourcq, y compris le bassin de la Villette.	13 578 177, 48
Canal Saint-Denis.	337 706, 23
— Saint-Martin	131 156, 66
Gare de l'Arsenal.	75 800, »
Distribution (aqueduc de ceinture, galeries, etc.).	6 135 213, 83
Arriéré liquidé au 1ᵉʳ avril 1814	1 306 206, 16
Somme non liquidée	500 000, »
Total des dépenses faites.	22 062 260, 36

Les travaux restant à faire étaient ainsi évalués :

	FR.
Canal de l'Ourcq	9 973 150, »
— Saint-Denis.	2 992 000, »
— Saint-Martin.	8 347 240, »
Gare de l'Arsenal.	3 569 759, »
Total	24 882 149, »
Distribution	13 019 600, »
Total général des dépenses à faire.	37 901 749, »
Les dépenses faites s'élevaient à.	22 062 260, »
Dépense totale[1].	59 964 009, »

La Commission évaluait à dix ans le temps nécessaire pour achever les travaux. Les événements politiques avaient trop fortement atteint le crédit de la Ville pour qu'il fût possible d'imposer à son budget une nouvelle charge de près de quatre millions de francs pendant un si grand nombre d'années. Ces conclusions de la Commission déterminèrent donc la Ville à traiter avec une Compagnie pour l'achèvement des travaux : l'avant-propos, qui se trouve en tête du rapport de la Commission imprimé en 1819, ne laisse aucun doute sur ce point.

Concession des canaux de l'Ourcq et Saint-Denis. — 1818. — Un traité fut conclu, le 19 avril 1818, avec MM. Vassal et Saint-Didier, qui se chargèrent de l'achèvement des canaux de l'Ourcq et Saint-Denis, dans un délai de cinq ans environ, aux conditions suivantes :

---

[1] D'après la Commission. la dépense totale aurait été de 58 232 148 fr., 41.

Cela tient à ce que, pour le canal Saint-Martin, elle proposait une variante qui donnait lieu à une économie d'environ 1 650 000 francs. Retranchant cette somme de celle qui précède. on trouve 58 316 009 francs, total peu différent de celui de la Commission.

La Ville se réservait la jouissance de 4 000 pouces d'eau, 76 780^{mc} en 24 heures[1]; elle concédait à la Compagnie la jouissance des deux canaux pendant 99 ans, à partir du premier janvier 1823. Elle lui accordait une subvention de 7 500 000 francs, et prenait à sa charge toutes les indemnités de terrain restant à payer. Or, il résulte des renseignements parvenus à notre connaissance depuis peu d'années que la Compagnie, pour achever les travaux, n'eut à ajouter que 3 000 000 de francs à la subvention que la Ville lui accordait. Ces travaux n'exigèrent donc qu'une dépense totale de 10 500 000 francs au lieu de 12 965 150 francs, et le bénéfice réalisé sur cette évaluation de la Commission fut de 2 465 150 francs. — Il est probable que, si ce fait avait pu être prévu, la subvention accordée à la Compagnie aurait été diminuée d'autant, ou, mieux encore, la Ville aurait conservé l'entreprise à sa charge.

Le canal Saint-Denis fut achevé et solennellement inauguré le 13 mai 1821, à l'occasion du baptême du duc de Bordeaux; le canal de l'Ourcq fut entièrement achevé, de Mareuil à Paris, à la fin de 1822. Toutefois, l'opposition formée par le duc d'Orléans à la prise d'eau de Mareuil ne permit d'exploiter les deux canaux qu'après la transaction des 24 avril-23 juin 1824, dont il a été question ci-dessus.

Ces deux canaux ont donc coûté :

Dépenses faites au premier janvier 1816 (évaluations de la Commission) :

		FR.
Canal de l'Ourcq {	Dépenses soldées à cette époque. . .	13 578 177, »
	— liquidées — . .	474 951, »
	— non liquidées — . .	300 000, »
Canal Saint-Denis : Dépenses soldées ou liquidées .		445 688, »
Total au premier janvier 1816.		14 798 816, »
Subvention accordée à la Compagnie		7 500 000, »
Dépense complémentaire faite par elle.		3 000 000, »
Total des dépenses faites pour construire les canaux de l'Ourcq et Saint-Denis		25 298 816, »

---

[1] Cette quantité a été considérablement augmentée par la dérivation du Clignon et par la construction des usines de Trilbardou et d'Isles-les-Meldeuses.

au lieu de 27 763 966 francs, montant de l'évaluation de la Commission de 1816 [1].

Il ne faut pas oublier que la Ville restait chargée des acquisitions de terrain, de sorte que le chiffre de 25 298 816 francs ne représente pas la dépense totale faite par elle. Nous n'avons aucune donnée sur le montant effectif des acquisitions de terrains opérées depuis 1818; la Commission de 1816 l'évaluait ainsi :

	FR.
Canal de l'Ourcq (140).	1 386 500, »
Canal Saint-Denis (163).	156 000, »
Total. .	1 542 500, »

Ajoutant la somme des autres dépenses et admettant que les indemnités de terrain aient été égales à l'estimation de la Commission de 1816, on trouverait que les canaux de l'Ourcq et Saint-Denis coûtaient en 1822, au moment de leur achèvement. . . . .

	25 298 816, »
FR.	
	26 841 316, »

C'est à un million de francs près l'estimation de la Commission de 1816, et, il faut en convenir, on pouvait s'attendre à une plus grande différence.

Dépenses complémentaires. — Conventions additionnelles du 1er février 1841 [2]. — La ville de Paris, représentée par M. de Rambuteau, accorda à la Compagnie des canaux, représentée par M. Hainguerlot, une subvention de 540 500 francs, qui se décomposait ainsi :

Moitié des dépenses suivantes :

---

[1] Voyez le rapport de la Commission :

	FR.
Canal de l'Ourcq (140).	24 326 278, »
Canal Saint-Denis (163).	3 437 688, »
Total. . . .	27 763 966, »

[2] Voyez : Recueil de pièces relatives aux canaux de l'Ourcq et Saint-Denis, pages 44 et suivantes.

	FR.
1° Canalisation de la rivière d'Ourcq, entre Mareuil et le Port-aux-Perches. . .	240 000, »
2° Établissement de cinq écluses dans le canal de l'Ourcq, entre la Thérouanne et la Beuvronne	240 000, »
3° Rigoles, barrages, aqueducs dans les vallées de la Beuvronne et du Mory . . .	50 000, »
4° Déversoir de Pantin et dépendances.	90 000, »
Total. .	620 000, »
Dont la moitié est de	310 000, »
5° La totalité de la dépense du canal du Clignon. . . . . , ...	160 000, »
Dépenses imprévues.	70 500, »
Total. .	540 500, »

En outre, la Ville était chargée de toutes les indemnités de terrain.

En accordant à la Compagnie cette subvention, la Ville se réservait : 1° — toutes les eaux versées dans le canal de l'Ourcq par la rigole du Clignon, qu'on évaluait alors à 30.000 mètres cubes, mais qui, en réalité, dans une année très sèche, ne montent pas à plus de 24 000 mètres cubes en 24 heures; 2° — le droit d'établir, sur la berge droite du canal, une conduite pour l'écoulement des eaux-vannes de la voirie de Bondy et de jeter ces eaux dans la rigole de Pantin; 3° — de déverser hors du canal les eaux de la Beuvronne, de l'Arneuse et du Mory.

Établissements hydrauliques de Trilbardou et d'Isles-les-Meldeuses. — Pendant l'été des années 1858, 1861, 1863, 1864 et 1865, la navigation des canaux Saint-Denis et Saint-Martin fut presque complètement paralysée par de grandes sécheresses. La ville de Paris fut autorisée, par un décret en date du 14 avril 1866, à profiter de la chute produite dans la Marne par la retenue d'Isles-les-Meldeuses, pour jeter, par seconde, dans le canal de l'Ourcq, de 300 à 500 litres d'eau de Marne élevée par des roues-turbines et des pompes du système Girard.

Un autre décret, portant la même date, autorise la Ville à prendre 500 litres d'eau par seconde et à les jeter dans le canal de l'Ourcq, au moyen de pompes mises en mouvement par une roue du système Sagebien et l'ancienne roue du moulin de Trilbardou, dont la Ville s'était rendue propriétaire.

	FR.	
L'usine de Trilbardou a coûté à la Ville, y compris l'acquisition des vieux moulins de Trilbardou et de Mareuil. .	652 260,	»
L'usine d'Isles-les-Meldeuses. . . .	433 384,	»
Total.	1 085 644,	»

Ces usines peuvent monter dans le canal de l'Ourcq, mais pendant les basses eaux seulement, jusqu'à 80 000 mètres cubes d'eau de Marne en 24 heures.

Nous pouvons maintenant nous rendre compte, à très peu près, des dépenses faites pour construire les canaux de l'Ourcq et Saint-Denis.

	FR.	
Dépenses effectuées en 1822, y compris l'évaluation hypothétique des indemnités de terrain payées par la Ville, ci. .	26 841 316,	»
Transaction avec la famille d'Orléans.	600 000,	»
Conventions additionnelles de 1841 : subvention accordée à la Compagnie. . .	540 500,	»
Usines de Trilbardou et d'Isles-les-Meldeuses.	1 085 644,	»
Total.	29 067 460,	»

CHAPITRE IV

LES CANAUX DE LA VILLE DE PARIS (SUITE).

CANAL DE L'OURCQ

Description résumée. — Ce canal se compose de deux parties distinctes : 1° — la rivière d'Ourcq, canalisée entre le Port-aux-Perches et le barrage-déversoir de Mareuil, traverse les communes de Silly-la-Poterie et de La Ferté-Milon (Aisne), Marolles et Mareuil (Oise), sur une longueur de 11 191 mètres, de l'altitude 67^m,35 à l'altitude 60^m,75 ; 2° — le canal proprement dit s'étend du barrage-déversoir de Mareuil à la première écluse du canal Saint-Martin, située à l'extrémité aval du bassin de la Villette, et traverse les territoires ci-après : *Mareuil, Neufchelles* et *Varinfroy* (Oise) ; *May-en-Multien, Échampeu, Lizy, Congis, Vareddes, Poincy, Meaux, Crégy, Villenoy, Isles-les-Villenoy, Vignely, Trilbardou, Charmentray, Précy, Fresne, Claye, Milly, Gressy, Souilly, Mory, Villeparisis* (Seine-et-Marne) ; *Tremblay, Villepinte, Sevran,* et *Aulnay* (Seine-et-Oise) ; *Bondy, Noisy-le-Sec, Bobigny, Pantin* (Seine), entre les altitudes 60^m,75 et 52 mètres. — Longueur 96 723 mètres. — La pente de 6^m,60 de la rivière canalisée est régularisée par les cinq écluses de *Mosloy*, *La Ferté-Milon*, *Marolles*, *Queue-d'Ham* et *Mareuil*. — La pente du canal est de 8^m,75 ; elle est très-inégalement répartie, et se trouve surtout trop forte entre la Thérouanne et Claye ; on l'a régularisée, autant que possible, par cinq écluses à faible chute construites entre ces deux points. — Les écluses de la rivière canalisée ont 5 mètres de largeur entre bajoyers, et 63 mètres de longueur de sas en terre, simplement perreyé. — Les écluses du canal sont à deux sas entièrement maçonnés ; elles ont 3^m,20 de largeur et 58^m,80 de longueur. — La largeur de la rivière canalisée et du canal est de 5 mètres au plafond et de 10 mètres environ au plan d'eau. — Le nombre des ponts fixes est de 59. L'intrados de la clef des ponts fixes est à 3^m,25 au-dessus du plan d'eau ; la largeur des deux marchepieds est de 3 mètres ; celui qui sert au halage est empierré, de Lizy à Paris, sur 2 mètres de largeur et 76 kilomètres de longueur.

Le tirant d'eau du canal est de 1^m,40. Les bateaux qui le fréquentent portent le nom de flûtes de l'Ourcq ; ils ont 3^m,00 de largeur sur 28 mètres de longueur et portent de 40 à 50 tonnes.

Ils descendent au fil de l'eau, presque toujours en charge, et sont remontés par des chevaux, presque toujours vides. Les matières transportées proviennent principalement, ou de la vallée de l'Ourcq (bois de la forêt de Villers-Cotterets, pierre de taille et moellon), ou de la partie du canal comprise entre Villeparisis et Paris (plâtre). La durée d'un voyage depuis Mareuil est de 10 à 15 jours : quatre jours à la descente, autant à la remonte, et de deux à sept jours pour le chargement.

CANAL SAINT-DENIS

Ce canal est branché sur le canal de l'Ourcq à la gare circulaire de la Villette, dans le XIX° arrondissement. En sortant de Paris, il traverse le territoire des communes d'Aubervilliers et de Saint-Denis. Sa longueur totale et de 6 647^m,50. L'altitude de son plan d'eau est de 52 mètres à la gare circulaire, et, à son arrivée en Seine, en cas de sécheresse, de 22^m,83. La pente totale, sur ce parcours, est donc de 29^m, 17. Cette pente est effacée par 4 écluses doubles et 4 simples, équivalentes à 12 écluses simples ou à un seul sas, ayant une chute de 2^m,30 à 2^m,50. — Leur largeur, entre les saillies de la chambre des portes, est de 7^m,80, et leur longueur utile de 42 mètres. — La cunette du canal a 15 mètres de largeur au plafond et 25 mètres au niveau du plan d'eau. — Le tirant d'eau est de 2 mètres.

Le chemin de halage a 6 mètres de largeur, dont 3 mètres sont empierrés ; il se réduit à 2 mètres sous les ponts. Le chemin de contre-halage a la même largeur, mais il n'est pas empierré et est supprimé sous certains ponts.

L'intrados de la clef des ponts fixes est à 5^m,25 au-dessus du plan d'eau du canal.

La traction se fait à l'aide de bœufs et de chevaux, quand les bateaux ne sont pas traînés par un remorqueur.

Les deux rives du canal sont bordées de plantations sur toute leur longueur.

Autrefois, le canal Saint-Denis avait droit à la moitié de l'eau portée par le canal de l'Ourcq, déduction faite de la part de la Ville. Depuis le rachat de la concession, celle-ci fournit l'eau nécessaire à la navigation et garde le reste. Il y avait autrefois, aux écluses du canal, huit usines actionnées par l'eau surabondante du bassin de la Villette ; aujourd'hui, deux n'existent plus et les autres marchent sans baux, à l'exception de la cartonnerie établie sur la chute des troisième et quatrième écluses. La Ville donne l'eau à sa volonté aux autres usines.

RACHAT DES CANAUX

Le 31 mai 1875, le Conseil municipal décida en principe que la jouissance des canaux de l'Ourcq et Saint-Denis serait rachetée. A la suite d'une enquête ouverte en septembre et octobre de la même année, la déclaration d'utilité publique fut prononcée par un décret du président de la République, en date du 22 avril 1876.

Le texte définitif du traité de rachat fut adopté par le Conseil municipal le 21 mars 1876. L'annuité à payer à la Compagnie jusqu'à la fin de la concession fut fixée à 540 000 francs. Le traité fut rendu définitif par arrêté préfectoral du 19 juin 1876. En fait, la Ville entra en jouissance le 1er janvier 1876 ; seulement, pendant les six premiers mois, les canaux furent gérés par l'ancienne Compagnie.

CANAL SAINT-MARTIN

La construction du canal Saint-Martin fut prescrite par la loi du 29 floréal an X (19 avril 1802), et les décrets de l'Empereur du 14 février 1806 et du 27 juillet 1808. Cet ouvrage était à peine commencé à la chute de l'Empire, en 1814. La ville de Paris fut autorisée, par la loi du 5 août 1821, à négocier un emprunt de 400 000 livres de rente pour acheter les terrains et solder les travaux. Une ordonnance royale, en date du 15 du même mois, approuva le plan du canal, dont les travaux furent mis en adjudication le 12 novembre suivant, à l'extinction des feux. Le rabais portait sur une subvention de 5 500 000 francs, que la Ville accordait à l'adjudicataire ; M. Vassal, banquier, représentant la Compagnie des canaux de l'Ourcq et de Saint-Denis, fut déclaré adjudicataire avec un rabais de 30 000 francs sur le montant de la subvention, qui se trouva ainsi réduite à 5 470 000 francs. — La Ville, par le cahier des charges, abandonnait' la jouissance du canal à cette Compagnie pendant 99 ans, à partir du 1er janvier 1823. Cette adjudication fut approuvée par ordonnance royale du 11 décembre 1821.

Couverture du canal Saint-Martin, entre la rue du Temple et la place de la Bastille. — Rachat de ce canal. — 1861. — Le canal Saint-Martin avait le grave inconvénient d'isoler de la ville tous les quartiers compris entre cette voie navigable et les boulevards extérieurs; cet isolement était très fâcheux, surtout entre le pont du Temple et la place de la Bastille, et il fut reconnu intolérable lorsque l'ouverture du boulevard du Prince-Eugène (aujourd'hui boulevard Voltaire) fut décidée; il n'était pas possible de faire passer cette voie magistrale sur un pont-levis ou un pont tournant[1].

L'écluse double de la Bastille fut reportée en amont de la rue du Temple : on abaissa ainsi le plan d'eau du canal d'une quantité suffisante pour construire un pont fixe dans l'axe de cette dernière rue et une voûte de 1 670^m,80 de longueur sur le canal, en amont de la place de la Bastille.

Ces travaux ayant modifié profondément l'état de la voie navigable et les conditions de son exploitation, la Compagnie concessionnaire a abandonné à la ville de Paris, par un traité en date du 9 juillet 1861, tous les droits qu'elle tenait de son adjudication, et, depuis le 1er août suivant, le canal Saint-Martin est rentré, ainsi que ses dépendances, dans les mains de la ville de Paris, qui l'exploite directement.

L'indemnité à payer à la Compagnie, pour la cession de ses droits, fut fixée ainsi qu'il suit :

[1] C'est M. Allard, aujourd'hui ingénieur en chef du service des phares, et alors ingénieur chargé du service municipal de cette partie de Paris, qui trouva le moyen d'abaisser le plan d'eau du canal d'une quantité suffisante pour qu'on pût y construire des ponts fixes. Il me proposa de déplacer l'écluse double qui se trouvait alors en amont de la place de la Bastille et de la remonter jusqu'à la rue du Temple. Le canal, par suite de cette modification, devait être creusé au niveau du bassin de l'Arsenal. Je m'empressai d'appuyer cette idée si simple auprès de l'Administration, qui l'adopta. Les travaux, commencés le 1er novembre 1859 furent exécutés, sous ma direction, par M. l'ingénieur Rozat de Mandres.

La Ville lui paya une somme de 1 338 800 francs représentant la perte causée par le chômage du canal pendant l'exécution des travaux et la dépréciation permanente résultant de la suppression d'une partie des bas-ports, par suite de la construction de la voûte entre la rue du Temple et la place de la Bastille. En outre, la Ville s'engagea à payer à la Compagnie soixante et une annuités de 180 000 francs chacune[1].

Le canal Saint-Martin mesure, de l'extrémité aval du bassin de la Villette jusqu'à son débouché en Seine, une longueur totale de 4 553^m,80, dont, en biefs à ciel ouvert, 2 704^m,20, et, sous voûte, 1 849^m,60.

Sur ce parcours, on a à racheter une pente totale de 24^m,56.

On obtient ce résultat au moyen de neuf écluses, dont quatre doubles et une simple; la chute d'une écluse simple varie de 1^m,86 à 2^m,95.

Ces écluses ont une largeur de 7^m,80 entre les pilastres des chambres des portes; la longueur de leur sas est de 42 mètres.

La cunette du canal a 27 mètres de largeur au plafond. Toutefois, dans la partie voûtée de 1 849^m,60 de longueur, cette largeur est réduite, à 16^m,50 sous la nouvelle voûte, dite du *boulevard Richard-Lenoir*, d'une longueur de 1670^m,80, et à 8 mètres, sous l'ancienne voûte dite de la *Bastille*, sur une longueur de 178^m,80. A la gare de l'Arsenal, au contraire, cette largeur, qui atteint 70 mètres au maximum, est de 40 mètres au minimum dans la partie rétrécie par le bas-port de la rive gauche, sur une longueur de 250 mètres.

La hauteur sous clef *minimum* des ponts fixes est de 5^m,25, au-dessus du plan d'eau normal.

Les berges du canal ont 5 mètres de largeur, mais, au bassin de Pantin, elles ont une largeur de 20^m,60, dont 12 mètres sont réservés comme port public, et, à la gare de l'Arsenal, sur la rive gauche, entre les deux rampes d'accès aboutissant au

---

[1] En tenant compte seulement des intérêts de la somme de 1 338 800 francs, on voit que la charge annuelle, dont le rachat a grevé les finances de la Ville, est de 246 940 francs.

boulevard de la Contrescarpe, elles ont une largeur de 32^m,40, dont 17 mètres pour le port public. Elles sont pavées sur presque toute leur longueur.

La largeur laissée libre sur ces berges, comme banquettes de halage et de contre-halage, est de 1 mètre; sous la partie voûtée, cette largeur des banquettes est de 1^m,75.

Le tirant d'eau normal du canal Saint-Martin est de 2 mètres.

La traction des bateaux se fait à col d'homme sur toute l'éten-due du canal, sauf pour le quatrième bief, qui comprend la partie voûtée de 1 849^m,60 mentionnée précédemment; là, la traction se fait par un système de touage sur chaîne noyée installé par la ville de Paris, dans un but de sécurité publique et de progrès.

LES CANAUX CONSIDÉRÉS COMME VOIES NAVIGABLES

Je vais maintenant dire, en peu de mots, comment les canaux sont alimentés et quels ont été les résultats de leur exploitation en 1876 et 1877.

Alimentation. — Le canal Saint-Martin était autrefois ali-menté, en temps ordinaire, par la moitié du surplus des eaux amenées par le canal de l'Ourcq au bassin de la Villette, après le prélèvement de 105 572 mètres cubes au maximum (5 500 pou-ces), fait sur ces arrivages pour l'alimentation de la ville de Paris, conformément aux traités de concession. En temps de pénurie d'eau, il avait droit à un complément prélevé sur les prises d'eau d'Isles-les-Meldeuses et de Trilbardou, en vertu des deux décrets de concession de ces prises d'eau du 11 avril 1866, jusqu'à concurrence d'un volume total de 28 793 mètres cubes par 24 heures. Aujourd'hui, il tire purement et simplement du bassin de la Villette l'eau nécessaire à la navigation.

Le canal Saint-Denis est alimenté concurremment dans les mêmes conditions.

En 1876, les canaux ont tiré du bassin de la Villette les quantités d'eau suivantes :

	MÈTRES CUBES EN 24 HEURES		
	CANAL SAINT-MARTIN	CANAL SAINT-DENIS	TOTAUX
	MÈTRES CUBES	MÈTRES CUBES	MÈTRES CUBES
Maximum.	56 325	161 166	217 491
Moyenne	40 197	66 936	107 133
Minimum.	18 634	13 364	31 998

On n'a pas tenu compte des pertes par les portes d'écluses, pertes qui sont considérables.

Le maximum énorme du canal Saint-Denis tient à ce qu'il y a encore sur ce canal une usine qui a droit à l'eau. Les autres usines du canal n'y ont plus droit.

A l'aval de la sixième écluse du canal Saint-Martin, diverses prises sont établies pour jeter dans les égouts de Paris, afin d'en faciliter le curage, les eaux excédant les besoins de la navigation.

Fréquentation. — Le mouvement de la navigation, en 1876, a été de 520 102 tonnes de marchandises sur le canal de l'Ourcq, de 971 168 tonnes sur le canal Saint-Denis et de 740 896 tonnes sur le canal Saint-Martin, dont 120 183 tonnes seulement en transit et le surplus, 2 111 983 tonnes, à destination ou en provenance des ports des canaux.

Les recettes se sont élevées en 1876 :

	DROITS DE NAVIGATION	PRODUITS DIVERS	TOTAUX
	FR.	FR.	FR.
Canal de l'Ourcq. . .	215 825, 66	70 310, 46	286 134, 12
— Saint-Denis . .	384 782, 07	103 206, 06	487 988, 13
— Saint-Martin. .	244 366, 83	47 002, 39	291 369, 22
Total général.			1065 491, 47
Les dépenses d'exploitation se sont élevées à			465 256, 88
Le bénéfice d'exploitation a donc été de			600 234, 59

La ville de Paris paye annuellement pour le rachat des canaux :

Aux concessionnaires des canaux de l'Ourcq et Saint-Denis. . . . . 540 000, » FR.

Aux concessionnaires du canal Saint-Martin . . . . 180 000, »

Elle doit tenir compte des intérêts de la somme de 1 338 800 francs, payée à ces derniers. . . . . 66 940, »

La charge annuelle de l'opération est de . . . . 786 940, »

Le bénéfice d'exploitation ayant été en 1876 de. . . . . 600 235, »

La Ville se trouverait en perte de. 186 705, »

Voici le résultat de l'exploitation en 1877 :

Le tonnage du canal de l'Ourcq a été de 628 882 TONNES

— Saint-Denis — 1 042 077

— Saint-Martin — 892 651

Total. . . . 2 563 610 TONNES

Les recettes brutes se sont élevées :

Pour le canal de l'Ourcq à. . . . . . 371 590, 65 FR.

— Saint-Denis. 532 130, 11

— Saint-Martin 316 893, 60

Total. . . . 1 220 614, 36

Les dépenses ont été les suivantes :

Charges fixes annuelles. 786 940, » FR.

Travaux d'entretien. . 593 000, »

Personnel . . . . 89 426, »

Total. . . . 1 269 366, »

La perte se trouve réduite à . . . 1 269 366, » — 1 220 614, 36 = 48 751, 64 FR.

Si l'on sépare les deux opérations de rachat, on trouve :

Canal Saint-Martin. — Dépenses.

	FR.
Charges fixes annuelles.	246 940, »
Frais de perception, bureaux, etc. . .	16 657, 16
Entretien proprement dit.	40 491, 10
Personnel.	31 700, »
Total	335 788, 26
Recette brute . . .	316 893, 60
Déficit.	18 894, 66

Canaux de l'Ourcq et Saint-Denis. — Dépenses.

	FR.
Annuité de rachat.	540 000, »
Travaux d'entretien	302 537, 41
Personnel	57 725, 99
Frais généraux, bureaux, perception, etc.	53 314, 33
Total.	935 577, 75
Recettes	903 720, 76
Déficit.	29 856, 97

On doit faire remarquer que ces pertes ne sont pas réelles. La Ville a racheté les canaux dans l'intérêt de sa distribution et pour avoir un plus grand volume d'eau disponible. Elle a donc supprimé les usines qui, sur les canaux Saint-Denis et Saint-Martin, utilisaient les eaux qu'elle n'avait pas le droit de prendre et qui n'étaient pas nécessaires à la navigation. De plus, certaines maisons que la Compagnie mettait en location ont passé au domaine de la Ville.

Avant le rachat, ces maisons et ces usines produisaient :

	FR.
Sur le canal Saint-Denis (usines). . .	32 175, 00
— Saint-Martin (usines et maisons).	42 461, 72
Total	74 636, 72

Cette recette, qui n'existe plus aujourd'hui pour les usines, et n'est plus faite par le service des canaux, pour les maisons, dépasse la perte constatée ci-dessus.

LE CANAL DE L'OURCQ CONSIDÉRÉ COMME PORTEUR D'EAU

L'eau de l'Ourcq se distribue dans toutes les parties de Paris dont le sol est au-dessous de l'altitude 46 mètres, c'est-à-dire dans les Ier, IIe, IIIe, IVe, VIe et VIIe arrondissements, et dans les parties basses des Ve, VIIIe, IXe, X^e, XIe, XIIe, XIIIe, XVe, XVIe et XVIIe arrondissements. Elle alimente tous les services publics dans les parties où elle est distribuée; autrefois, elle alimentait également le service privé. Mais, depuis l'arrivée des eaux de la Vanne, elle a perdu beaucoup d'abonnés et, peu à peu, est abandonnée par les usagers. Ainsi, avant l'arrivée de ces eaux, au 1er janvier 1875, le nombre des abonnés aux eaux du canal était de 16282; la quantité d'eau portée sur les polices s'élevait à 38217 mètres cubes.

Aujourd'hui, au 1er janvier 1878, le nombre des abonnés est réduit à 11403, et le volume d'eau porté sur les polices à 27678 mètres cubes.

En réalité, depuis l'année 1830 jusqu'en 1860, le canal de l'Ourcq a été la plus importante ressource du service des eaux de Paris. Ainsi, en 1854, la Ville en tirait les 3/4 de l'eau employée, soit aux services publics, soit aux besoins du service privé, comme le prouve le tableau de la page suivante.

Volume d'eau distribué quotidiennement dans Paris pendant l'année 1854.

DATES		VOLUME D'EAU DISTRIBUÉ PAR JOUR					TOTAL
		SEINE	OURCQ	SOURCES DU MIDI (Arcueil)	SOURCES DU NORD	PUITS ARTÉSIEN de GRENELLE	
		mètres cubes	mètres cubes	mètres cubes	mètres cubes	mètres cubes	mètres cubes
Janvier	1re quinzaine	9 727	37 566	1 194	354	902	49 743
	2e	10 425	43 806	1 197	378	889	56 695
Février	1re	11 506	47 901	1 138	385	889	61 819
	2e	9 872	42 456	1 138	413	895	54 774
Mars	1re	11 114	49 849	1 083	448	871	63 365
	2e	13 320	50 279	1 028	452	871	65 930
Avril	1re	16 834	52 809	893	371	869	71 776
	2e	14 391	57 770	864	377	952	74 354
Mai	1re	14 619	49 447	852	358	922	66 198
	2e	13 584	52 388	808	381	922	68 085
Juin	1re	15 111	52 996	1 010	825	932	68 874
	2e	14 947	46 150	1 119	1 482	932	64 610
Juillet	1re	18 053	52 880	1 045	2 020	952	74 930
	2e	15 977	48 759	1 216	2 030	947	68 929
Août	1re	16 339	50 028	1 143	1 922	947	70 379
	2e	16 814	51 083	1 252	1 539	864	71 552
Septembre	1re	18 658	52 889	1 154	807	864	74 352
	2e	16 717	51 584	1 003	720	932	70 956
Octobre	1re	13 344	51 369	960	621	932	67 226
	2e	12 650	49 295	1 081	640	932	64 578
Novembre	1re	11 980	50 699	1 060	669	933	65 341
	2e	13 811	45 496	1 410	675	989	62 581
Décembre	1re	17 703	49 224	1 622	703	989	70 241
	2e	17 055	52 916	2 254	893	989	74 107
		342 511	1 189 619	27 524	19 443	22 076	1 601 173
Moyennes par jour		14 271	49 567	1 147	810	920	66 715

La plus grande dépense d'eau, inscrite sur ce tableau, est celle de la première quinzaine de juillet, qui s'élève en moyenne, par jour, à 74 930^{mc}, c'est-à-dire à la moitié environ du volume dont la Ville pouvait disposer alors. La dépense minimum est de 49 743^{mc}, et la moyenne de 66 715 mètres cubes[1].

Il semble résulter de là que les usagers ne prenaient que la moitié de l'eau que la Ville tenait à leur disposition : c'est une grande erreur. J'ai eu entre les mains plusieurs rapports de M. Dupuit[2], alors directeur du service, d'après lesquels l'état de la canalisation ne permettait pas de tirer plus de 60 000 mètres cubes du canal de l'Ourcq. Ce chiffre concorde avec le tableau qui précède : la plus grande consommation d'eau d'Ourcq, en 1854, a eu lieu le 1er juin, et n'a pas dépassé 52 996 mètres cubes. Si donc les habitants de Paris ne profitaient pas des 100 000 mètres cubes d'eau d'Ourcq que la Ville avait le droit de tirer du bassin de la Villette, c'est.que l'état de la canalisation ne permettait pas de les distribuer.

A partir de 1854, la consommation d'eau d'Ourcq augmente rapidement, au fur et à mesure que la canalisation se développe ; mais, à partir de 1860, cette consommation s'accroît beaucoup moins vite que celle des autres eaux ; c'est ce qu'on voit clairement sur le tableau annuel de la consommation d'eau, de 1860 jusqu'à l'arrivée des eaux de la Vanne en 1875.

[1] Le volume total d'eau dont la Ville disposait alors était de 140 000 m. cubes en nombre rond.

[2] Ces rapports ont malheureusement été détruits par l'incendie de l'Hôtel de Ville et de ses annexes.

Progression de la consommation de l'eau à Paris, de 1854 à 1874

(Les volumes sont indiqués en mètres cubes).

ANNÉES	CONSOMMATION ANNUELLE		
	OURCQ	AUTRES EAUX	TOTAL
1854.	18 091 955	7 259 020	25 350 975
. . . .	. . . . . .	. . . . . .	. . . . . .
1860.	28 468 597	7 969 263	36 437 860
1861.	27 622 086	14 178 219	41 800 305
1862.	31 363 777	16 104 218	47 467 995
1863.	31 825 774	18 030 217	49 855 991
1864.	30 206 631	21 835 017	52 041 648
1865.	33 629 214	24 527 515	58 156 729
1866.	34 286 869	33 648 216	67 935 085
1867.	35 410 924	40 717 154	76 128 078
1868.	34 945 063	42 895 256	77 840 319
1869.	35 072 950	44 836 291	79 909 241
1870.	27 523 903	40 454 006	67 977 909
1871.	28 963 682	39 123 919	68 087 601
1872.	36 941 619	45 791 713	82 733 332
1873.	38 944 426	48 689 495	87 633 921
1874.	40 502 447	48 551 112	89 053 559

De 1854 à 1860 (avant l'annexion), la consommation annuelle d'eau d'Ourcq monte de 18 091 955 à 28 468 597 mètres cubes; celle des autres eaux s'élève de 7 259 020 à 7 969 263 mètres cubes, c'est-à-dire reste presque stationnaire au quart environ du volume fourni par le canal. En 1861, après l'annexion, le volume d'eau d'Ourcq décroît un peu (27 622 086 mètres cubes); celui des autres eaux s'augmente de l'apport de la Compagnie générale des eaux, renforcé par un surcroît de travail des machines de la Ville (14 178 219). En 1874, avant l'arrivée des eaux de la Vanne, le canal de l'Ourcq a fourni à la Ville 40 502 447 mètres cubes, volume dépassé de beaucoup par celui des autres eaux qui s'élève à 48 551 112 mètres cubes. Cet accroissement, de 14 à 48 millions de mètres cubes, tient à la construction des machines d'Austerlitz, de Saint-Maur, et à l'arrivée des eaux de la Dhuis, comme on le verra plus loin.

Voici, mois par mois, le tableau de la consommation d'eau de l'Ourcq en 1876 :

	MÈTRES CUBES
Janvier.	3 319 959
Février.	2 771 803
Mars	3 208 033
Avril.	3 298 965
Mai.	3 471 132
Juin	3 444 990
Juillet.	3 822 683
Août.	3 961 571
Septembre	3 295 905
Octobre	3 350 744
Novembre.	3 126 765
Décembre.	3 246 444
Total. . .	40 318 994
Moyenne par mois.	3 359 916
Moyenne par jour.	110 463
Maximum par jour (août). .	127 992
Minimum par jour (février).	99 028

D'après ces deux tableaux, la consommation d'eau d'Ourcq a suivi une progression assez rapide de 1861 à 1867 ; elle a augmenté, dans ces six années, de 27 622 086 à 35 410 924 mètres cubes, c'est-à-dire de 7 788 838 mètres cubes, soit de 1 548 141 mètres cubes par an. Cet accroissement tient à l'introduction de l'eau de l'Ourcq, après l'annexion, dans les XIIe, XIIIe, XVe et XVIe arrondissements. En retranchant les deux années 1870-1871, on trouve que la consommation reste presque stationnaire de 1868 à 1877 inclusivement. La reprise des affaires amène un accroissement de deux millions par an, au moins, en 1873 et 1874, puis la consommation redevient stationnaire.

En effet, nous avons :

		MÈTRES CUBES.
En 1874	une consommation de. . .	40 502 447
En 1875	— . . .	41 299 247
En 1876	— . . .	40 518 994
En 1877	— . . .	41 914 142

Ces oscillations des dernières années tiennent à l'arrivée de l'eau de la Vanne. Tous les propriétaires qui ont pu, sans beaucoup de dépense, substituer cette dernière eau à celle de l'Ourcq, se sont empressés de le faire. De là, la brusque décroissance de 1875 à 1876 ; puis, la consommation d'eau de l'Ourcq a repris sa marche progressive, mais plus lente, parce que les substitutions continuent à se faire sur une large échelle.

Voici quels sont aujourd'hui les emplois de l'eau de l'Ourcq :

	NOMBRE.
Bouches d'eau sous trottoir.	2 624
Bornes-fontaines.	322
Appareils à remplir les tonneaux. . . .	128
Bouches d'arrosage à la lance	1 674
Total.	4 748

qui, à 14 mètres cubes par jour et par appareil, usent, en temps de sécheresse, un volume d'eau de. 66 472 MÈTRES CUBES.

Fontaines monumentales.	24 931
11 403 abonnés. . . . 27 678 MÈTRES CUBES.	
Gaspillage 1/4. . . . . 6 919	54 597
Total. . .	126 000 MÈTRES CUBES.

CHAPITRE V

SERVICE PUBLIC (suite).

LES POMPES A FEU.

J'ai dit que la Ville possédait six établissements de pompes à feu, comprenant chacun deux machines. Deux de ces établissements, Port-à-l'Anglais et Maisons-Alfort, puisent l'eau du fleuve en amont de Paris ; trois, Austerlitz, Chaillot et Auteuil, dans l'intérieur de la ville, et un, Saint-Ouen, en aval de la ville et du débouché du collecteur d'Asnières.

L'usine de Port-à-l'Anglais puise l'eau de la Seine à l'altitude de $26^m,50$ environ et la refoule au réservoir de Gentilly à l'altitude de $82^m,10$.

Maisons-Alfort prend l'eau à l'altitude de $26^m,50$ et la refoule au réservoir de Charonne à l'altitude de $80^m,73$.

Austerlitz, dans les mêmes conditions, aux réservoirs de Gentilly ($82^m,10$) ou de Charonne ($80^m,75$).

Chaillot monte l'eau, puisée à l'altitude de $26^m,00$ environ, aux réservoirs de Passy, à l'altitude de $75^m,55$.

Auteuil élève l'eau aux petits réservoirs de Passy, à l'altitude de $74^m,10$.

Saint-Ouen puise l'eau à l'altitude de $23^m,90$ et l'élève au réservoir du passage Cottin, à l'altitude de $89^m,98$.

Ces machines brûlent pour la plupart trop de charbon et ne seraient pas conservées si l'arrivée des eaux de la Vanne n'avait considérablement diminué leur importance. On en jugera par le tableau ci-contre, qui fait connaître le résultat de leur travail en 1876. Le service privé devant être fait presque entièrement en eau de source, le travail des machines diminue au fur et à mesure que les eaux de la Vanne et de la Dhuis se répandent dans les maisons. De plus, en 1876 et 1877, une grande partie des services publics des quartiers bas et moyens a été fait en eau de Vanne. Les six établissements hydrauliques nommés ci-dessus n'ont donc fait qu'un très petit service ; ils représentent, en eau montée, une force de 850 chevaux, et n'en ont réellement produit, en 1876, que 355, comme on le voit sur le tableau.

Un seul des établissements hydrauliques, celui d'Austerlitz, dépense moins de 2 kil. de charbon par heure et par force de cheval. La consommation s'est élevée en moyenne, en 1876, à $1^k,45$. Les cinq autres établissements ont consommé de $2^k,22$ à $3^k,84$.

La dépense annuelle, par cheval effectif compté en eau montée, s'est élevée à 825 francs à l'usine d'Austerlitz, et de 1251 à 3942 francs pour les cinq autres.

Travail des pompes à feu de la Ville en 1876.

DÉSIGNATION des USINES	DÉPENSES — Charbon	DÉPENSES — Personnel de marche	DÉPENSES — Fournitures et frais divers de marche	DÉPENSES — Entretien et réparations générales	DÉPENSES — TOTAUX	Volume d'eau monté dans l'année	Hauteur ascensionnelle manométrique moyenne	Force moyenne en chevaux d'après le travail manométrique de l'année	DÉPENSES PAR CHEVAL — Charbon	DÉPENSES PAR CHEVAL — Personnel	DÉPENSES PAR CHEVAL — Fournitures et frais des machines	DÉPENSES PAR CHEVAL — Entretien et réparations	DÉPENSES PAR CHEVAL — TOTALES	POIDS du CHARBON BRÛLÉ — dans l'année	POIDS du CHARBON BRÛLÉ — par cheval et par heure	Dépense par mètre cube d'eau montée aux réservoirs	Dépense par 1000 mètres cubes d'eau montée à 1 mètre de hauteur	OBSERVATIONS
	francs	francs	francs	francs	francs	mèt. cub.	mèt.	chev.	fr.	fr.	fr.	fr.	fr.	ton.	kil.	fr. c.	fr.	Force en chevaux comptés en eau montée
Port-à-l'Anglais.	24 592,24	7 422,87	3 259,79	12 445,22	47 518.12	1 097 056	85,60	58,77	629	191	84	347	1 251	756	2,22	0,015	0,31	2 machines. . . 80 ch.
Maisons-Alfort..	2 312,54	5 011,61	5 956,15	5 625,20	65 885,50	1 015 591	70,10	30,04	745	167	131	187	1 228	686	3,84	0,056	0,51	Machine vertic. 50 — — horiz. 60 —
Austerlitz	80 545,58	17 457,19	8 489,59	28 726,28	135 216,24	5 787 547	67,25	164,52	490	106	52	175	825	2 085	1,45	0,023	0,55	2 machines . . 220 —
Chaillot........	70 816,15	15 594,06	12 885,96	29 679,67	127 975,82	5 502 049	51,90	72,24	977	215	178	965	1 766	1 784	2,81	0,059	0,75	— . . 300 —
Auteuil........	2 201,89	1 599,37	5 056,55	2 055,45	8 655,24	97 649	52,49	2,19	1 005	612	1 396	929	3 942	65	5,42	0,088	1,66	— . . . 60 —
Saint-Ouen	54 114,25	10 570,70	5 382,57	11 550,73	61 598,27	1 159 191	77.44	47,12	724	220	114	245	1 505	1 075	2,60	0,015	0,57	Machine n° 1. 50 — — n° 2. 50 —
Totaux...	234 580,25	57 195,80	57 008,11	89 040,55	417 624,99	12 736 975	»	»	»	»	»	»	»	»	»	»	»	

Pour montrer clairement combien le travail des machines a diminué depuis l'arrivée de l'eau de la Vanne, nous donnons, à la page suivante, un tableau qui s'applique à deux années : 1873, époque où l'eau de la Vanne n'était pas arrivée, et 1876, où elle était déjà distribuée sur une assez grande échelle.

On n'a employé, en 1876, que les 42 centièmes de la force dont on disposait, tandis qu'en 1873 on en utilisait les 65 centièmes.

Dans une usine de pompes à feu bien réglée et renfermant deux machines à vapeur, on doit n'en faire marcher qu'une à la fois, pour éviter toute interruption de service en cas de nettoyage ou de réparation. On pouvait donc normalement faire usage des 50 centièmes de la force des machines ; mais cela n'a pas été nécessaire en 1876, l'eau de la Vanne ayant été substituée à l'eau de la Seine dans la plus grande partie des services publics. En 1873, au contraire, on a surmené les machines, puisqu'on a utilisé les 65 centièmes de leur force, et qu'on a distribué jusqu'à 85 000 mètres cubes d'eau de Seine en 24 heures. Le produit maximum des 12 machines marchant toutes à la fois est de 88 000 mètres cubes d'eau ; elles ont donc été toutes surmenées, comme le prouvent les chiffres de la troisième colonne du tableau qui suit.

DÉSIGNATION des ÉTABLISSEMENTS	PUISSANCE des MACHINES. — Chevaux en eau montée par jour.	ANNÉE 1873, AVANT L'ARRIVÉE DE L'EAU DE LA VANNE				ANNÉE 1876, APRÈS L'ARRIVÉE DE L'EAU DE LA VANNE			
		Travail effectif. Chevaux en eau montée par jour.	Rapports entre les nombres des colonnes 2 et 3.	Volume d'eau montée dans l'année. (mèt. cubes).	Dépenses en argent (francs).	Travail effectif. Chevaux en eau montée par jour.	Rapports entre les nombres des colonnes 2 et 7.	Volume d'eau montée dans l'année (mèt. cubes).	Dépenses en argent (francs).
1	2	3	4	5	6	7	8	9	10
Port-à-l'Anglais.	80,00	59,75	0,50	1 299 301	47 270,73	38,77	0,49	1 097 016	47 518,12
Maisons-Alfort	110,00	47,55	0,45	1 654 055	60 082,28	30,04	0,27	1 013 591	36 885,50
Austerlitz.	220,00	161,55	0,75	5 820 047	165 441,98	164,52	0,75	5 787 457	135 216,24
Chaillot	500,00	228,08	0,76	10 780 891	400 292,01	72,24	0,24	5 302 049	127 973,82
Auteuil.	60,00	24,19	0,40	1 080 487	62 437,23	2,19	0,07	97 619	8 633,24
Saint-Ouen	80,00	56,17	0,70	1 667 457	80 052,94	47,12	0,59	1 459 191	61 398,27
Totaux	850,00	557,05		22 302 258	813 580,17	354,88		12 756 953	417 624,99
Rapports moyens.			0,65				0,42		
Quantité d'eau moyenne élevée par jour.				61 102				34 800	

Établissement de Port-à-l'Anglais. — On peut prévoir qu'avant peu d'années les eaux de sources seront entièrement utilisées par le service privé et que le service public devra revenir aux eaux de rivière élevées par les machines. Dans cette prévision, la Ville de Paris a commandé à M. Farcot deux machines ayant ensemble une force de 700 chevaux, qui figurent à l'Exposition universelle et seront ensuite établies dans le terrain que la Ville possède sur les bords de la Seine, à Port-à-l'Anglais.

Près de là, le barrage de Port-à-l'Anglais permettra de créer un établissement hydraulique analogue à celui de Saint-Maur, mais qui ne pourra travailler que pendant l'été, la chute du barrage étant effacée pendant l'hiver. Dans cette dernière saison, le service sera fait par les pompes à feu de M. Farcot.

Ce nouvel établissement remplacera avantageusement les pompes à feu de Chaillot et d'Auteuil, qui brûlent beaucoup trop de charbon. Les pompes à feu de la Ville formeront alors quatre établissements, Port-à-l'Anglais, Maisons-Alfort, Austerlitz et Saint-Ouen, d'une force totale de 1200 chevaux comptée en eau montée.

Je terminerai cette courte notice sur les pompes à feu de Paris par la description des machines d'Austerlitz, les seules qui soient vraiment intéressantes.

USINE D'AUSTERLITZ.

Pour pourvoir aux besoins les plus urgents du XXe arrondissement sur la rive droite, et des XIIIe et XIVe arrondissements sur la rive gauche, il fut décidé que deux machines à vapeur, de 120 chevaux chacune, seraient construites sur la rive gauche de la Seine, entre les ponts de Bercy et d'Austerlitz. La grande difficulté était de trouver un terrain convenable et à des prix modérés. Je savais, par d'anciennes traditions du service, que la Ville possédait une grande pièce de terre non bâtie le long de ce quai, mais il n'en était pas fait mention sur le parcellaire de la Ville. C'est en allant de maison en maison que je découvris cette propriété, dont la surface dépassait 6000 mètres carrés.

Ce terrain fut immédiatement mis à ma disposition; j'en détachai 2756^m,25 pour y fonder les pompes à feu d'Austerlitz. Le reste fut affecté au nouveau dépôt des fontes, que la Ville était obligée de créer pour remplacer celui de Chaillot, occupé par le boulevard de l'Empereur (aujourd'hui avenue Marceau).

Les travaux de l'établissement d'Austerlitz ont été approuvés, après délibération du Conseil municipal, par trois arrêtés préfectoraux : le premier, du 14 mars 1862 ; le deuxième, du 8 août 1862, et le troisième, du 10 juillet 1865.

Les deux machines ont été construites par M. Farcot et ses fils : elles sont à deux cylindres, système de Woolf, et à détente variable. La vapeur est produite par quatre chaudières tubulaires du système Farcot. La force de chacune des machines est de 110 chevaux comptée en eau montée.

Les fontes des conduites de refoulement ont été fournies par MM. Boigues, Rambourg et Cie. Les travaux de fontainerie ont été confiés à MM. Fortin-Hermann frères et Cie.

L'usine est reliée, par deux conduites de 0^m,50, au réservoir de Gentilly, sur la rive gauche, et, sur la rive droite, au réservoir de Charonne. La Compagnie générale des eaux avait abandonné à la Ville un grand terrain attenant à chacun de ces réservoirs. On y construisit deux bassins nouveaux.

RÉSERVOIRS.

	MÈTRES CUBES.
Capacité de l'ancien réservoir de Gentilly (altitude 82^m,10)	763
— du nouveau bassin.	5 930
TOTAL	6 695
Capacité de l'ancien réservoir de Charonne (altitude 80^m,73)	1 537
— du nouveau bassin.	4 120
TOTAL	5 657

Dépenses. — Les dépenses ont été réglées ainsi qu'il suit :

	FRANCS.
Décompte de MM. Farcot	517 000 »
Construction des bâtiments et massifs de support des machines, prise d'eau au milieu de la Seine, logement du mécanicien et du concierge	555 062 »
Travaux accessoires et régie	53 000 »
Fourniture, en 1865, d'une quatrième chaudière	27 000 »
ENSEMBLE	710 062 »

Ces chiffres sont extraits du livre de comptabilité de l'ingénieur ordinaire, et, par conséquent, sont exacts ; il est impossible, au contraire, de retrouver l'état exact des dépenses faites pour poser les conduites de refoulement, qui sont éparses dans les livres de comptabilité des ingénieurs ordinaires ; mais ma mémoire est fidèle sur ce point, et je sais qu'elles ont coûté sensiblement le même prix que l'établissement lui-même, soit . . . . 709 938 »

A cela il faut ajouter la valeur du terrain, quoiqu'il ait été donné gratuitement au service des eaux par la Ville. Il peut être estimé à 100 francs le mètre . . . . 280 000 »

L'établissement complet, depuis la Seine jusqu'aux deux réservoirs de Gentilly et de Charonne exclusivement, a donc coûté . . 1 700 000 »

Les pompes à feu d'Austerlitz ont été mises en service le 5 juillet 1863 ; depuis cette époque, elles ont marché avec une parfaite régularité, sans grosses réparations ; le résumé de leur travail est indiqué au tableau de la page suivante :

Résumé du travail des machines d'Austerlitz.

ANNÉES	VOLUME en mètres cubes d'eau montée dans l'année.	CONSOMMATION EN CHARBON par heure et par force de cheval comptée en eau montée.	PRIX du mètre cube d'eau montée dans les réservoirs.
1	2	5	4
		kilogrammes.	Francs.
1864.	4 464 000		0,022
1865.	6 145 000	Les résultats relatifs à	0,019
1866.	4 634 000		0.025
1867.	4 957 000	ces années ont été dé-	0,021
1868.	4 573 000	truits par l'incendie.	0,025
1869.	5 177 000		0,020
1870.	6 109 000	1,445	0,021
1871.	5 600 000	?	0,025
1872.	5 620 000	1,456	0,022
1875.	5 820 000	1,500	0,028
1874.	6 188 000	1,474	0,024
1875.	5 000 650	1,500	0 024
1876.	5 787 457	1,450	0,023
Totaux.	70 073 087	8,825	0,295
Moyennes.	5 590 237	1,471	0,023

Pour avoir le prix réel de l'eau montée par ces machines, il faut ajouter à la moyenne de la colonne n° 4 l'intérêt du capital dépensé ; on arrive ainsi au résultat suivant :

	FRANCS.
Moyenne de la colonne n° 4	0,023 »
Intérêt du capital réparti sur 5 590 000 mètres cubes. . . .	0,016 »
Prix du mètre cube d'eau	0,039 »

Ce chiffre est un peu faible, parce que les machines ont toujours été surmenées ; elles ne devraient pas monter, par an, plus de 4 millions de mètres cubes d'eau ; en refaisant le calcul dans cette hypothèse, le prix du mètre cube ressort à 0^{fr},0437.

Les machines d'Austerlitz élèvent l'eau de la Seine dans le réservoir de Gentilly, le seul qui leur soit attribué depuis 1876, à 56 mètres au-dessus du zéro de l'échelle du pont de la Tournelle. Le prix de revient du mètre cube d'eau élevé à 1 m. de hauteur ressort donc à 0^{fr},000 780.

Outre les six établissements de pompes à feu décrits ci-dessus, la Ville en possède trois autres qui comprennent cinq machines de relai destinées à élever, jusqu'aux points les plus hauts de l'enceinte, une petite partie de l'eau amenée par les canaux, machines et aqueducs.

Ces pompes à feu sont :

1° — *L'usine de la place de l'Ourcq*, à l'angle de la rue Lafayette et du boulevard extérieur, qui monte au réservoir des Buttes-Chaumont, à l'altitude 97 mètres, l'eau de l'Ourcq puisée au bassin de la Villette à l'altitude 52 mètres. Cette eau alimente la cascade et les arrosages du parc des Buttes-Chaumont et le marché aux bestiaux. Elle ne comprend qu'une seule pompe à feu, mue par une bonne machine à vapeur de 55 chevaux comptés en eau montée ; en 1876, cette machine a donné un travail moyen de 26 chevaux ; elle a monté 1 519 315 mètres cubes d'eau qui ont coûté $0^{fr},024$ l'un ; elle a dépensé $1^k,76$ de charbon par heure et par force de cheval. On doit donner un grand développement à l'usine des pompes à feu de la place de l'Ourcq, en adjoignant à la machine existante deux autres machines de 100 chevaux chacune.

2° — *L'usine de Ménilmontant*, qui puise au réservoir de ce nom, aux altitudes 108 et 100 mètres, les eaux de la Dhuis et de la Marne pour les refouler dans le réservoir de Belleville aux altitudes 134 et 131. Ces eaux alimentent le point le plus élevé de Paris, le sommet de Belleville. Les pompes sont mises en mouvement par deux machines à vapeur assez médiocres, de 25 chevaux chacune.

En 1876, ces machines ont fait un travail moyen de 16 chevaux, qui ont élevé un volume d'eau de $1\,102\,018^{mc}$. Chaque mètre cube a coûté $0^{fr},037$; les machines ont consommé $5^k,49$ de charbon par heure et par force de cheval.

3° — *L'usine du réservoir Cottin à Montmartre.* — Deux petites machines à vapeur puisent les eaux de la Dhuis et de la Marne dans le réservoir Cottin à l'altitude $89^m,24$ pour les refouler, à l'altitude 150 mètres, jusqu'au réservoir en construction au sommet de la butte Montmartre. Ces machines sont toutes neuves; elles remplacent des locomobiles qui, en 1876, n'ont développé qu'une force de 5 chevaux et n'ont monté que 261 759^{mc} d'eau.

CHAPITRE VI

———

LES USINES HYDRAULIQUES.

Le prix de la houille étant toujours très élevé à Paris, on a cherché à alimenter la distribution d'eau, autant que possible, par des dérivations de sources ou de rivières, et, lorsque cette ressource a été insuffisante, on a cherché à desservir la ville ou au moins à compléter l'alimentation des canaux et des aqueducs par des usines hydrauliques qui, n'exigeant pas l'emploi de la houille, travaillent très économiquement. La Ville de Paris possède aujourd'hui six usines hydrauliques. Une de ces usines, Saint-Maur, alimente, en eau de Marne, le bois de Vincennes et le service public des XVIIIe, XIXe et XXe arrondissements ; deux autres, Isles-les-Meldeuses et Trilbardou, montent de l'eau de Marne dans le canal de l'Ourcq, mais seulement pendant les grandes chaleurs, lorsque le canal porte peu d'eau et qu'on lui en demande beaucoup. Enfin, les trois dernières usines, Chigy, La Forge et Malay-le-Roi, élèvent dans l'aqueduc de la Vanne l'eau des sources basses de Chigy, du Maroy, de Saint-Philbert, de Malhortie, de Caprais-Roy, de Theil et de Noé. Toutes ces usines ont une grande importance ; trois seulement travaillaient en 1876 ; le résultat de leur exploitation est indiqué au tableau suivant :

Travail des Machines hydrauliques de la Ville en 1876.

DÉSIGNATION des USINES	DÉPENSES — Charbon	DÉPENSES — Personnel de marche	DÉPENSES — Fournitures et frais divers de marche	DÉPENSES — Entretien et réparations générales	DÉPENSES — TOTAL	Volume d'eau monté dans l'année	Hauteur ascensionnelle manométrique moyenne	Force moyenne en chevaux d'après le travail manométrique de l'année	DÉPENSES PAR CHEVAL — Charbon	DÉPENSES PAR CHEVAL — Personnel	DÉPENSES PAR CHEVAL — Fournitures et frais des machines	DÉPENSES PAR CHEVAL — Entretien et réparations	DÉPENSES PAR CHEVAL — TOTAL	POIDS du CHARBON BRULÉ — dans l'année	POIDS du CHARBON BRULÉ — par cheval et par heure	Dépenses par mètre cube d'eau montée aux réservoirs	Dépenses par 1000 mètr. cubes d'eau montée à 1 mètre de hauteur	OBSERVATIONS
	francs	francs	francs	francs	francs	mèt. cub.	mèt.	chev.	fr.	fr.	fr.	fr.	fr.	tonn.	kil.	francs	francs	Force en chevaux comptés en eau montée
SAINT - MAUR machines hydrauliques.	»	11 545,26	16 467,05	35 765,05	64 575,51	14 279 867	67,69	408,68	»	35	40	83	158	»	»	0,0045	0,07	4 roues-turbines. 520 5 turbines .... 240 1 turbine..... 50 Force totale.. 596
SAINT - MAUR pompe à feu machine de renfort.	10 320,61	2 927,08	4 221,65	5 271,16	20 740,58	984 876	76,20	31,75	325	92	155	105	653	355	1,21	0,0210	0,28	2 mach. Corliss. . 500
ISLES LES - MELDEUSES	»	5 712,22	2 321,15	6 174,06	12 207,41	6 577 905	12,16	32,78	»	115	71	188	372	»	»	0,0019	0,16	2 roues-turbines. 80
TRILBARDOU	»	2 780,48	2 525,86	10 245,25	15 551,59	6 750 151	14,98	42,64	»	65	55	240	560	»	»	0,0022	0,15	Vieille roue de côté et pompe Farcot. 50 Roue Sagebien.. 60 TOTAL... 90 USINES DE LA VANNE — Chigy : roue Sagebien .. 50 La Forge { Turbine de Noé 15 — de Theil 45 TOTAL... 60 } Malay-le-Roi : roue Sagebien .. 60
TOTAUX...	10 320,61	25 765,04	25 535,065	53 455,62	112 874,92	28 372 797	»	»	»	»	»	»	»	»	»	»	»	

Les chiffres de la dernière colonne font voir quelle est la supériorité à *Paris* des usines hydrauliques sur les pompes à feu. L'usine hydraulique de Saint-Maur monte 1000 mètres cubes d'eau à 1 mètre de hauteur pour *sept centimes*, tandis que la meilleure pompe à feu de la Ville…

Ces usines sont donc toutes très utiles et peu dispendieuses à exploiter. Le cheval de Saint-Maur ne coûte par an que 158 francs, tandis que celui d'Austerlitz, la meilleure pompe à feu de la Ville, coûte annuellement 823 francs. Il est à remarquer que le cheval de Trilbardou et d'Isles-les-Meldeuses dépense deux fois plus que celui de Saint-Maur. Cela tient à ce que ces deux usines ne travaillent activement que pendant une petite partie de l'année, au moment des basses eaux du canal de l'Ourcq ; c'est ce qui ressort du tableau suivant, qui s'applique aussi à l'année 1876 :

	PUISSANCE des machines	TRAVAIL de 1876	RAPPORTS entre les nombres des colonnes 2 et 1
	Chevaux comptés en eau montée		
	1	2	3
Les quatre roues-turbines et les quatre turbines de Saint-Maur	590	409	0, 69
Les deux roues-turbines d'Isles-les-Mel-deuses	80	55	0, 41
La roue de côté et la roue Sagebien de Trilbardou	90	45	0, 48
Totaux.	760	485	»
Rapport moyen . .	»	»	0, 64

On verra plus loin que Trilbardou et Isles-les-Meldeuses travaillent avec toute leur force pendant les mois chauds.

USINE DE SAINT-MAUR.

Disposition des lieux. — On sait que la Marne, à huit kilomètres de Paris, entoure une large presqu'île connue sous le nom de Boucle-de-Marne, qui se relie aux coteaux de la rive droite par l'isthme étroit sur lequel sont bâtis les villages de Joinville-le-Pont et de Saint-Maur.

Le cours de la rivière, dans cette partie, étant formé de rapides peu navigables, on a percé l'isthme par un souterrain dont la tête d'amont se relie à la Marne et la tête d'aval à un canal qui a été prolongé jusqu'à la Seine, en aval de Charenton, sous, le nom de canal de Saint-Maurice.

La pente totale de la Boucle-de-Marne a été augmentée, à l'aval du souterrain, par le barrage érigé à Joinville un peu au-dessous de la tête d'amont. Aujourd'hui, grâce aux travaux d'exhaussement du barrage, exécutés aux frais de la ville de Paris, cette chute est de $4^m,10$ en moyenne. L'ancienne chute, qui était d'environ 1 mètre moins élevée, avait été vendue par l'État, le 14 avril 1822, moyennant la somme de 655 200 fr., à M. Dageville ; elle était devenue la propriété de MM. Darblay et Béranger, qui, en 1865, proposèrent de la vendre à la Ville de Paris. Cette chute faisait marcher, au moyen de l'eau de la Marne, sur la rive gauche du canal, un moulin à 40 paires de meules, et, sur la rive droite, un autre moulin de 12 paires de meules, une filature de coton, une filature de laine, un laminoir de zinc, une fabrique de limes et une scierie. La force légale de la chute n'atteignait pas 200 chevaux.

La proposition de MM. Darblay et Béranger fut acceptée, après un traité conclu entre l'État et la Ville, traité qui augmentait beaucoup la puissance de la chute. Voici, en effet, quelle était la situation des lieux : l'État, en vendant, en 1822, la chute du canal de Saint-Maur aux prédécesseurs de MM. Darblay et Béranger, leur concéda le droit d'y puiser l'eau qui devait actionner leurs moteurs, en produisant dans le souterrain une vitesse de $0^m,55$ par seconde, au maximum. Lorsque les usines furent construites, on reconnut que cette vitesse paralysait absolument la navigation. Aucun bateau, même vide, ne pouvait franchir le souterrain à la remonte. Il s'établit une sorte de convention entre les usiniers et les mariniers. Lorsqu'un bateau montant se présentait à la tête d'aval du souterrain, toutes les usines s'arrêtaient. Mais, par compensation, les moteurs, lorsque le canal était libre, tiraient l'eau du canal en doublant la vitesse légale. Cette situation, acceptable lorsque la navigation était à peu près nulle, était incompatible avec la navigation active qui, dans l'opinion de tous, devait s'établir après l'achèvement des travaux d'amélioration du régime de la Marne. L'administration des Ponts et Chaussées se proposait d'obtenir cette amélioration, en exhaussant le barrage de Joinville-le-Pont, qui soutient l'eau en tête du souterrain. Suivant moi, elle devait profiter de cette circonstance pour réduire la vitesse de prise d'eau des usines, vitesse si préjudiciable à la navigation. J'en fis l'observation à MM. Darblay et Béranger. Mais ils étaient si convaincus de leur droit que, dans l'acte de vente passé avec la Ville, ils consentirent à une réduction de 500 000 francs dans le prix de la vente, pour le cas où la vitesse de prise d'eau serait légalement diminuée. Après la signature du traité provisoire, je trouvai un autre moyen de sortir de cette difficulté ; en construisant un second souterrain parallèle au premier, on permettait aux usines de tirer l'eau de la Marne avec une vitesse quelconque sans gêner la navigation.

Cette solution bien simple fut accueillie favorablement par l'administration des Ponts et Chaussées, qui prit à sa charge la moitié des frais de l'ouverture du deuxième souterrain, fixée, à forfait, à 500 000 fr., et accorda à la Ville le droit de dériver l'eau nécessaire pour monter, en temps ordinaire, 500 litres d'eau par seconde, ou 45 200 mètres cubes par 24 heures, et, en bonnes eaux, un volume beaucoup plus grand. Mais, en même temps, elle se réservait de recouvrer sur MM. Darblay et Béranger la subvention qu'elle accordait à la Ville, en faisant reconnaître par les tribunaux le droit qu'elle avait de réduire la vitesse de prise d'eau dans le souterrain de la navigation.

Un décret d'utilité publique, en date du 9 août 1864, légalisa cette concession, et la convention provisoire, conclue entre la Ville de Paris et MM. Darblay et Béranger en août 1863, fut convertie en traité définitif par acte passé les 1er, 2 et 6 septembre 1864, devant Me Mocquard, notaire de la Ville.

Disposition de l'usine nouvelle. — Cette usine utilise aujourd'hui toute la chute du canal de Saint-Maur. Elle est située entièrement sur la rive gauche du canal. Les baux des usines de la rive droite ont été expropriés, à frais communs, par la Ville et l'État.

En remplacement du moulin à 40 paires de meules, la Ville a construit un grand établissement hydraulique comprenant aujourd'hui sept moteurs hydrauliques et une machine à vapeur.

Une turbine de 100 chevaux-vapeur, système Fourneyron, monte environ 12 000 mètres cubes d'eau dans le lac de Gravelle, pour alimenter les lacs et rivières du bois de Vincennes.

Deux turbines de même force, et trois roues-turbines de 120 chevaux, de l'invention de M. Girard, montent, chaque jour, suivant l'abondance des eaux de la Marne, de 26 à 53 000 mètres cubes d'eau dans le réservoir de Ménilmontant, à l'altitude de 100 mètres. Enfin, une quatrième roue-turbine élève, dans le même réservoir, mais à l'altitude de 108 mètres, les 5000 mètres cubes d'eau sortant d'une belle source que j'ai trouvée dans le coteau de Saint-Maur. Cette eau se mêle à celle de la Dhuis, dans le réservoir de Ménilmontant.

Ces sept machines, d'une force nominale de 780 chevaux, peuvent donc élever en vingt-quatre heures, en bonnes eaux, jusqu'à 50 000, et, en temps ordinaire, 43 000 mètres cubes d'eau.

Mise en marche des machines. — La turbine n° 1, qui refoule l'eau nécessaire au bois de Vincennes, a été mise en marche le 19 juillet 1865; la turbine n° 2, le 8 janvier 1866; la roue-turbine n° 1, le 29 août 1865; la roue-turbine n° 2, le 29 août 1867; les roues-turbines n°ˢ 3 et 4, le 10 juin 1867; la turbine n° 3, le 22 janvier 1869. L'usine n'a réellement marché avec toute sa force qu'en août 1867.

Volumes d'eau montée. — Voici les quantités annuelles d'eau montée par l'usine de Saint-Maur, à partir du 1ᵉʳ janvier 1868:

	MÈTRES CUBES
1868	13 138 184
1869	14 161 619
1870 (ralentissement par la guerre).	»
1871	14 776 016
1872	15 810 248
1873	14 056 346
1874	14 555 874
1875	16 389 875
1876	15 264 745
1877	17 544 427
Total.	155 675 550
Moyenne annuelle	14 852 814
Moyenne par jour	40 695

La marche de l'usine de Saint-Maur n'a point été interrompue pendant la guerre, et le directeur, M. Lecœur, a rendu un immense service à la Ville de Paris en envoyant au point culminant de Ménilmontant :

	MÈTRES CUBES
En septembre 1870	1 105 270
En octobre. —	1 176 919
En novembre —	897 717
En décembre (je n'ai pas retrouvé le volume monté). .	»
En janvier 1871.	610 167
En février —	869 595

En janvier, les machines travaillaient sous une pluie de bombes dirigées contre l'usine, mais qui, heureusement, tombaient à côté.

On remarquera que la moyenne par jour, 58 575 mètres cubes, est de 4427 mètres cubes au-dessous du volume de 43 000 mètres que les machines devraient élever en temps ordinaire. Lorsque ce dernier volume n'est pas atteint, le service public des XVII°, XVIII°, XIX° et XX° arrondissements ainsi que l'arrosage du bois de Vincennes sont en souffrance. Ce fait s'est produit presque tous les ans, précisément au moment des grandes chaleurs. Lorsque les machines montent 43 000 mètres cubes d'eau, le total mensuel s'élève à 1 290 000 mètres cubes.

Or, voici les quantités d'eau montées en août, septembre et octobre, depuis l'année 1868 :

	1868	1869	1871	1872	1873	1874	1875	1876	1877
Août. . . .	1 150 870	1 522 051	1 272 686	1 087 996	913 305	1 188 786	1 417 268	1 277 269	1 492 927
Septembre.	999 315	706 522	1 050 783	520 500	1 114 395	850 078	1 405 723	1 149 054	1 472 134
Octobre . .	922 739	922 220	1 367 605	1 132 605	1 217 402	675 797	1 458 863	1 695 915	1 517 075

Ces pénuries d'eau si fâcheuses, qui nous forcent à supprimer le lavage des ruisseaux des quartiers hauts, dans les mois où cette opération est le plus nécessaire, doivent être attribuées, en partie, aux sécheresses extraordinaires que nous subissons depuis 1857, et, en partie, aux chômages de la Marne. Pour faciliter les réparations, les ingénieurs vidaient, au moment du chômage, tous les biefs de la rivière, puis, après le chômage, lorsque les travaux étaient terminés, ils les remplissaient les uns après les autres. Dans les années de sécheresse, cette opération avait pour résultat une affamation complète au-dessous du dernier bief qu'on remplissait ; elle durait habituellement deux mois.

Une commission d'ingénieurs a reconnu qu'on pouvait entretenir les ouvrages de la navigation de la Marne sans vider les biefs, et une décision ministérielle a réduit les affameurs. On vit le bon effet de cette mesure en 1873, où les affameurs ne se sont pas prolongées au delà du mois d'août. Mais elles se sont reproduites, en 1874, par l'effet seul de la sécheresse qui, je l'ai démontré [1], a été une des plus grandes connues.

Machine à vapeur de renfort. — L'Administration s'est vivement préoccupée de cette situation des services publics des quartiers hauts. A la suite d'un concours, une première pompe à feu de renfort de 150 chevaux, comptés en eau montée, a été construite par MM. Farcot. L'arrêté d'autorisation porte la date du 19 septembre 1872. Cette machine est du système Corliss, modifié par MM. Farcot. Elle peut monter 13 000 mètres

[1] Voyez Comptes rendus de l'Académie des sciences, séances du 10 et du 20 juin 1874.

cubes d'eau par jour à l'altitude 100 mètres et a consommé, en 1874, $1^{kilog},123$; en 1875, $1^{kilog},10$ et, en 1876, $1^{kilog},21$ de charbon, par heure et par force de cheval compté en eau montée.

Pour assurer le service, une seconde machine a été reconnue nécessaire, non seulement parce qu'il n'y avait pas sécurité avec une seule machine, mais encore parce que dans les grandes affameurs, notamment en 1874, le déficit d'eau a dépassé 20 000 mètres cubes. Cette seconde machine est terminée.

Dépense. — Le prix de l'usine de Saint-Maur a été fixé, par acte du 6 septembre 1864, passé en l'étude de Me Mocquard, à la somme de 3 280 334 francs. Un premier payement de 980 334 francs a été effectué le 27 octobre 1864; le surplus, montant à 2 300 000 francs, a été divisé en 50 annuités de 125 702 fr. 50, qui elles-mêmes ont été fractionnées en 4589 titres de 500 francs.

Mais la Ville n'a remis aux vendeurs que 3595 de ces titres; elle en a conservé 994 en garantie des 500 000 francs qu'ils s'étaient engagés à lui payer, ainsi qu'il a été dit ci-dessus, dans le cas où la vitesse de prise d'eau de l'usine subirait une réduction. L'État avait, en effet, introduit une instance afin de faire réduire légalement cette vitesse; les vendeurs ayant perdu ce procès (jugement du tribunal de 1re instance de la Seine du 20 avril 1872, et arrêt de la Cour du 1er juillet 1873) et s'étant désistés, le 24 avril 1874, du pourvoi formé par eux à la Cour de cassation, la Ville se trouve aujourd'hui propriétaire des 994 titres qu'elle a retenus, et chacune des annuités qu'elle a déjà payées ou aura à payer pour les intérêts et l'amortissement des 3595 titres remis par elle aux vendeurs, se trouve réduite à 98 500 francs.

FRANCS.

Ainsi il a été payé aux vendeurs.	980 334, »
Les 50 annuités de 98 500 francs représentent une somme de.	1 800 000, »
A reporter.	2 780 334, »

	FRANCS.
Report	2 780 334 »

L'Administration de la Ville et l'État ont été forcés, par un arrêt de la Cour, à racheter les baux des usines de la rive droite du canal ; la part de la Ville, fixée par le jury, s'est élevée à . . . . 950 000 »

L'exhaussement du barrage de Joinville, payé à l'État par la Ville,   a coûté . . . . 232 000 »

Le second souterrain	—	1 196 210 »
Machines nouvelles	—	585 241 »
Bâtiments et accessoires	—	646 161 »
Conduites de refoulement	—	1 799 472 »
DÉPENSE TOTALE.		7 989 418 »

Dépenses annuelles. — L'entretien et l'exploitation de l'usine de Saint-Maur ont coûté :

	FRANCS.
En 1872	104 837 »
En 1873	91 043 »
En 1874	97 598 »
En 1875	105 361 »
En 1876	85 316 »
TOTAL.	483 955 »
MOYENNE	96 791 »
Intérêt à 5 0/0 du capital dépensé.	399 471 »
DÉPENSE ANNUELLE MOYENNE.	496 262 »

La quantité moyenne d'eau montée par an étant de 14 079 381 mètres cubes, le prix de revient du mètre cube d'eau est de $\frac{496\ 262}{14\ 079\ 381} = 0^{\text{fr.}}, 0352$.

Les dépenses indiquées ci-dessus ne comprennent pas les pompes à feu de renfort. La première de ces machines, mise en marche en 1874, a coûté :

	FRANCS.
Machine.	181 500 »
Bâtiments, cheminée et accessoires.	195 000 »
TOTAL.	376 500 »

La seconde machine est terminée ; elle a coûté avec ses accessoires :

		FRANCS.
Machine.		175 000 »
Bâtiments et accessoires		90 000 »
Total		265 000 »

Ces deux machines de renfort augmentent donc le capital de l'usine de 641 500 francs, dont l'intérêt annuel est de 32 075 francs. Cette somme, ainsi que les dépenses de charbon et d'entretien, n'accroissent pas sensiblement le prix de l'eau, parce que l'usine peut monter aujourd'hui environ 50 000^{mc} d'eau en 24 heures, soit par an 18 250 000^{mc}, au lieu de 14 280 000^{mc} qu'elle a refoulés en 1876.

L'usine de Saint-Maur peut élever aujourd'hui 12 000 mètres cubes d'eau par jour au lac de Gravelle, à l'altitude de 72^m, c'est-à-dire à 45^m,75 au-dessus du zéro de l'échelle du pont de la Tournelle ; 33 000 mètres cubes d'eau au réservoir inférieur de Ménilmontant, à 73^m,75 au-dessus du même point, et 5000^{mc} au réservoir supérieur de Ménilmontant, à 81^m,75 au-dessus du même repère. On trouve, par un calcul bien simple, que l'eau est alors élevée, en moyenne, à 68 mètres au-dessus du zéro de l'échelle du pont de la Tournelle, et que le mètre cube, comme je viens de le démontrer, ne coûte pas plus de 0^{fr},0352. Le prix du mètre cube élevé à 1 mètre de hauteur ressort donc à 0^{fr},000519. Si l'on considère que l'eau élevée par les meilleures machines à vapeur de la Ville, celles d'Austerlitz, à 56 mètres au-dessus du même repère, coûte, par mètre cube élevé à 1 mètre de hauteur, 0^{fr},000780, on reconnaît que l'économie réalisée par les machines de Saint-Maur permettra d'amortir, en peu d'années, les dépenses d'installation.

USINES DE TRILBARDOU ET D'ISLES-LES-MELDEUSES.

Depuis 1857, toute la partie de la France, située au nord du plateau central, a souffert d'une sécheresse dont on ne trouve aucun exemple dans les xviie et xviiie siècles et, très probablement, en remontant dans les siècles antérieurs jusqu'au xvie. Il est résulté de ces sécheresses que non seulement la navigation des canaux Saint-Denis et Saint-Martin, alimentés par les eaux du canal de l'Ourcq, était arrêtée pendant les mois chauds, mais encore que la Ville ne pouvait tirer de ce dernier canal les 105 000 mètres cubes qu'elle a le droit d'y puiser tous les jours. En réalité, ce puisage est tombé, dans certains mois, au-dessous de 80 000 mètres cubes.

Par deux décrets en date du 11 avril 1866, le Gouvernement a autorisé la Ville de Paris à prendre dans la Marne de 300 à 500 litres d'eau par seconde, au moulin de Trilbardou devenu propriété municipale, et un volume de 500 litres au barrage d'Isles-les-Meldeuses, construit pour la navigation, et dont la chute a été mise à la disposition du service des eaux.

L'usine de Trilbardou a été achevée entièrement et mise en service le 19 avril 1868 ; celle d'Isles-les-Meldeuses, le 3 juillet de la même année.

La roue principale de Trilbardou est une roue de côté du système Sagebien. Son diamètre est de 11^m,04, sa largeur en couronne, de 5^m,96. La chute varie de 0^m,40 à 1^m,20. La roue peut absorber de 500 à 1100 litres d'eau par seconde et par mètre de couronne ; elle fait un tour et demi par minute. Elle élève l'eau à 15 mètres environ et peut en monter 28 000 mètres cubes par jour. Son rendement en eau montée, lorsque la chute est bonne, est égal aux 70 centièmes de la puissance théorique de cette chute. C'est certainement le meilleur moteur que la Ville possède.

On a utilisé, dans la même usine, une roue qui se trouvait dans l'ancien moulin, lorsque la Ville l'a acheté. C'est une roue de côté, à niveau variable, qui exige peu de chute et n'use pas trop d'eau ; elle met en mouvement une pompe verticale à double effet du système Farcot.

L'usine d'Isles-les-Meldeuses se compose de deux roues-turbines du système Girard, qui agissent chacune sur deux pompes horizontales à double effet contruites par le même ingénieur. Ces roues exigent beaucoup de chute et usent une grande quantité d'eau. Elles cessent de marcher lorsque la chute tombe au-dessous de $1^m,50$.

La chute de Trilbardou s'efface complètement et celle d'Isles-les-Meldeuses devient insuffisante pendant les hivers et les printemps humides. Mais alors le canal de l'Ourcq est bien alimenté et n'a pas besoin d'un complément ; plus la sécheresse est grande, plus la chute et la force des deux usines augmentent. Contrairement à ce qui a lieu dans la plupart des usines hydrauliques, le travail de ces établissements est d'autant plus grand que la quantité d'eau motrice est plus petite, et c'est lorsque le canal de l'Ourcq est au plus bas qu'elles y versent le plus grand volume d'eau.

C'est ce qu'on voit dans le tableau de la page suivante, qui donne le résultat du travail des deux usines en 1874, année très sèche, et en 1876, année très humide :

ÉTAT DES VOLUMES D'EAU RELEVÉS PAR LES USINES

DE TRILBARDOU ET ISLES-LES-MELDEUSES, PENDANT LES ANNÉES 1874 ET 1876.

MOIS	TRILBARDOU		ISLES-LES-MELDEUSES		TOTAUX	
	1874	1876	1874	1876	1874 année très sèche	1876 année humide
	m. c.	m. c.	m. c.	m. c.	m. c.	m. c.
Janvier............	312 158	285 825	408 182	»	720 340	285 825
Février............	427 174	565 737	451 197	»	878 371	565 737
Mars..............	447 576	»	547 815	»	995 391	»
Avril..............	712 556	519 895	588 297	676 729	1 300 855	1 196 624
Mai...............	1 125 388	779 472	597 345	954 158	1 722 755	1 755 730
Juin..............	1 262 818	886 913	914 201	548 712	2 177 049	1 435 625
Juillet............	1 319 551	832 828	920 646	514 849	2 240 197	1 167 677
Août..............	1 267 640	858 986	878 425	164 275	2 146 065	1 005 261
Septembre........	1 065 557	684 374	782 759	913 095	1 846 296	1 597 469
Octobre...........	1 201 379	600 616	1 108 431	1 285 911	2 309 830	1 886 557
Novembre	1 082 117	525 540	1 158 011	1 126 773	2 220 128	1 650 313
Décembre.........	745 811	593 969	454 399	595 371	1 200 210	787 540
Totaux........	10 967 785	6 730 153	8 789 708	6 577 903	19 757 495	13 108 056

Le tableau suivant donne le travail moyen diurne pour chaque mois des deux années :

	EN 24 HEURES	
	1874	1876
	mètres cubes.	mètres cubes.
Janvier	23 237	9 156
Février	51 370	.12 611
Mars	52 109	»
Avril	45 562	39 887
Mai	55 572	55 923
Juin	72 568	47 854
Juillet	72 264	57 667
Août	69 228	52 563
Septembre	61 553	53 249
Octobre	74 225	60 857
Novembre	74 004	55 010
Décembre	58 717	25 398

Dans les années très sèches, comme 1874, le produit en vingt-quatre heures des deux usines a une certaine importance dans les mois froids, janvier, février, mars et décembre. Dans les années humides, comme 1876, il est presque négligeable et, dans tous les cas, sans importance, puisque le canal reçoit de l'Ourcq et de ses affluents une alimentation suffisante.

Dans les mois chauds de 1874, le produit quotidien des deux usines a toujours dépassé 60 000 mètres cubes et s'est élevé jusqu'à 74 225. En 1876, il n'a pas dépassé 60 857 mètres cubes. Ces deux usines sont donc parfaitement appropriées à leur destination.

DÉPENSES

—

Trilbardou

	FRANCS.
Acquisition du moulin de Trilbardou et rachat du bail. .	82 000, »
Acquisition de la chute du moulin de Mareuil	6 000, »
Travaux	564 260, »
Total.	652 260, »

Isles-les-Meldeuses

Acquisition du terrrain	10 479, »
Travaux.	422 905, »
Total.	433 384, »

CHAPITRE VII

TRAITÉ PASSÉ AVEC LA COMPAGNIE GÉNÉRALE DES EAUX. —
ORGANISATION.

On a vu ci-dessus que, dans sa séance du 12 septembre 1855, le Conseil municipal de Paris, sur la proposition du préfet de la Seine, adopta en principe la séparation des deux services et décida que le service privé serait alimenté en eau de source.

Mais les sources dont la Ville disposait alors étaient absolument insignifiantes : on ne compte plus aujourd'hui celles du Nord [1] (aqueducs du Pré-Saint-Gervais et de Belleville), qui sont jetées dans les égouts sans faire aucun service ; l'aqueduc d'Arcueil fournit à peine assez d'eau pour alimenter les fontaines du Luxembourg [2] ; le puits artésien de Grenelle donne trop peu d'eau pour qu'on ait créé pour lui une canalisation spéciale [3] ; le puits artésien de Passy, qui ne jaillissait pas encore à cette époque, ne donne également qu'un volume d'eau insignifiant et qui, d'ailleurs, est déversé tout entier dans les lacs du bois de Boulogne [4]. Il fallut donc chercher ailleurs des eaux pures et

---

[1] Les sources du Nord donnent, en basses eaux, 200 mètres cubes en 24 heures.
[2] Arcueil. — 960 mètres cubes en moyenne par jour, en septembre 1859.
[3] Puits de Grenelle, — aujourd'hui 346 mètres cubes.
[4] Puits de Passy, — aujourd'hui 5820 mètres cubes.

limpides, et un service d'études fut immédiatement organisé sous ma direction.

Deux projets de dérivation d'eau de sources furent étudiés concurremment : l'un, par MM. les ingénieurs Rozat de Mandres et Collignon, comprenait les sources de la Somme-Soude, petite rivière de la Champagne crayeuse, recommandées spécialement dans mon rapport du 8 juillet 1854 ; l'autre, par M. l'ingénieur Lesguillier, s'appliquait aux sources de la Vanne, autre rivière de la même région.

Les sécheresses sans exemple des années 1857, 1858 et 1859 firent repousser le premier de ces projets. La Somme-Soude ne pouvait résister à ces sécheresses ; elle ne pouvait suffire à l'alimentation de Paris, même en y adjoignant deux belles sources de la Brie, le Sourdon et la Dhuis, qui, suffisamment éloignées des régions gypsifères, donnaient une eau excellente et susceptible d'être distribuée dans les maisons de Paris.

L'avant-projet de dérivation des sources de la Vanne, dressé par M. Lesguillier, fut lui-même ajourné : il n'amenait l'eau qu'à l'altitude 70 mètres, qui ne permettait pas de l'élever aux étages supérieurs des maisons des quartiers hauts de Paris.

L'annexion de l'ancienne banlieue vint encore compliquer la question ; une seule des sources dont la dérivation avait été décidée, la Dhuis, pouvait atteindre les maisons des XVIIIe, XIXe et XXe arrondissements ; il fallut donc remettre la main à l'œuvre et remanier tous les projets, ainsi que je l'exposerai ci-après.

Traité passé entre la Ville et la Compagnie générale des Eaux. — Avant tout, on dut faire rentrer entre les mains de l'Administration municipale le service des eaux des communes annexées et établir l'égalité du prix et de l'abondance de l'eau entre les anciens et les nouveaux habitants de Paris. La Compagnie générale des Eaux, qui s'était rendue propriétaire des traités de 25 communes situées intra et extra-muros, ne distribuait que 10 000 mètres cubes d'eau par jour aux 500 000 habitants de ces 25 communes, soit vingt litres par tête, tant pour le service public que pour les services privés et industriels. La distribution, dans les maisons, n'était pas de plus de seize litres par habitant.

Les recettes s'élevaient à 1 795 100 francs, ce qui faisait ressortir à 179 francs par an le prix moyen du mètre cube d'eau distribué chaque jour. Dans l'ancien Paris, les deux services absorbaient en vingt-quatre heures 85 litres d'eau par tête. Le prix du mètre cube donné quotidiennement s'élevait, par an, à 50 fr. pour l'eau de l'Ourcq et à 100 francs pour l'eau de Seine.

Je fus chargé par le préfet de la Seine d'entrer en pourparlers avec la Compagnie et, le 11 juillet 1860, un traité fut conclu entre la Ville et la Compagnie sur les bases suivantes :

Organisation du service. — Le service des eaux de l'ancien Paris et celui de la zone annexée furent réunis en un seul : la Ville se réserva tout ce qui se rattache au service public ; la Compagnie fut chargée du placement de l'eau affectée au service privé.

Abandon à la Ville des propriétés de la Compagnie. — La Compagnie céda à la Ville les fontaines marchandes, machines, réservoirs et matériel de toute sorte qu'elle possédait dans le département de la Seine, et substitua la ville de Paris dans tous les droits résultant des traités passés par elle ou ses auteurs avec les communes situées intra ou extra-muros.

Exploitation. — La Ville reste maîtresse absolue de ses eaux ; elle est seule juge du choix de celles qu'elle considère comme les meilleures pour les usages publics et privés ; elle construit et entretient les machines, conduites, canaux, aqueducs, réservoirs, etc., destinés à l'adduction de l'eau.

Elle met à la disposition de la Compagnie l'eau qu'elle juge suffisante pour les besoins du service privé, sans que la Compagnie ait le droit d'en discuter, soit la quantité, soit la qualité.

La Compagnie est chargée du placement de cette eau ; elle construit les branchements particuliers jusqu'à la façade des maisons, perçoit le produit des abonnements, exploite les fontaines marchandes et verse, chaque semaine, le produit des recettes à la caisse municipale.

Partage des produits. — Le montant des recettes cumulées de la Ville et de la Compagnie était, au moment de la réalisation du traité, de 5 600 000 francs. Une étude minutieuse des livres de la Compagnie, vérifiés par le Conseil municipal, fit reconnaître que le bénéfice net de l'exploitation était, par an, de 1 160 000 francs; d'après cela, la part dans les produits fut réglée ainsi qu'il suit :

1° — La Compagnie touche d'abord l'annuité de 1 160 000 francs montant de ses bénéfices nets annuels acquis au 10 décembre 1860 ;

2° — Certains frais de régie laissés à sa charge et montant à 350 000 francs ;

3° — Déduction faite de ces deux sommes, la Ville conserve ce qui reste des 5 600 000 francs, produit brut des deux opérations à la date du 31 décembre 1860, soit 2 090 000 francs ;

4° — Lorsque le montant annuel des recettes excède 5 600 000 francs, il est attribué par la Ville à la Compagnie 1/4 des sommes excédent ce chiffre. Voici comment on fut conduit à cette proportion.

Quoique les accroissements des recettes de la Compagnie fussent de 225 000 francs par an, et ceux de la Ville de 150 000 francs seulement, il fut décidé que, dans le partage des produits, les accroissements seraient considérés comme égaux.

La Ville étant chargée des frais d'adduction de l'eau et de canalisation, on devait porter à son compte le montant de ces frais qu'on évalue à $0^{fr},04$ par mètre cube d'eau d'Ourcq vendu, et à $0^{fr},10$ par mètre cube d'eau de toute autre provenance.

D'après cela, chaque mètre cube d'eau d'Ourcq étant vendu $\frac{60\ fr.,00}{365} = 0^{fr},16$, la Compagnie aurait dû toucher, dans les accroissements de produits, par chaque mètre cube d'eau d'Ourcq vendu, $\frac{0\ fr.,16 - 0\ fr.,04}{2} = 0^{fr},06$. Elle ne touche en réalité que

25 pour 100 ou 0$^{fr.}$,04. Pour les autres eaux qui se vendent 0$^{fr.}$,52, elle aurait dû recevoir par mètre cube $\frac{0\ fr.,32 - 0\ fr.,10}{2} = 0^{fr.},11$: elle ne reçoit en réalité que 25 pour 100 ou 0$^{fr.}$,08.

Tarifs. — Pour réduire convenablement le prix de l'eau dans le nouveau Paris sans trop peser sur le budget des recettes, le prix du mètre cube d'eau des tarifs de l'ancienne ville fut augmenté d'un cinquième ; ainsi le prix du mètre cube d'eau d'Ourcq délivré par jour fut porté de 50 à 60 francs. Le prix du mètre cube d'eau de Seine et autres fut porté de 100 à 120 francs.

Durée de la concession et clause de résiliation. — La durée de la concession fut fixée à 50 ans ; elle se terminera le 1er janvier 1911. La Ville se réserva le droit de supprimer la régie intéressée à partir du 1er janvier 1870, en prévenant la Compagnie un an au moins à l'avance.

Par une convention additionnelle du 26 décembre 1867, la Ville renonça à cette clause de résiliation aux conditions suivantes :

L'annuité de 350 000 francs, due à la Compagnie pour frais de régie, fut diminuée de 50 000 francs par an, de manière à disparaître entièrement le 51 décembre 1875.

La prime accordée à la Compagnie sur les augmentations de recettes, fixée à 25 pour 100 par le traité du 11 juillet 1860, fut ainsi modifiée :

De 5 600 000 francs à 6 000 000. . . . . 25 %
Sur les 7e, 8e et 9e millions . . . . 20 —
Sur les 10e et 11e millions. . . . . 15 —
Sur le 12e million. . . . . 10 —
Sur les recettes supérieures à 12 millions. . . . . 5 —

Enfin, par un autre traité additionnel du 29 décembre 1869, la Ville a rétrocédé à la Compagnie, moyennant une somme de 5 500 000 francs, la distribution et l'exploitation des eaux dans les communes situées *extra-muros*. Elle se réserva seulement les établissements hydrauliques de Port-à-l'Anglais, de Maisons-Alfort et de Saint-Ouen, et les conduites qui en dépendent. Cette régie intéressée fonctionne avec une entière régularité depuis le 1er janvier 1861, et elle n'a donné lieu, jusqu'ici, à aucune plainte sérieuse.

DIVISION DE LA DISTRIBUTION DES EAUX DE SOURCES EN TROIS SECTIONS.

J'ai dit que les meilleures eaux potables du bassin de la Seine jaillissaient dans la craie blanche de la Champagne[1]. Les plus élevées et les plus abondantes sont celles de la Vanne. Dérivées à Paris par le simple effet de la gravité, elles atteignent facilement les derniers étages des maisons construites sur des terrains dont l'altitude ne dépasse pas 50 mètres et, pour cela, il faut que le trop-plein du réservoir soit à l'altitude 80 mètres. La distribution de ces eaux s'étend sur la plus grande partie des quartiers de la rive gauche. Sur la rive droite, elle atteint toutes les parties de la ville dont le service public est alimenté par l'eau du canal de l'Ourcq, c'est-à-dire qui sont situées entre la Seine et une ligne tracée à mi-coteau, à peu près à l'altitude 50 mètres. Cette première partie de la distribution porte le nom de *service bas*.

Mais, sous la simple action de la gravité, les eaux de la craie blanche de Champagne ne peuvent être distribuées au-dessus de cette altitude de 50 mètres, et, par conséquent, n'atteignent pas les XVIIIe, XIXe et XXe arrondissements, ni les parties hautes des VIIIe, IXe, X^e, XIe, XVIe et XVIIe arrondissements, environ les 2/7 de la ville. On dut donc recourir à d'autres sources, situées soit *en-deçà* des limites de la craie blanche, dans les terrains de la Brie, soit *au-delà* de ces limites, dans les terrains oolithiques de la chaîne de la Côte-d'Or.

Il fallait aussi s'assurer s'il existait un *chemin* pour l'aqueduc à construire, chemin qui ne s'élevât pas au-dessus d'une ligne en pente uniforme, tracée entre les sources et Paris, sur d'assez grandes longueurs pour que les souterrains

---

[1] Voyez tome Ier. — La Seine. — Études hydrologiques, pages 130, 151, 132, 133, 141.

à forer n'entraînassent pas à des dépenses inadmissibles, ou qui ne s'abaissât pas au-dessous de la même ligne sur de telles étendues que la différence de niveau existant entre les sources et Paris fût absorbée par de trop longs siphons.

En 1855 et en 1865, je reconnus, par une étude générale et très-attentive du terrain, que l'aqueduc de dérivation des sources de la Champagne pouvait suivre deux chemins pour atteindre à Paris l'altitude 80 mètres. Le premier longeait les coteaux de la rive gauche de l'Yonne, puis traversait les plateaux du pays d'Hurepoix, entre la forêt de Fontainebleau et Paris; le second suivait les coteaux de la Marne ou de ses deux affluents, le Grand et le Petit-Morin.

Les sources hautes ne pouvaient être dérivées que par ce dernier chemin.

Les sources de la Champagne comprises entre l'Yonne et l'Aube, celles de la Vanne notamment, ne pouvaient être dérivées que par le premier chemin et devaient déboucher à Paris dans un réservoir construit sur le plateau de Montrouge.

Les sources du reste de la Champagne et les sources hautes de la Brie ne pouvant suivre d'autre route que les coteaux de la vallée de la Marne ou du Grand et du Petit-Morin, arrivaient nécessairement à Paris dans un réservoir construit à l'extrémité de ce long coteau gypsifère qui s'étend de Lagny à Belleville ou à Ménilmontant. L'arrivée des deux aqueducs à construire se trouva ainsi fixée : sur la rive gauche, près de Montrouge et à l'altitude 80 mètres pour la Vanne; sur la rive droite, entre Bagnolet et Ménilmontant, pour l'autre aqueduc. On reconnut, de plus, que, pour ce dernier, l'altitude d'arrivée ne pouvait dépasser 108 mètres, ce qui ne permettait de distribuer l'eau aux derniers étages des maisons que dans les parties de la ville dont le sol ne s'élevait pas au-dessus de 80 mètres.

Les sommets de la butte Montmartre et des plateaux de Belleville et de Ménilmontant dépassant de beaucoup ce niveau, on se décida à élever, par des machines de relai, la petite quantité d'eau qu'exigeait la distribution de ces hauts plateaux, à l'altitude 134 mètres, dans deux réservoirs construits, l'un, dans le cimetière du Télégraphe de Belleville, l'autre, près de l'église de Montmartre, dans la rue Saint-Éleuthère.

Le service se trouva ainsi divisé en trois sections :

Première section. — *Service bas*, comprenant tous les quartiers de la rive gauche et, sur la rive droite, les quartiers desservis par l'eau de l'Ourcq, limités, comme il est dit ci-dessus, à l'altitude 50 mètres.

Deuxième section. — *Service moyen*, comprenant les XVIIIe, XIXe et XXe arrondissements et les parties hautes des VIIIe, IXe X^e, XIe, XVIe et XVIIe arrondissements, à l'exception de la butte Montmartre et des plateaux de Belleville et de Ménilmontant.

Troisième section. — *Service haut*, comprenant les parties de la butte Montmartre et des plateaux de Belleville et de Ménilmontant s'élevant au-dessus de l'altitude 80 mètres.

CHAPITRE VIII

SERVICE PRIVÉ (suite).

DÉRIVATION DE LA DHUIS.

CHOIX DES SOURCES A DÉRIVER, A L'ALTITUDE 108 MÈTRES,
AU RÉSERVOIR DE MÉNILMONTANT.

J'ai dit ci-dessus que les sources destinées à la distribution
des services haut et moyen devaient être situées, soit *en-deçà* des
limites de la Champagne, dans les vallées de la Brie, soit *au-delà*
de ces plaines crayeuses, dans les terrains oolithiques de la chaîne
de la Côte-d'Or. Évidemment, avant de choisir ces dernières
sources, on devait étudier avec une grande attention celles de la
Brie, qui sont de cent kilomètres environ plus rapprochées de
Paris que celles de la basse Bourgogne et de la partie oolithique de
la Champagne. Mais, ainsi que je l'ai dit ailleurs, la grande lentille de gypse de Paris s'étend de Meulan à Château-Thierry [1]
et rend absolument impropre aux usages domestiques l'eau des
sources de cette partie du bassin de la Seine. Le champ des recherches s'est trouvé ainsi bien diminué. J'ai dit aussi que, sur

---

[1] Voyez tome Ier. — La Seine. — Études hydrologiques, p. 124.

les plateaux qui bordent la Seine, il n'existait pas de chemin permettant à un aqueduc d'arriver à Paris à l'altitude 108 mètres ; et, de plus, les grandes sources de la Beauce et de la Brie qui pourraient être dérivées par ce chemin, s'il existait, sont elles-mêmes à un niveau trop bas pour atteindre cette haute altitude. C'est ainsi que, sur la rive gauche de la Seine, les belles sources de la Juine et de l'Écolle, qui donnent de l'eau excellente[1], jaillissent au plus à l'altitude de 70 mètres. Celles des deux petites rivières qui traversent la ville de Provins, le Durtein et la Voulzie, dont l'eau est un peu dure[2], sont, en moyenne, à l'altitude 100 mètres. Dans la vallée de l'Yères, on trouve aussi de grandes sources, telles que celles de Briant, mais qui sont à une altitude bien plus basse encore[3].

Il n'y a donc pas dans les vallées de la Seine et de ses affluents, entre Montereau et le confluent de la Marne, une seule grande source qui puisse être conduite à Paris à l'altitude de 108 mètres.

On est ramené ainsi au bassin de la Marne, puisque les autres vallées de la Brie ne donnent pas naissance à des sources remplissant les conditions voulues. Les principaux affluents qui débouchent sur la rive gauche de cette rivière, dans la traversée de la Brie, sont : 1° — le Cubry, qui tombe dans la Marne à Épernay ; 2° — le Surmelin, qui y débouche entre Dormans et Château-Thierry ; 3° — le Petit-Morin, dont le confluent est à La Ferté-sous-Jouarre ; 4° — le Grand-Morin, qui s'y rattache entre Meaux et Lagny.

Toutes ces vallées renferment de grandes et bonnes sources, à une altitude suffisante pour être dérivées à Paris.

Le Sourdon, affluent du *Cubry*, est alimenté par une très-belle source, la fontaine du *Sourdon*, qui jaillit sur le territoire

---

[1] Voyez tome 1er. — La Seine. — Études hydrologiques, pages 122 et 123. — Le titre hydrotimétrique de la source de Noisy-sur-École est de 14°, 10 ; celui des sources de la Seine varie de 17° à 20°.

[2] *Ibid.* p. 128. — Le titre hydrotimétrique du Durtein et de la Voulzie est uniformément de 24°.

[3] *Ibid,* p. 128. — Le titre hydrotimétrique des sources de Briant est de 23°, 50.

de Saint-Martin d'Ablois à l'altitude 169 mètres, et débite, en 24 heures, environ 8 000 mètres cubes d'excellente eau[1].

Dès l'année 1854, j'avais classé le Sourdon parmi les sources qui devaient être ajoutées à celles de la Somme-Soude pour être conduites à Paris. L'aqueduc passait au-dessus d'Épernay, à peu de distance de cette belle source, dont la dérivation se trouvait ainsi parfaitement justifiée. Mais l'abandon de la dérivation de la Somme-Soude[2] fit aussi délaisser le Sourdon, qui se trouvait trop éloigné de l'aqueduc de la Dhuis.

Dans la vallée même de la Marne, entre le Cubry et le Surmelin, on trouve de belles sources, notamment à Dormans. Mais ces sources, que la ville de Paris aurait pu facilement acheter, sont à un trop bas niveau. Il n'est pas impossible qu'on y revienne un jour et qu'on les relève par une machine hydraulique ou des pompes.

C'est dans le *bassin du Surmelin* que nous avons trouvé les sources, sinon les plus abondantes, au moins les plus importantes par leur altitude et la qualité de leurs eaux. Je donnerai plus loin les noms de celles que la ville de Paris possède aujourd'hui. Je me contente de dire ici que la plus belle, la Dhuis, a donné son nom à l'aqueduc de dérivation.

Elle est située sur le territoire de Pargny, canton de Condé, dans un lieu dit le *Moulin de la Source*, et jaillissait, avant les travaux de captation, par trois orifices dont le plus bas était à l'altitude 128 mètres. Son titre hydrotimétrique est de 23°; une analyse faite par M. Mangon, membre de l'Institut, prouve que cette excellente eau ne tient en dissolution, pour ainsi dire, que du carbonate de chaux et en petite quantité.

En ajoutant quelques autres sources à celles que la Ville possède dans les vallées du Verdon et du Surmelin, la portée de cet aqueduc pourrait être de 30 000 mètres cubes environ, mal-

---

[1] Voyez tome 1er — La Seine. — Études hydrologiques, p. 126. — Le titre hydrotimétrique de la fontaine du Sourdon est de 20°.

[2] *Ibid*, p. 160 et 161.

gré les mécomptes dus aux sécheresses sans exemple que nous subissons depuis 1857.

La vallée du *Petit-Morin* renferme un très grand nombre de sources, situées en amont et en aval de Montmirail, qui sont à une altitude suffisante pour être dérivées à Paris. Mais ces sources sont trop petites, trop disséminées, trop utilisées dans la localité pour être dérivées ; la ville de Paris n'en a acheté qu'une seule, celle d'Hondevilliers[1], qui donne, en 24 heures, environ 2 000 mètres cubes d'eau d'une pureté extraordinaire et peut être jetée assez facilement dans l'aqueduc de la Dhuis.

Le bassin du *Grand-Morin* contient de très fortes sources. La plus élevée de celles que j'ai visitées est celle du *Moulin-au-Comte* ou *le-Comte*, située au fond de la vallée, entre Esternay et La Ferté-Gaucher. Son eau sert de moteur au moulin et, pour créer une chute, on l'a relevée au sommet d'un remblai de forme conique qui figure, à une très petite échelle, le cratère d'un volcan. Cette belle source, le jour de ma visite, en octobre 1857, à la suite d'une sécheresse prolongée, donnait, en 24 heures, de 7 000 à 8 000 mètres cubes d'une eau excellente[2] ; elle est à une altitude suffisante pour être conduite à Paris par l'action de la gravité.

A la Meilleraye, à quelques kilomètres en aval du *Moulin-au-Comte*, il existe, dans l'intérieur même d'un moulin, des sources qui, m'a-t-on dit, sont fort importantes ; mais je n'ai pu apprécier leur débit parce que leur eau se mêle à celle du Grand-Morin, en se montrant au jour. Cette eau pourrait aussi être conduite à Paris sans être relevée.

Entre La Ferté-Gaucher et Coulommiers, sur la commune de Saint-Remi, se trouve une des plus grandes sources du bassin de la Seine, la fontaine de Chailly ; elle est située au fond de la

---

[1] La source d'Hondevilliers sort des sables de Fontainebleau. Les mamelons de ces sables, qui s'élèvent au-dessus du bassin de la Marne, donnent des eaux dont le titre hydrotimétrique ne dépasse pas 15°. Celui de la source d'Hondevilliers est de 12°.

[2] Voyez tome 1er — La Seine. — Études hydrologiques, page 128. — Le titre hydrotimétrique de la source du Moulin-au-Comte est de 21°, 50.

vallée, à gauche du Grand-Morin, et débitait, en octobre 1857, le jour de ma visite, environ 45 000 mètres cubes d'eau en 24 heures. Cette source seule aurait donc suffi à alimenter un aqueduc ; mais elle est située à l'altitude 86 mètres, trop basse pour que l'eau s'élève au niveau nécessaire pour alimenter le *service bas* de Paris [1].

Un groupe de très belles sources jaillit dans le parc de Mauperthuis, au bord de l'Aubetin, affluent du Grand-Morin. Ces sources sont à un niveau beaucoup trop bas pour être dérivées à Paris. Comme à Chailly, leur eau est un peu dure [2].

Le bassin du Surmelin est donc le seul qui, dans toute l'étendue de la Brie, donne de l'eau de source en quantité et en qualité suffisantes pour alimenter un grand aqueduc débouchant à Paris, à l'altitude 108 mètres. Malgré l'importance des sources de la vallée du Grand-Morin, on n'a pas songé un seul instant à les conduire à Paris, parce que les plus importantes, celles de Chailly et de Mauperthuis, sont à une trop basse altitude. Si, plus tard, on voulait jeter l'eau d'une de ces deux sources, comme complément, dans l'aqueduc de la Dhuis, il faudrait relever cette eau de 35 à 40 mètres avec des machines à vapeur, ce qui n'offrirait aucune difficulté, mais ne laisserait pas d'être fort dispendieux.

C'est ainsi qu'on a été conduit à choisir l'eau de la Dhuis et des autres sources du bassin du Surmelin, pour alimenter l'aqueduc des *services haut et moyen* de Paris.

Il est à remarquer que si jamais on désirait ajouter aux eaux de cet aqueduc celles des calcaires oolithiques, on devrait donner la préférence aux sources des vallées de la Blaise [3] et de l'Aube, parce que le tracé de dérivation de ces sources traverserait la Champagne sur la ligne de faîte qui sépare les vallées de l'Aube

---

[1] Voyez tome 1er. — La Seine. — Études hydrologiques, page 128. — Le titre hydrotimétrique de l'eau de Chailly est de 25°.

[2] *Ibidem*. — Le titre hydrotimétrique de l'eau de Mauperthuis est de 26°.

[3] La Blaise est un affluent de la Marne qui passe par la ville de Vassy (Haute-Marne).

et de la Marne, gagnerait la vallée du Petit-Morin à l'aval des marais de Saint-Gond, et se souderait à l'aqueduc de la Dhuis sous le village de Jouarre. Il n'existe pas d'autre chemin pour conduire à Paris, à l'altitude 108 mètres, l'eau des grandes sources des terrains oolithiques de la basse Bourgogne et de la Champagne.

Choix de la Dhuis. — Au moment de l'annexion, les XVIIe, XVIIIe, XIXe et XXe arrondissements se trouvaient dans des conditions toutes spéciales : aucune des machines de l'ancien Paris ne pouvait leur donner, je ne dis pas le complément d'eau qui leur était nécessaire, mais une amélioration quelconque de distribution. De plus, les parties les plus peuplées de ces arrondissements ne recevaient que l'eau puisée dans la Seine, au-dessous de l'égout d'Asnières, par les machines de Saint-Ouen, eau répugnante et absolument impropre aux usages domestiques. Il fut décidé qu'on ferait toutes les dépenses nécessaires pour y établir un large service.

On reconnut qu'un volume d'eau de 40 000 mètres cubes par jour était nécessaire pour le service privé, et que le service public exigeait environ 500 litres d'eau par seconde ou 43 000 mètres par 24 heures. Le service privé fut alimenté en eau de source par l'aqueduc de la Dhuis, le service public en eau de la Marne élevée par les machines de Saint-Maur.

Le projet de dérivation de la Somme-Soude prenait, en traversant la Brie, la belle source de la Dhuis, qui avait résisté à la sécheresse de 1858. Elle donnait encore, en automne, 24 000 mètres cubes d'eau par jour, et on reconnut, par des jaugeages faits avec beaucoup de soin, qu'on trouverait facilement, dans le voisinage, le complément de 16 000 mètres cubes qu'exigeait l'alimentation de l'aqueduc. Le projet de dérivation de la source de la Dhuis était compris dans celui de la Somme-Soude[1].

---

[1] On s'est fait, sans doute, des illusions sur le débit de la Dhuis, qui ne donne, en temps de sécheresse extraordinaire, que 200 litres par seconde ou 17 280 mètres cubes en 24 heures. Mais la dérivation de la Dhuis a rendu de si grands services aux XVIIe, XVIIIe, XIXe et XXe arrondissements, surtout en remplaçant les abominables eaux qu'on distribuait à Batignolles, Montmartre, la Chapelle et la Villette, qu'on ne doit pas regretter le parti qu'on a pris.

La dérivation des sources complémentaires exigeait, au contraire, une étude longue et délicate. On était d'ailleurs pressé par le temps. Il fut donc décidé qu'on ne dériverait d'abord que la source de la Dhuis, en se réservant de jeter plus tard dans l'aqueduc les sources complémentaires.

Position de la source. — Analyse de l'eau. — La source de la Dhuis jaillit des terrains tertiaires lacustres situés au-dessous des marnes vertes de Montmartre, qui s'étendent sous toute la surface de la Brie. Le ruisseau dans lequel elle débouche porte le même nom qu'elle, arrose une courte vallée, reçoit une petite rivière, nommée le Verdon, et se jette dans le Surmelin, qui lui-même tombe dans la Marne, un peu en amont de la station de Mézy, du chemin de fer de l'Est. C'est dans les vallées du Verdon et du Surmelin, on l'a vu ci-dessus, que coulent les sources complémentaires.

Dans mes premières recherches, j'avais très nettement reconnu la position de la Dhuis avec la carte de l'État-major. Sur le territoire de la commune de Pargny, canton de Condé (Aisne), on lisait un nom caractéristique, le *Moulin de la source*. Il était évident que ce nom désignait la position d'une grande source. On trouva, en effet, à quelques mètres en amont du moulin, trois bassins séparés dans lesquels jaillissaient de très belles sources, qui alimentaient à elles seules la petite rivière de la Dhuis. C'est en 1855 que cette reconnaissance fut faite. Un jaugeage, exécuté au milieu de l'automne de la même année, accusa un débit de 26 000 mètres cubes par 24 heures.

Le titre hydrotimétrique de l'eau de la source, constaté par moi à plusieurs reprises, est de 23°.

L'analyse complète a été faite par M. Mangon; elle prouve que l'eau ne contient, pour ainsi dire, que du carbonate de chaux; les sulfates, les chlorures et les sels alcalins ne s'y trouvent qu'en quantité insignifiante[1].

---

[1] Voyez, pour plus de détails, le premier volume, — la Seine, — pages 126, 161 et suivantes, 171 et suivantes.

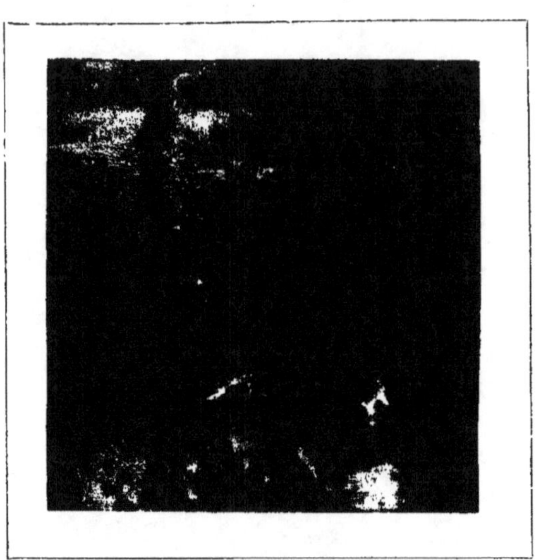

1

Lit rocheux et raviné de la Dhuis, en amont des sources.

3

Bassin sourcier de Pargny. (Vue du bras droit et amorce du bras gauche.)

2

Moulin de Pargny.

4

Bassin sourcier de Pargny. (Vue du bras gauche.)

Acquisition de la source. — Lorsqu'on veut dériver l'eau d'une source, on doit l'acheter tout d'abord avant que son propriétaire n'ait bâti tous ses châteaux en Espagne et répété mille fois les calculs de Perrette, la laitière, en centuplant la valeur de son immeuble.

L'Administration municipale de Paris m'a donc autorisé à acheter la Dhuis et les principales sources des vallées du Verdon et du Surmelin, longtemps avant l'exécution des travaux.

La première acquisition faite a été celle de la Dhuis. En 1859, j'ai rédigé moi-même sur place les actes sous-seing privé, avec le concours de M. l'ingénieur Huet et de M. Brajon, propriétaire; nous avons fait bien des fois le tour des cinq hectares que M. Brajon vendait à la Ville, avant de nous arrêter à un prix raisonnable. Enfin, il fut convenu que ces cinq hectares, le moulin et les sources seraient payés 65 000 francs. C'était au moins trois fois la valeur de l'immeuble. Quelques mois après, ces actes sous-seing privé furent convertis en acte notarié.

Les autres sources que la Ville a achetées depuis, dans les vallées de la Dhuis, du Verdon et du Surmelin, sont indiquées dans le tableau de la page suivante. Les jaugeages ont été faits dans une année très sèche et on est certain que l'on augmenterait notablement les débits par les travaux de captation. Néanmoins, le débit total des sources achetées par la Ville ne dépasse pas 312 litres par seconde; avant ces dernières années de sécheresse extraordinaire, on l'évaluait à 460 litres.

VALLÉE DE LA DHUIS, AFFLUENT DU SURMELIN.

DÉSIGNATION DES IMMEUBLES OU ÉTABLISSEMENTS	SITUATION DES SOURCES	ALTITUDE	SUPERFICIE DES TERRAINS	DÉBIT PAR SECONDE	PRIX D'ACQUISITION
1	2	3	4	5	6
		mèt.	h. a. c.	litres	francs.
1° SOURCES DE LA DHUIS, AFFLUENT DU SURMELIN.					
Le moulin de la Source et sources de la Dhuis, vendus par M. et Mme Brajon, devant Me Barbier, notaire à Artonges, le 22 juillet 1859	Commune de Pargny (Aisne).	130	5ʰ, 00ᵃ, 00ᶜ	200	65 000
2° SOURCES DE LA VALLÉE DU VERDON, AFFLUENT DE LA DHUIS.					
Source vendue par les époux Marlé, devant Me Lemoine, notaire à Montmirail, le 4 septembre 1866	Commune de Verdon (Marne).	170	0ʰ, 35ᵃ, 33ᶜ	3	9 000
Fontaine aux Boulangers, vendue par M. Talon-Millé, les époux Millé, Mlle Flanet et M. Millé-Desgranges, devant Me Labbé, notaire à Montmirail, les 28, 30 janvier et 14 avril 1867	id.	165	1, 21, 21	20	25 500
Fontaine de Fourches, vendue par M. de Clerc Ladévèze, devant Me Leclère, notaire à Condé, le 13 avril 1867 .	Commune de Baulne (Aisne).	155	0, 76, 00	5	12 500
Grande Fontaine. — Échange entre la ville de Paris et la commune de Condé-en-Brie, devant Me Leclère, le 12 avril 1867	Condé-en-Brie (Aisne).	114	0, 11, 40	8	40 000
SOURCES SITUÉES A UN NIVEAU TROP BAS, MAIS QUI PEUVENT ÊTRE RELEVÉES PAR LES PRÉCÉDENTES, ACTIONNANT UNE TURBINE.					
Fontaine Liguet et source de la Bocquetterie, vendues par M. et Mme Triolet, devant Me Lemoine, le 29 janvier 1867.	Verdon (Marne) et Baulne (Aisne).	128	0, 46, 90	7	6 500
Source du Gros-Sourdon, vendue par M. et Mme Clément, devant Me Lemoine, notaire, le 29 janvier 1867	Baulne (Aisne).	122	20	8	5 000
TOTAUX			3ʰ, 16ᵃ, 04ᶜ	51	98 500

DÉSIGNATION DES IMMEUBLES OU ÉTABLISSEMENTS	SITUATION DES SOURCES	ALTITUDE	SUPERFICIE DES TERRAINS	DÉBIT PAR SECONDE	PRIX D'ACQUISITION
1	2	3	4	5	6
		mèt.	h. a. c.	litres	francs
3° SOURCES DE LA VALLÉE DU SURMELIN.					
Vente par M. Renaudin, devant Mᵉ Regnault, notaire à Loisy, le 30 juillet 1859	Congy (Marne).		1ʰ, 51ᵃ, 48ᶜ		5 000
Vente par les époux Desbreux et Millé, devant Mᵉ Taquoy, notaire à Montmort, les 30-31 juillet 1859.	Montmort (Marne).		1, 20, 00		5 000
Vente par les époux Courty, devant Mᵉ Taquoy, notaire à Montmort, les 30-31 juillet 1859. .	id.	199	0, 50, 75	20	2 000
Vente par M. Desbreux-Maillard, devant Mᵉ Taquoy, le 12 avril 1864	id.		0, 33, 60		4 600
Vente par M. Buffry-Gerbault, devant Mᵉ Taquoy, le 1ᵉʳ août 1864.	id.		0, 65, 45		2 6₅₀
SOURCES DES AULNOIS DE FRAIVENT. — Vente par M. et Mᵐᵉ de Sauville, devant Mᵉ Auvergnot, notaire à Orbais, le 12 avril 1864	Suizy-le-Franc (Marne).	155 à 186	42, 45, 33	14	120 000
SOURCE DE LA VILLE-SOUS-ORBAIS. — Vente par les époux Sourdet, devant Mᵉ Charlot, notaire à Orbais, les 22-23 août 1868 . . . . , . .	La Ville-sous-Orbais (Marne)·	140	0, 16, 13		7 900
SOURCE ET JARDIN DITS DE LA VILLE-SOUS-ORBAIS. — Vente par les époux Boblique, devant Mᵉ Charlot, notaire à Orbais, les 22-23 août 1868.	id.	140	0, 08, 85	15	4 600
SOURCE DU ROSSET. — Vente par M. et Mᵐᵉ Hourdry-Lefranc, devant Mᵉ Charlot, le 30 octobre 1868	id.	136	2, 45, 40	5	9 000
FERME D'EN-BAS OU DES POISSONS. — Vente par M. Houdry, devant Mᵉ Maillard, notaire à Château-Thierry, les 31 octobre, 6 et 8 novembre et 15 décembre 1868	id.	138	84, 95, 73	7	102 000
TOTAUX			134ʰ,52ᵃ,70ᶜ	61	262 750
Source de la Dhuis.			5, 00, 00	200	65 000
Sources de la vallée du Verdon.			3, 16, 04	51	98 500
TOTAUX RÉCAPITULATIFS.			142ʰ,48ᵃ,74ᶜ	312	426 250

SOURCES DES MARDELLES (accolade des cinq premières lignes)

A ces sources on pourrait ajouter celles du tableau ci-dessous,
si l'on fait un jour des travaux de captation dans la vallée
du Petit-Morin.

DÉSIGNATION des IMMEUBLES OU ÉTABLISSEMENTS	SITUATION	CONTENANCE	ORIGINE de LA PROPRIÉTÉ	PRIX D'ACQUISITION	DÉBIT PAR SECONDE (litres)
1	2	3	4	5	6
SOURCES de Hondevilliers ou de la fontaine des Dames, terre, pré.	Hondevilliers (Seine-et-Marne). (Altitude 180 mètres).	2ʰ, 54ᵃ, 50ᶜ,	Vente par M. Simphal devant Mᵉ Briffoteau, notaire à Saint-Cyr, les 20-24 mai 1866.	21 181ᶠʳ, 20	30
		» 09, 02,	Vente par M. et Mᵐᵉ Guillaume, devant Mᵉ Briffoteau, notaire à Saint-Cyr, les 20-24 mai 1866.	451 , »	
		» 08, 64,	Vente par M. et Mᵐᵉ Fauvet, devant Mᵉ Briffoteau, notaire à Saint-Cyr, les 20-24 mai 1866.	550 , »	
		» 54, 68,	Vente par M. et Mᵐᵉ Plez, devant Mᵉ Briffoteau, notaire à Saint-Cyr, les 20-24 mai 1866.	2 734 , »	
		» 13, 69,	Vente par M. et Mᵐᵉ Réniot, devant Mᵉ Briffoteau, notaire à Saint-Cyr, les 20-24 mai 1866.	752 , 95	

Indemnités d'usines. — La rivière de Dhuis était alimentée
uniquement par les trois sources dont il vient d'être question.
Elle faisait marcher plusieurs usines, et, quoique les sources
vendues par M. Brajon fussent franches de toute servitude, néanmoins l'Administration municipale décida que tous les usiniers
seraient indemnisés en raison du tort que leur faisait la dérivation, quoiqu'ils n'eussent aucun droit à l'eau dérivée.

En général, on se borna à racheter seulement la chute, ou, en
d'autres termes, la valeur industrielle de ces usines; il n'y eut

d'exception que pour le moulin de la Source, qui fut vendu à la Ville, en toute propriété, avec cinq hectares de terrain, ainsi qu'il a été dit ci-dessus, et pour trois usines situées sur le Surmelin, à l'aval du confluent de la Dhuis. Trois experts, pour la ville de Paris, et le conseiller général du canton, M. de Bonnefoy des Aulnais, pour les vendeurs, fixèrent d'un commun accord le prix de toutes les usines. On donna officieusement connaissance de ces prix aux intéressés, en leur faisant savoir que, s'ils acceptaient, ils seraient immédiatement payés, mais que s'ils portaient l'affaire devant les tribunaux, la Ville retirerait ses offres. Tous les usiniers de la Dhuis et trois usiniers du Surmelin acceptèrent, non sans de longues hésitations, ce mode de règlement. Le tableau des pages 112 et 113 fait connaître le montant des indemnités payées par la Ville; il comprend une parcelle de terrain nécessaire à la conservation des sources et quelques indemnités gracieuses accordées aux communes.

Indemnités de terrain. — On a acheté le terrain traversé par le tracé sur dix mètres de largeur, soit cinq mètres de chaque côté de l'axe, dans les terrains non boisés, et, dans les terrains boisés, sur vingt mètres de largeur, soit dix mètres de chaque côté de l'axe. On avait donc à acquérir un hectare par kilomètre dans le premier cas et deux hectares dans le second.

Le prix des terrains, qui dépasse 11 000 francs par hectare, est certainement excessif; mais on ne doit pas perdre de vue que lorsqu'un grand ouvrage, comme la dérivation de la Dhuis, n'intéresse, en aucune façon, les communes dont les territoires sont traversés, le jury et même les experts de l'Administration qui intervient se montrent excessivement larges dans leurs estimations.

Le tableau de la page 114 résume les indemnités de terrain accordées dans les départements traversés par l'aqueduc.

TABLEAU DES INDEMNITÉS D'USINES ET DES INDEMNITÉS GRACIEUSES ACCORDÉES AUX COMMUNES.

ACQUISITION DE TERRAIN NÉCESSAIRE A LA CONSERVATION DES SOURCES.

DÉSIGNATION DES IMMEUBLES OU ÉTABLISSEMENTS	SITUATION	CONTENANCE	ORIGINE DE LA PROPRIÉTÉ	PRIX d'acquisition	OBSERVATIONS
1	2	3	4	5	6
1 **Moulin de la Source**. Bâtiments, terres, prés, bois et sources de la Dhuis.	Pargny (Aisne). Origine de la rivière de Dhuis.	h · c 5,00,00	Vente par M. et M⁻⁻ Brajon, devant Mᵉ Barbier, notaire à Artonges, le 22 juillet 1859.	francs 65 000	Sources de la Dhuis. — Point de départ de la dérivation.
2 **Bois des Creux**. Bus.	Id.	0,26,00	Vente par M. et M⁻⁻ Labruyère, devant Mᵉ Barbier, notaire à Artonges, le 2 février 1867.	650	Terrain nécessaire à la conservation des sources.
3 **Moulin de l'Échelle**. Usine et deux parcelles de terre.	Sur la rivière de Dhuis. Pargny (Aisne).	0,03,52	Vente par M. et M⁻⁻ Lointier, devant Mᵉ Barbier, notaire à Artonges, les 21-23 mai 1866.	56 000	»
4 **Moulin de l'Échelle**. Valeur industrielle.	Id.	»	Convention avec M. et M⁻⁻ Lointier, devant Mᵉ Barbier, notaire à Artonges, les 21-23 mai 1866.	5 000	»
5 **Moulin des Étains**. Valeur industrielle.	Id.	»	Convention avec M. Prieur, devant Mᵉ Barbier, notaire à Artonges, les 22-26 septembre 1862.	12 500	Lisez : Moulin des Étangs; en Champagne, l'a se prononce e : au lieu d'arène, on dit érène ; au lieu d'étang, éteng.
6 **Pargny** (commune de). Chemin de la Croix.	Id.	»	Convention avec la commune de Pargny, devant Mᵉ Barbier, notaire à Artonges, les 25, 26 et 29 novembre 1863.	40 000	Indemnité gracieuse.
7 **Moulin de Pargny**. Valeur industrielle.	Id.	»	Convention avec M. et M⁻⁻ Viellard, devant Mᵉ Leclère, notaire à Condé, le 30 décembre 1862 et le 1ᵉʳ janvier 1863.	26 500	»

8 **Moulin des Fouleries.** Valeur industrielle.	Sur la rivière de Dhuis. Montlevon (Aisne).	»	Convention avec M. Colmont devant M⁰ Leclère, notaire à Condé, le 10 octobre 1869.	17 600	»
9 **Moulin de la Fosse.** Valeur industrielle.	Id.	»	Convention avec les époux Hébert, devant M⁰ Leclère, notaire à Condé, le 28 avril 1868.	34 000	»
10 **Moulin de Ragrenet.** Valeur industrielle.	Sur la rivière de Dhuis. Montigny-lès-Condé (Aisne).	»	Convention avec les époux Campeau, devant M⁰ Leclère, notaire à Condé, le 7 janvier 1866.	50 000	»
11 **Moulin de Condé.** Valeur industrielle.	Sur la rivière de Dhuis. Condé-en-Brie (Aisne).	»	Convention avec M. le comte de Sade, devant M⁰ Leclère, notaire à Condé, le 13 juin 1865.	61 500	»
12 **Montlevon** (commune de). Différentes sources, sans terrain, pouvant servir à la dérivation.	Montlevon (Aisne).	»	Vente par la commune de Montlevon, devant M⁰ Leclère notaire à Condé, le 1ᵉʳ septembre 1866.	4 000	Indemnité gracieuse.
13 **Moulin Babet ou de Mézy-Moulins**, usine, sol, bâtiments, jardin, cour, île, pré.	Rivière de Surmelin. Mézy-Moulins (Aisne).	0,74,50	Vente par M. Viet devant M⁰ Bailly, notaire à Jaulgonne, les 10 et 11 avril 1869.	28 000	
14 **Moulin bas de Paroy** ou moulin neuf, usine, sol, bâtiments, cour, jardin, île et terres.	Rivière de Surmelin. Crézancy (Aisne).	1,55,15	Vente par M. et Mᵐᵉ Filliette, devant M⁰ Leclère, notaire à Condé, le 28 avril 1868.	82 000	Perte d'une partie de la valeur industrielle affermée par la Ville.
15 **Moulin de Monthurel**, usine, sol, bâtiments, cour, jardin, terres, pré.	Rivière de Surmelin. Monthurel (Aisne).	1,54,40	Vente par M. et Mᵐᵉ Carré-Hadol, devant M⁰ Leclère, notaire à Condé, le 8 février 1867.	54 000	
TOTAUX . . .		5ʰ,91ᵃ,57ᶜ		496 550	

RÉSUMÉ DES INDEMNITÉS DE TERRAIN

dans les quatre départements traversés par l'aqueduc de la Dhuis.

DÉSIGNATION des IMMEUBLES OU ÉTABLISSEMENTS	SITUATION	CONTENANCE	ORIGINE de LA PROPRIÉTÉ	PRIX D'ACQUISITION	OBSERVATIONS
1	2	3	4	5	6
Zone des terrains occupés par la galerie de dérivation et ses abords.	Département de l'Aisne.	58ʰ,34ᵃ,41ᶜ	Ventes par divers, suivant actes passés devant les notaires des vendeurs, de 1862 à 1874.	345 148ᶠʳ,93	La commune de Charly n'est pas comprise dans ces chiffres ; le dossier de cette commune manque.
	Départ. de Seine-et-Marne.	86, 81, 86		1 120 846, 14	Quelques contrats ne sont pas encore réalisés, par suite de l'absence des propriétaires.
	Département de Seine-et-Oise.	17, 04, 14		226 300, 73	
	Département de la Seine.	6, 99, 32		243 437, 24	
	Totaux	169ʰ,19ᵃ,73ᶜ		1 935 733ᶠʳ,04	

En tenant compte des contrats non réalisés, on peut porter ce total à . . . . 1 940 000ᶠʳ, »

Ajoutons les indemnités d'usines. . . . . 496 550, »

Montant total des indemnités payées pour la dérivation de la Dhuis . . . . 2 436 550ᶠʳ, »

TYPES DES OUVRAGES.

Regard de prise d'eau. — Les eaux des sources, qui se réunissent dans ce regard, y sont conduites par des tuyaux en fonte. Comme elles sont un peu trop chargées de carbonate de chaux, on les fait passer sur des plaques en tôle perforée, desquelles elles tombent en pluie sur des amas de meulière. Cette opération détermine le dépôt de l'excès de carbonate de chaux[1].

Section de l'aqueduc libre. — *Aqueduc double.* — A la suite de ce regard jusqu'au siphon de Montlevon, sur une longueur de 3883 mètres, l'aqueduc est double. On a établi, à chacun des douze regards situés entre les sources et le grand regard du siphon, une cloison en briques posées à plat et laissant entre elles autant de vide que de plein. Ces cloisons sont destinées à modérer la vitesse de l'eau et à faciliter les dépôts de carbonate de chaux et de limon. L'aqueduc étant double, on peut le nettoyer avec une grande facilité.

Aqueduc. — *Petit type.* — Le petit type a une forme ovoïde, avec un maximum de $1^m,20$ de largeur dans sa partie-basse et $1^m,64$ de hauteur sous clef. Il n'existe que sur une longueur de 2270 mètres, à partir de l'extrémité aval du siphon de Montlevon.

L'aqueduc double et le petit type reçoivent seulement l'eau de la Dhuïs, qui débite bien rarement plus de 300 litres par seconde. Avec sa section et la pente de $0^m,10$ par kilomètre, l'aqueduc porte facilement ces 300 litres.

Aqueduc. — *Grand type.* — A l'extrémité du petit type, l'aqueduc recevra les eaux des sources que la Ville possède dans les vallées du Verdon et du Surmelin. Aussi la section ovoïde prend, dans la partie basse, une largeur de $1^m,40$ et la hauteur sous clef s'élève à $1^m,76$. Le grand type a, jusqu'à Paris, une longueur de $111\,920^m,59$. Sa plus grande portée sera de 500 litres par

---

[1] Voyez Tome Ier, pages 146 et suivantes

seconde, ce qui exigera qu'il soit rempli jusqu'à 0^m,55 en contrebas de la clef.

Longueur. — La longueur totale de l'aqueduc, avec les siphons, est de 131 162^m,85.

Pente de l'aqueduc libre. — La pente de l'aqueduc libre est uniformément de 0^m,10 par kilomètre.

Siphons ou conduites forcées. — L'aqueduc rencontre sur son parcours vingt et une vallées trop longues pour qu'on ait songé à les contourner. Il fallait donc les franchir, soit en faisant passer l'aqueduc sur des arcades, soit en le remplaçant par des conduites forcées ou siphons.

Les sept vallées principales ont ensemble une longueur de 13 099^m,86 et une profondeur comprise entre 39 et 73 mètres. On ne pouvait songer à construire des arcades de cette longueur et de cette hauteur. Les quatorze autres vallées ou dépressions à franchir avaient de 2 à 26 mètres de profondeur et 3872^m,40 de longueur. Les arcades étaient bien plus admissibles dans ces conditions. Mais les siphons étaient plus économiques et, comme on disposait d'une charge suffisante, on leur a naturellement donné la préférence.

Les siphons de Montlevon et de Coupigny, qui ne recevront jamais que les eaux de la Dhuis, c'est-à-dire moins de 300 litres d'eau par seconde, sont formés d'une seule conduite en fonte de 0^m,80 de diamètre.

Les autres siphons, qui débiteront jusqu'à 500 litres d'eau par seconde, sont formés d'une seule conduite forcée en tuyaux de fonte de 1 mètre de diamètre.

La charge des vingt et un siphons a été réglée uniformément à 0^m,55 par kilomètre. Cette charge permet facilement aux siphons de 0^m,80 de diamètre de débiter 300 litres d'eau par seconde et à ceux de 1 mètre d'en porter 500 litres.

Ponts. — Quoique ces vallées soient ouvertes dans des terrains perméables, néanmoins, comme les plateaux de la Brie qui les dominent sont imperméables, elles reçoivent quelquefois beaucoup d'eau, et le ruisseau qui occupe leur thalweg peut éprouver des crues très violentes et de courte durée. On a donc dû construire des ponts sur les thalwegs de ces vallées et leu donner un grand débouché et surtout beaucoup de hauteu au-dessus du fond du lit des ruisseaux ; ce type n'est pas tout à fait sans inconvénient. Au lieu de faire à brides les deux tuyaux courbes du dessus du pont, on les a faits à emboîte-ment. On a évité ainsi des frais assez importants et de grandes difficultés de pose, puisque, les tuyaux à brides ne pouvant être coupés, il aurait fallu un ou deux modèles par pont. Les tuyaux à emboîtement, au contraire, se coupant facilement, la solu-tion était des plus simples en les adoptant, puisqu'elle permettait d'employer les modèles courants du service.

Pour faire équilibre aux énormes poussées au vide qui ont lieu à chaque coude [1], on a ancré solidement les bouts des tuyaux courbes, à l'intrados de la voûte des ponts, au moyen de colliers en fer embrassant ces tuyaux et de boulons traversant l'épaisseur des voûtes et rattachant les colliers à des barres de fer carré, formant ancre sous l'intrados.

Voici les inconvénients que nous avons trouvés, en pratique, à l'adoption de ce système :

A Nogent-l'Artaud, sous la pression de la colonne d'eau, qui est de 57 mètres, la voûte du pont s'est brisée en plusieurs vous-soirs qui, sous l'action de la poussée au vide, tendaient à s'éle-ver au lieu de tomber. On a remis les maçonneries en place en chargeant le pont avec les pierres destinées à faire les pieds-droits de la petite galerie qui renferme le tuyau et en construisant, le plus vite possible, ces pieds-droits et la voûte qui les surmonte.

Avant de monter sur le pont, le tuyau forme une courbe dont la convexité est tournée vers la terre. Si le sol qui porte le tuyau n'est pas résistant, le déboîtement a lieu et le tuyau s'enfonce

---

[1] Ainsi, en construisant le parallélogramme des forces, dont la diagonale donne la poussée au vide, qui tend à faire déboîter les tuyaux, on trouve facilement que les poussées sont, pour un tuyau de 1 mètre de diamètre, sous une charge de 40 mètres, de 44 902 kil., pour 1/4 de cercle

dans la vase ou dans l'excavation qui se produit aussitôt que le déboîtement commence. C'est ce qui a eu lieu à deux reprises différentes au pont de Chézy. Lorsque le sol qui porte le tuyau est assez résistant pour supporter une pression de trois ou quatre kilogrammes par centimètre carré, le déboîtement n'est pas à craindre. En cas d'incertitude, il ne faut pas hésiter à faire un petit massif de maçonnerie, pour répartir la pression sur une surface suffisante.

CHAPITRE IX

DÉRIVATION DE LA DHUIS (suite).

TRACÉ DE L'AQUEDUC.

**Première partie. — *Entre la source et le siphon de Saacy.
Longueur 47$^{kil\cdot}$,5. — Terrain éocène perméable et solide. —
Siphons et souterrains*[1]. —** Entre la source, point de départ
de l'aqueduc, et la limite des communes de Nesles et de Nogentel, sur une longueur de 26 kilomètres, le tracé de l'aqueduc
est fait, sur la rive gauche des vallées de la Dhuis, du Surmelin
et de la Marne, dans un terrain dont le sous-sol, formé de
marnes blanches mêlées de blocs de silex, appartient à des
terrains d'eau douce qui représentent les caillasses du calcaire grossier ; en voici les preuves :

1° — Entre Crézancy et Étampes, on a trouvé, sur plusieurs

---

[1] On peut suivre très facilement cette description du tracé sur la carte de France
au $\frac{1}{80000}$ de l'État-Major, feuilles de Meaux et de Paris.

points et en grande abondance, des fossiles lacustres et notamment des lymnées qui, suivant M. Deshayes, appartiennent aux caillasses du calcaire grossier.

2° — A une très petite hauteur au-dessous du tracé, vis-à-vis Condé, on trouve l'argile plastique caractérisée par d'épais bancs d'huîtres. En face de Château-Thierry, à peu de distance du village de Nesles, également au-dessous du tracé, on voit de forts bancs de lignites qui alternent avec des bancs, de glaise.

3° — Un peu au-dessus du tracé, entre Fossoy, Blesmes et les Évaux, s'élèvent les sables moyens caractérisés par de grands bancs de grès. Près du village de Nesles, les éboulis de ces grès renferment en nombre considérable le *cardium porulosum*, si commun, dans les mêmes terrains, à Beauchamp et à Anvers. Ces marnes blanches appartiennent donc bien aux caillasses du calcaire grossier.

Siphons. — Les eaux, soutenues par les terrains imperméables de la Brie, qui recouvrent les plateaux, s'écoulent par les rus de cinq petites vallées : celles de Montlevon[1], de Coupigny[2], de Saint-Eugène[3], de Chierry[4] et de Nesles[5], qui ont été franchies par des siphons.

Souterrains. — Pour couper quelques contre-forts ou pour garantir les maçonneries de l'action des torrents, on a dû construire l'aqueduc en souterrain sur de très petites longueurs, entre les siphons de Coupigny et de Chierry; ainsi, une partie de la vallée de Saint-Eugène a pu être contournée par l'aqueduc, et, comme elle est encore en voie de formation et que le coteau est constamment entamé par de nombreux ravins à forte pente, on a mis l'aqueduc en sûreté, en le creusant en

---

[1] Siphon de Montlevon : longueur 347^m,76 ; flèche 24^m,63.
[2] Siphon de Coupigny : longueur 454^m,50 ; flèche 27^m,30.
[3] Siphon de Saint-Eugène : longueur 292^m,90 ; flèche 24^m,79.
[4] Siphon de Chierry : longueur 433^m,77 ; flèche 39^m,36.
[5] Siphon de Nesles : longueur 123^m,33 ; flèche 5^m,55

souterrain à une distance suffisante de la surface du coteau[1]. On a dû également construire l'aqueduc en souterrain dans la traversée de Nesles[2].

Entre Nogentel et Saacy, le tracé est fait entièrement dans les sables moyens d'abord, mais sur une petite longueur, puis ensuite dans le calcaire siliceux de Saint-Ouen. Ces derniers terrains sont formés de marnes blanches coupées, dans leur hauteur, par plusieurs bancs minces de marnes verdâtres. On y trouve aussi de nombreux blocs de silex qui ont une telle ressemblance avec la meulière caillasse, que je les prenais d'abord pour des éboulis des plateaux de la Brie. Mais ils diffèrent de la meulière par un caractère essentiel : on y trouve beaucoup de lymnées fossiles qui ne se rencontrent jamais dans la meulière. M. Deshayes, à qui j'ai montré mes échantillons de ces roches, n'a pas hésité à les assimiler aux silex méniltites si répandus dans les marnes de Saint-Ouen de la banlieue de Paris.

Souterrains. — Les coteaux étant très peu contournés entre Nogentel et Saacy, un souterrain très court a été nécessaire dans cette partie du tracé, à l'entrée de l'aqueduc dans les sables moyens[3] et, dans les calcaires de Saint-Ouen, on en a creusé cinq autres qui méritent à peine d'être nommés[4].

Siphons. — On a dû, au contraire, construire, dans cette partie du tracé, de grands siphons pour franchir les vallées de plus en plus profondes qui sillonnent les plateaux de la Brie.

La première et la plus importante de ces vallées est celle du

[1] Souterrains : de la Goberge, 45^m,90 — de Condé, 80^m,82 — de la Jûte, n° 1, 65^m,52 ; n° 2, 17^m,67 ; n° 3, 24^m,05 — de Survien, 98 mètres.

[2] Souterrain de Nesles : 420^m,81.

[3] Souterrain de Nogentel : longueur . . . . 144^m,05

[4] Souterrain de la Montagne-Sacrée, près de Chézy-l'Abbaye, longueur. . 162^m, »
Souterrain de Nogent-l'Artaud, longueur . . . . 107^m,78
Souterrain de Pavant, longueur. . . . . 63^m,67
Souterrains de Charly { n° 1, longueur . . . . 50^m, »
{ n° 2, longueur . . . . 88^m,15
Souterrain de Pisseloup, à la limite des départements de l'Aisne et de
Seine-et-Marne, longueur . . . . 116^m,94

ruisseau du Doloir, qui tombe dans la vallée de la Marne à peu de distance de Chézy-l'Abbaye. Le tracé coupe la vallée en siphon un peu en amont de ce village[1]. La conduite forcée est posée entièrement dans des terrains très fermes : le calcaire de Saint-Ouen, les sables moyens et les caillasses du calcaire grossier. Le ruisseau du Doloir ayant des crues violentes, on a dû faire passer la conduite sur un pont assez élevé, construit suivant le type qu'on a adopté pour les ponts des ruisseaux de la Brie. Ce type prête un peu à la critique, comme j'aurai occasion de le démontrer.

Plus loin, le tracé franchit, également en siphon, les vallées du ru des Charfians (siphon de Proslin), affluent du Doloir[2]; du ru de Vergès, ruisseau qui a la plus grande analogie avec le Doloir[3]; du ru de la Garonne (siphon de la Croix-Bourdon), qui traverse Nogent-l'Artaud[4]; de Pavant[5], et le ravin de Pisseloup[6].

Depuis les sources jusqu'un peu en amont de Saacy, les marnes blanches dans lesquelles est construit l'aqueduc sont très perméables. Les travaux de construction n'ont pas été gênés par l'eau ; de plus, de nombreux blocs calcaires donnent à ce terrain une grande fermeté. C'est ce qui justifie la faible épaisseur que, dès l'origine, j'ai cru pouvoir donner aux parois de l'aqueduc, quoique cet aqueduc soit fort grand, qu'il ait $1^m,40$ de largeur aux naissances et $1^m,76$ de hauteur sous clef. J'ai réduit l'épaisseur de la maçonnerie à $0^m,20$, y compris l'enduit de $0^m,02$; c'est un simple revêtement qui a très peu de tendance à se déformer lorsque le terrain est solide. Beaucoup de mes camarades ont, dit-on, blâmé ce qu'ils regardaient comme une témérité. Cette disposition des maçonneries me

---

[1] Siphon de Chézy : longueur $719^m,97$; flèche $59^m,14$.

[2] Siphon de Proslin : longueur, $227^m,77$; flèche, $23^m,25$.

[3] Siphon du ru de Vergès ou de Nogent-l'Artaud : longueur, $681^m,34$; flèche, $49^m,68$.

[4] Siphon de la Croix-Bourdon : longueur, $82^m,38$; flèche, $15^m,98$.

[5] Siphon de Pavant : longueur, $33^m,55$; flèche, $7^m,98$.

[6] Siphon de Pisseloup : longueur, $51^m,35$; flèche, $8^m,13$.

semble cependant aujourd'hui justifiée par douze années de service. Dans les deux premières années, on a eu à réparer d'assez nombreuses fissures aux enduits, dues principalement à l'introduction de l'eau fraîche de la source dans des maçonneries construites par des températures variables ; depuis, cette partie du travail n'a exigé aucune réparation. Mais si le terrain sur lequel s'étend le tracé ne laisse rien à désirer, il n'en est pas de même des plateaux de la Brie qui couronnent ces coteaux.

Action des terrains de la Brie. — Ces terrains s'étendent en vastes plateaux qui surmontent les coteaux de marnes blanches perméables dans lesquels l'aqueduc a été construit, entre les sources et Saacy. Un ingénieur qui ne connaîtrait pas la géologie locale, et qui suivrait cette partie du tracé, serait convaincu que l'aqueduc ne court aucun risque dans ces solides terrains, et, cependant, il est menacé incessamment par les hautes plaines de la Brie.

J'ai dit, ailleurs, que les argiles à meulières des plateaux de la Brie reposaient sur les marnes vertes de Montmartre. Il en résulte un ensemble de terrains imperméables, à la surface desquels les eaux pluviales séjournent tant que les pluies ne sont pas très persistantes ; car ces vastes plaines étant presque dépourvues de pentes, les eaux des premières pluies restent à la superficie du sol et ne commencent à ruisseler que lorsque les nombreux fossés et les mares caractéristiques, qui assainissent cette riche contrée, sont remplis et tendent à déborder ; alors les rus coulent avec force et jettent les eaux superficielles, ou dans les vallées secondaires dont il vient d'être question, ou sur la pente même des coteaux des vallées principales[1]. Ils y tracent de nombreux sillons, souvent très peu profonds, mais qui ne laissaient pas de nous préoccuper fortement pendant la construction de l'aqueduc. Le ravin de Pisseloup est le plus profond de ces sillons ; c'est, en petit, le torrent des Alpes avec

---

[1] Voyez, Tome Ier. — La Seine. — Études hydrologiques, pages 199 et suivantes.

son bassin de réception, son goulot et son cône de déjections dans le fond de la vallée. Tout cela est assez grand pour être visible sur la carte de l'État-Major au $\frac{1}{80\,000}$. Mais les innombrables lits des torrents plus petits, qui n'y sont pas figurés, étaient bien plus dangereux, parce qu'ils sont peu profonds et qu'il a fallu faire passer l'aqueduc par-dessous. Pendant la construction, nous avons pu constater le danger de cette situation ; un peu à l'aval de Pisseloup, l'aqueduc était établi dans le coteau à forte pente qui domine le hameau de Champerret. Le terrain est très perméable et très solide en apparence ; il n'y avait pas de ravin préexistant. On croyait donc la maçonnerie en sûreté, lorsqu'une forte averse, tombée sur le plateau de la Brie, jeta sur le flanc du coteau de Champerret une telle quantité d'eau, que l'aqueduc fut entièrement mis à nu sur le passage du torrent et la terre entraînée jusqu'au fond de la vallée.

On a, autant que possible, défendu la galerie en construisant un radier maçonné au-dessus de la voûte, dans le fond du lit de chaque torrent. Mais, ainsi que l'accident de Champerret l'a fait voir, ces ravinements sont possibles partout où la pente du coteau est très raide, même là où il n'y a aucun ravin formé. Cette partie de la dérivation exige donc une surveillance minutieuse. Je dois dire que, depuis douze ans, l'aqueduc est en service, et que les radiers ont parfaitement suffi pour prévenir tout accident.

Les plateaux de la Brie ont eu une autre action moins grave, mais qui n'en a pas moins créé d'assez nombreuses difficultés de construction. Je ne reviendrai pas ici sur ce que j'ai dit du mode de creusement des vallées du bassin de la Seine[1]. Ces vallées sont disposées absolument comme le lit d'un fleuve gigantesque. Les coteaux qui les bordent, forment comme les berges d'un cours d'eau ordinaire ; ils sont à pentes rapides, dans les concavités des tournants. Les roches dans lesquelles

---

[1] Voyez le *Bassin parisien aux âges antéhistoriques.*

la vallée a été creusée s'y montrent à nu, lorsqu'elles sont dures, ou à peine recouvertes de terrain détritique, lorsqu'elles sont meubles. Le coteau convexe situé en face et surtout son prolongement du côté d'aval, est disposé en pente douce et recouvert d'une couche plus ou moins épaisse d'alluvions, dans lesquelles on reconnaît facilement les débris des roches du coteau concave et les éboulis du plateau supérieur.

Ces dispositions existent dans la vallée de la Marne, et lorsque le tracé, entre. les sources et Saacy, est établi sur un coteau concave, nous avons ouvert la tranchée dans le terrain tertiaire très solide, dont j'ai cherché à donner une idée ci-dessus, et la construction s'est faite dans de bonnes conditions de stabilité. Mais, sur les convexités, nous avons trouvé les coteaux couverts d'éboulis peu solides des plateaux de la Brie. Les vallées de la Dhuis, du Surmelin et de la Marne sont heureusement très peu contournées entre les sources et Saacy : l'aqueduc y est donc, en général, dans d'excellentes conditions.

Il y a eu cependant quelques exceptions : les vallées du Surmelin et de la Marne se raccordent à angle aigu; il y a donc, à cette jonction, entre Crézancy, Mézy et Fossoy, un grand cap disposé en pente douce et recouvert d'une alluvion ancienne, formée de limon rouge, de débris pierreux de toute sorte et d'énormes blocs de grès provenant des sables moyens qu'on voit encore en place dans les coteaux voisins.

L'aqueduc a été établi, au milieu de ces éboulis, sans trop de difficultés. L'exploitation des blocs a été assez dispendieuse; en posant le siphon de la vallée de Chierry, on a retrouvé les blocs de grès sur la pente d'amont qui est disposée en forme de cap, à la jonction du ruisseau et de la Marne. Le coteau d'aval qui, à l'époque diluvienne, a été exposé à toute la violence du courant, est complètement dépourvu de blocs.

Les blocs de grès se montrent de nouveau au milieu d'éboulis formés de terrains argileux et glissants et de pierrailles de toute sorte entre Étampes, Nesles et le bois de Nogentel, sur les pentes abritées contre les courants diluviens par le cap d'Étampes. La construction de l'aqueduc a été assez difficile dans ces terrains peu solides.

On a évité toutes les difficultés du cap de Chézy-l'Abbaye, en passant presqu'au sommet de ce cap. De là, jusqu'à Saacy, le tracé est fait dans deux grandes concavités de la vallée de la Marne et, par conséquent, dans des terrains bien décapés et très solides. Mais la convexité de Saacy a donné lieu à des difficultés considérables. L'aqueduc y est placé dans des éboulis de marnes blanches et vertes, terrains très mauvais.

DEUXIÈME PARTIE. — *Entre le siphon de Saacy et le réservoir de Ménilmontant. — Longueur, 83 380 mètres. — Marnes vertes imperméables et argiles à meulières.* — Cette partie de l'aqueduc a été construite, sur presque toute sa longueur, dans des terrains aquifères, souvent glaiseux et glissants, souvent même éboulés. Malgré d'énergiques drainages, la maçonnerie baigne parfois dans la nappe d'eau des marnes vertes. On a donc dû prendre des précautions spéciales dans la traversée de ces terrains difficiles ; les ingénieurs ont été autorisés à consolider les maçonneries par des contre-forts, et on a largement usé de cette permission entre le souterrain de Saacy et Saint-Fiacre, sur une longueur de 20 800 mètres ; mais on a peut-être trop économisé la maçonnerie de renfort entre Saint-Fiacre et Paris, sur une longueur de 51 600 mètres, ce qui a rendu l'entretien sur ce point extrêmement coûteux.

Les difficultés ont commencé à la limite même de cette partie de l'aqueduc, au siphon de Saacy[1]. Cet ouvrage franchit le ruisseau de Philippe. Je ne parle pas de la peine qu'on a éprouvée en creusant la tranchée et en posant un tuyau d'un mètre de diamètre dans un terrain formé d'éboulis glaiseux. A

---

[1] Siphon de Saacy — longueur, 580^m,75 ; flèche 37^m,48.

l'extrémité d'aval du siphon, la masse des glaises s'est trouvée si mauvaise qu'au lieu de contourner le petit cap qu'elle forme, on l'a coupé par un souterrain[1], qui se relie à la concavité du Petit et du Grand-Ménard, qu'on suit jusqu'au fond d'un ravin où commence le grand souterrain de Mont-Ménard[2].

Le forage des puits de ce souterrain a été très difficile, parce qu'il a fallu traverser la nappe d'eau des marnes vertes en l'étanchant. La profondeur des puits variait, sur le plateau, entre le sol et le dessous du radier, de 38 à 54 mètres. Une fois cette difficulté vaincue, les travaux ont marché régulièrement et le souterrain a été ouvert en pleines marnes vertes jusqu'à quelques cents mètres de la tête d'aval ; mais là, on a été arrêté assez longtemps par une forte inflexion du sol. De même que dans la plupart des souterrains que j'ai ouverts dans le bassin de la Seine, le terrain a été fortement excavé par le courant diluvien. Comme ce terrain se trouve à l'aval d'un tournant, le courant n'a pas eu la force d'enlever les roches ébranlées, qui se sont effondrées ; l'extrémité d'aval du souterrain s'est donc trouvée dans la nappe d'eau même des marnes vertes et les détritus de l'effondrement. Tous les ingénieurs, qui ont exécuté des travaux de ce genre, savent combien un souterrain est difficile dans de telles conditions. La tranchée qui fait suite au souterrain a été ouverte au milieu des mêmes difficultés et il a fallu de grands travaux de drainage pour consolider l'aqueduc.

Le souterrain de Mont-Ménard débouche, dans la vallée du Petit-Morin, en face du village de Jouarre ; il a supprimé un très grand développement qu'on aurait dû donner à l'aqueduc pour contourner, entre les vallées de la Marne et du Petit-Morin, les deux caps de Luzancy et de Reuil. Ce développement aurait été de près de sept kilomètres ; le souterrain ayant

---

[1] Souterrain de Saacy — longueur, 756ᵐ,47, entre les bornes hectométriques 482 et 490.
[2] Souterrain de Mont-Ménard — longueur, 1 942ᵐ,22, entre les bornes hectométriques 504 et 523.

1942 mètres, le tracé de l'aqueduc a été diminué de 5 kilomètres ; on a, de plus, évité les indemnités qu'on aurait dû payer pour entrer dans les grandes carrières de pierre à meules de La Ferté-sous-Jouarre et les difficultés énormes qu'aurait présentées la traversée de ces terrains bouleversés.

A la suite du souterrain de Mont-Ménard, l'aqueduc franchit la vallée du Petit-Morin par un grand siphon qui traverse le village de Courcelles[1] ; la branche ascendante de ce siphon coupe la prairie qui s'étend sur la pente du coteau de Jouarre, et, à la suite, le tracé contourne le cap de marnes vertes qui s'étend hors du village : ces argiles forment un grand éboulis dans lequel il n'a pas été facile de consolider l'aqueduc. A partir de ce point jusqu'à la sortie de Montceaux, sur une longueur de 19 kilomètres environ, le coteau de la rive gauche de la Marne, qui suit le tracé, est déchiqueté par une multitude de vallées secondaires qui ont déterminé des éboulis semblables ; l'aqueduc est construit tantôt dans ces glaises vertes qui ont glissé sur les pentes, tantôt dans les bancs de gypse qui se trouvent au-dessous, tantôt dans les marnes blanches sans consistance du calcaire de Champigny, c'est-à-dire dans les terrains les plus mauvais qu'un ingénieur puisse rencontrer. Pour mettre l'aqueduc dans des terrains plus consistants et s'éloigner des éboulis glaiseux, on a renoncé à contourner les coteaux ; on a traversé les vallées secondaires par des siphons et coupé les caps par des souterrains.

En suivant le tracé de l'aqueduc, on rencontre successivement : le siphon[2] et le souterrain de Peyreuse[3] ; le siphon de Signy-Signets[4] ; les souterrains de Sammeron[5] et de Montre-

---

[1] Siphon de Courcelles, vallée du Petit-Morin — longueur, 1177^m,59 ; flèche 66^m,38 — entre les bornes hectométriques 534 et 546.

[2] Siphon de Peyreuse (bornes hectométriques 607 — 610) — longueur, 234^m,22 ; flèche 11^m,73.

[3] Souterrain de Peyreuse (bornes hectométriques 612-614) — longueur, 315^m,40.

[4] Siphon de Signy-Signets (bornes hectométriques 640-648) — longueur, 672^m,98 ; flèche 23^m,60.

[5] Souterrain de Sammeron (bornes hectométriques 653-662) — longueur, 890^m,28.

tout [1]; le siphon d'Arpentigny [2]; le souterrain de Saint-Jean [3] et
le souterrain de Montceaux [4]. La plupart de ces ouvrages sont
courts; de plus, ils ont fait disparaître les plus sérieuses difficultés du tracé. On ne doit donc pas les regretter, quoiqu'ils
aient été faits, pour la plupart, dans des conditions mauvaises :
en hiver, pendant la construction, les souterrains étaient absolument envahis par l'eau.

Aux deux extrémités, et au milieu de cette longueur de
19 kilomètres; à la pointe du cap de Jouarre, vers le kilomètre
n° 55; au souterrain de Sammeron, vers le kilomètre n° 66; au
parc de Montceaux, vers le kilomètre n° 73, on a traversé des
terrains argileux presque toujours remaniés, terrains dont on
ne sort qu'avec de grandes dépenses et sans être sûr d'avoir
réussi, surtout quand on y établit des ouvrages destinés à conduire l'eau, ouvrages qui exigent une surveillance continuelle,
longtemps après leur exécution.

Après la sortie des glaises dépourvues de toute consistance
du parc de Montceaux, l'aqueduc est construit dans les marnes
blanches de Champigny, qui sont bien en place dans le coteau
de Fublaines; on passe, en souterrain, de ce coteau dans le
bassin d'un petit affluent de la Marne, le ru de Brinche, par
un souterrain assez court qui porte le nom de *Brinche* [5]. En
sortant du souterrain, l'aqueduc est soutenu, au-dessus du
fond de la vallée de Brinche, par des substructions de médiocre
hauteur [6]. A partir de là jusqu'au souterrain de Quincy, sur le
territoire des communes de Saint-Fiacre, Boutigny et Nanteuil-
les-Meaux, le tracé, sur sept kilomètres de longueur, est établi
sur un terrain presque plat, tantôt dans les meulières, tantôt

---

[1] Souterrain de Montretout (bornes hectométriques 666-670) — longueur, 590ᵐ,50.
[2] Double siphon d'Arpentigny (bornes hectométriques 675-677) — longueur, 142ᵐ,17 ; flèche 3ᵐ,89.
[3] Souterrain de Saint-Jean (bornes hectométriques 697-699) — longueur, 143ᵐ,40.
[4] Souterrain de Montceaux (bornes hectométriques 723-751) — longueur, 677ᵐ,95.
[5] Souterrain de Brinche (bornes hectométriques 760-766) — longueur, 515ᵐ,21.
[6] Substructions du ru de Brinche (bornes hectométriques 766-768) — longueur 200 mètres.

dans les marnes vertes. Ces marnes sont parfaitement en place et, ce qui le prouve, c'est qu'elles sont tellement dures et compactes qu'on les a exploitées à la mine. Aucun ouvrage d'art important ne se trouve dans cette partie du tracé. On a dû franchir le ru de Saint-Fiacre par un très court siphon[1], pour éviter la construction d'un pont, qui aurait certainement été trop élevé pour porter l'aqueduc, à moins qu'on n'eût mis en siphon le ru lui-même.

Toute cette partie de l'aqueduc, comprise entre les sources et le siphon de Saint-Fiacre, a été construite sous la direction de M. l'ingénieur Vallée, et je n'oublierai jamais l'énergie, le dévouement et les soins minutieux avec lesquels il m'a prêté son concours. Une autre personne, M. de Bonnefoy des Aulnais, membre du conseil général de l'Aisne (canton de Condé-en-Brie), m'a prêté aussi le concours bien désintéressé de son influence. Grâce à MM. de Bonnefoy et Vallée, l'opinion des populations, qui était sinon hostile, au moins vacillante, est revenue à nous ; nous avons compté, parmi nos partisans, les hommes les plus influents. Les indemnités de terrain et d'usines ont été réglées, à la satisfaction de tous, par trois experts choisis dans le pays.

Les vingt-trois derniers kilomètres de l'arrondissement de M. Vallée présentaient des difficultés, heureusement fort rares, dans un service d'ingénieur : on a pu en juger par l'exposé qui précède. M. Vallée les a toutes surmontées avec succès en suivant les travaux pied à pied.

Entre Saint-Fiacre (borne hectométrique 784) et la borne hectométrique 839, le tracé a été établi sur un terrain très peu accidenté, presque plat, et, à part quelques difficultés locales suscitées par les habitants des communes traversées, mais trop peu importantes pour qu'il en soit question ici, l'aqueduc a été construit dans d'assez bonnes conditions. La tranchée a été ou-

---

[1] Siphon de Saint-Fiacre (borne hectométrique 784) — longueur, $23^m,38$; flèche 2 mètres.

verte, sur une partie de cette longueur de 5500^m, dans les marnes vertes si dures et si compactes que l'entrepreneur les a exploitées à la mine.

A la borne hectométrique 839, commence un des ouvrages importants de la dérivation, le souterrain de Quincy-Ségy [1]. Il se trouve dans de mauvaises conditions : il est ouvert dans la couche des marnes vertes, et le gypse, qui occupe le dessous de ces marnes, est exploité dans le pays sur une assez grande échelle. Le Service des mines nous est venu en aide, en faisant les consolidations nécessaires et en prenant des mesures pour empêcher les propriétaires des carrières souterraines de faire des galeries sous l'aqueduc.

Les têtes du souterrain de Quincy ont été construites dans les mêmes conditions que la tête aval du souterrain de Mont-Ménard; les affouillements produits, dans les marnes vertes, par les courants diluviens qui creusaient les vallées de la Marne, du Grand-Morin et la petite vallée de la Fontaine en amont, ont déterminé l'effondrement des terrains supérieurs, de sorte que l'aqueduc a été construit dans des terrains glaiseux éboulés. L'affaissement des diverses couches de marne est parfaitement visible sur la coupe. Cette circonstance a beaucoup augmenté les difficultés d'exécution; un fontis considérable s'est formé notamment à la tête d'amont.

A la sortie du souterrain, le tracé traverse les remblais d'une ancienne carrière de gypse exploitée à ciel ouvert. Cette circonstance échappa à l'attention des agents chargés de la surveillance, et l'aqueduc fut construit sans aucune précaution spéciale. Je constatai le fait à ma première tournée, mais il était trop tard : l'aqueduc était construit. On se borna à le surveiller

---

[1] Souterrain de Quincy-Ségy. — Longueur 1059^m,20 entre les bornes hectométriques 839 et 850. Ce souterrain est le seul dont nous ayons conservé la coupe, qui a été publiée avec mon ouvrage intitulé : *Le bassin parisien aux âges antéhistoriques.* Toutes les autres pièces relatives à la Dhuis ont été brûlées, en 1871, avec mon cabinet, dans l'incendie de l'Hôtel de Ville.

avec beaucoup de soin. Un fontis ne tarda pas à se manifester et on dut reconstruire l'aqueduc sur une longueur de 102^m,90. Malgré cette reconstruction faite avec grand soin, des fissures nouvelles se montrèrent bientôt. On prit alors le parti de poser, dans cette partie de l'aqueduc, une conduite forcée en fonte de 0^m,80 de diamètre et de 111^m,90 de longueur.

A partir de la borne hectométrique 850, sortie du souterrain de Quincy, l'aqueduc longe l'arête du contre-fort de Voisins, dans un terrain qui paraît solide, et arrive jusqu'à la pointe de ce contre-fort, à la borne 876. Dans cette partie du tracé, on ne trouve qu'un seul ouvrage de quelque importance, le souterrain de Chamont[1]. Là commence le siphon de la vallée du Grand-Morin, qui aboutit, sur le sommet des coteaux de la rive gauche, au parc du château de Montry[2]. Depuis la borne 906, extrémité de ce siphon, jusqu'à la borne 946, origine du siphon de la Marne, sur une longueur de quatre kilomètres, le terrain est solide; le souterrain de Coupvray, ouvert entre ces deux points, a donné lieu à de grandes difficultés, en raison de la dureté du banc de meulières qu'il traverse[3]; ces meulières n'ont point été rencontrées par les parties d'aqueduc construites en tranchée. En général, ces tranchées ont été ouvertes dans le limon à deux couches d'un petit plateau qui s'arrête contre le village de Chessy.

C'est là que commence le grand siphon de la Marne, le plus profond de tous. Le tracé coupe la vallée de la Marne entre

---

[1] Souterrain de Chamont — longueur, 135^m,37.

[2] Le siphon du Grand-Morin franchit, sur des ponts, non seulement la rivière de ce nom, mais le canal latéral au Grand-Morin; le premier de ces ponts a 20 mètres d'ouverture et 6 mètres de flèche; le second, 14 mètres d'ouverture et 5 mètres de flèche. — La longueur du siphon est de 2936^m,60, sa flèche de 72^m,05; il est situé entre les bornes hectométriques 876 et 906. Le tuyau en fonte d'un mètre de diamètre, qui forme ce siphon, a été enveloppé d'un revêtement de maçonnerie de meulière et de ciment sur la moitié de la longueur du pont du Grand-Morin. Si une fuite se déclarait, il serait très difficile de faire la réparation. Je suis arrivé sur place juste à temps pour empêcher de continuer ce revêtement.

[3] Souterrain de Coupvray — longueur, 700 mètres entre les bornes hectométriques 916 et 925.

Chessy et le plateau de Dampmart[1]. Il rencontre les alluvions anciennes, formées principalement de débris de meulière qui se sont déposés sur ces hauts plateaux, pendant que se creusaient la vallée de la Marne et la large coupure de Claye. Ce phénomène de destruction a fait disparaître tous les terrains supérieurs au gypse et le gypse lui-même, à l'exception de la bande étroite où ces roches se trouvent encore, dans le voisinage des villages de Carnetin, Villevaudé, Vaujours, Livry, Coubron, Clichy-en-l'Aulnois et le Raincy.

Le tracé devait forcément suivre ce chemin, et il s'y trouve dans de bien mauvaises conditions. Je ne parle pas des nombreux ouvrages d'art dont l'irrégularité des coteaux a rendu la construction nécessaire, mais de la mauvaise nature du terrain qu'on rencontre entre les bornes kilométriques nᵒˢ 100 et 126. Lorsqu'on a traversé, sur une longueur de 2500 mètres environ, les solides alluvions du plateau de Dampmart-Thorigny et franchi, en siphon, la vallée peu profonde de Carnetin[2], le tracé suit le bord d'un ravin qui conduit au bois Saint-Martin. Ce ravin est couvert d'éboulis, formés d'un mélange de marnes vertes et blanches presque sans consistance. Sous le bois Saint-Martin, puis sous le contre-fort de Montjay, le tracé entre en souterrain dans des marnes et des glaises remplies d'eau[3].

---

[1] Le siphon de la Marne franchit la rivière de ce nom sur un pont de trois arches ; les deux arches extrêmes ont 22ᵐ,50 d'ouverture et 7ᵐ,50 de flèche ; l'arche du milieu, 27 mètres d'ouverture et 9 mètres de flèche.

Les fondations de ce pont ont été faites de la manière suivante : après avoir dragué à la profondeur voulue, on a formé une enceinte de pieux et palplanches dans laquelle on a coulé un béton formé de cailloux et de mortier maigre de ciment de Portland, jusqu'au niveau de l'étiage ; ce béton est devenu d'une dureté extrême, et, quoique les fondations soient très profondes, elles ont été faites très économiquement, sans caisson et sans épuisements.

La longueur du siphon est de 2 267ᵐ,45 ; sa flèche est de 74ᵐ,90. Il franchit la Marne entre Chalifert et Lagny, entre les bornes hectométriques 946 et 970.

[2] Siphon de Carnetin — entre les bornes hectométriques 994 et 1000 — longueur, 612ᵐ,05 ; flèche, 13ᵐ,48.

[3] Souterrain du bois Saint-Martin — entre les bornes hectométriques 1027 et 1034 — longueur, 666 mètres.

— Souterrain de Montjay — entre les bornes hectométriques 1044 et 1051 — longueur, 696ᵐ,10.

En sortant de là, il se trouve dans des silex noirs qui remplacent la meulière, puis passe en souterrains sous les contre-forts de Gros-Bois et du Pin, en se tenant toujours dans les marnes vertes[1]. De là, jusqu'au souterrain de Clichy, l'aqueduc est construit sur la pente d'un coteau recouvert d'éboulis de marnes blanches et vertes, sur une longueur de 7 kilomètres; c'est une des parties les plus mauvaises du tracé.

A l'entrée du petit souterrain de Clichy, l'aqueduc, peu après la construction, était réellement en péril. Ce souterrain a été ouvert dans les marnes vertes bien en place, et, par conséquent, très compactes; l'entrepreneur a fait, d'un bout à l'autre, tous les terrassements sans boisage. C'est après le percement complet que les maçonneries ont été commencées. Cette imprudente témérité n'a eu heureusement aucune suite fâcheuse[2].

De la sortie du souterrain de Clichy jusqu'à l'origine du siphon de Villemomble, entre les bornes hectométriques 1160 et 1206, sur une longueur de 4600 mètres, le tracé est fait sur le plateau même, et quoiqu'il soit dans les mêmes terrains glaiseux et aquifères, l'aqueduc s'y trouve dans des conditions bien meilleures, puisque, sur ces terrains plats, les éboulis marneux manquent complètement.

Le siphon de Villemomble, qui commence vers le Raincy, à l'extrémité du plateau dont il vient d'être question, est le plus

---

[1] Souterrain de Gros-Bois — entre les bornes hectométriques 1076 et 1079 — longueur, 265m,87.

— Souterrain du Pin — entre les bornes hectométriques 1079 et 1085 — longueur, 476 mètres.

En visitant les travaux du souterrain du Pin, dans une de mes tournées, je constatai qu'on bourrait, avec de la glaise, les vides qui existaient au-dessus de l'extrados de la voûte; je fis remplacer cette glaise par des éclats de meulière.

Au souterrain Saint-Martin, où le même mode de bourrage avait été pratiqué, on a dû, presque immédiatement après l'achèvement des travaux, faire des reprises en contre-forts. Je signale ces faits, parce que mes successeurs devront surveiller avec soin ces travaux défectueux.

[2] Souterrain de Clichy — entre les bornes hectométriques 1157 et 1160 — longueur 289m,28.

grand de la dérivation[1]; on y remarque deux points hauts,
un de chaque côté du chemin de fer de Paris à Mulhouse, et,
par conséquent, trois points bas aux hectomètres 1220 (près
du chemin de fer de Strasbourg), 1243 (chemin de fer de Mulhouse), et 1247 (près du pied des coteaux du plateau de Montreuil). Sur les coteaux du Raincy, la branche descendante de
la conduite forcée suit la route ou plutôt la rue qui descend
vers la station du Raincy, et passe sous le chemin de fer; les
terrains dans lesquels elle est posée sont des éboulis de
marne verte et blanche d'une très médiocre solidité. Cette conduite traverse ensuite la plaine qui s'étend de Rosny à Villemomble, en suivant d'abord le tracé de la rue principale de
cette dernière localité, puis la route de Paris à Villemomble;
là, le terrain devient solide et se compose de limon rouge repo-
sant sur les calcaires lacustres de Saint-Ouen. Ces terrains sont
très peu perméables et on a eu beaucoup de peine à assécher la
tranchée pour faire les joints. Les trois points bas portent des
robinets de décharge de $0^m,25$. Il a été très difficile d'établir
des rigoles pour se débarrasser des eaux, lorsqu'on vide la conduite; ces décharges sont fort imparfaites.

La branche ascendante de ce siphon monte sur le plateau
de Montreuil et de Bagnolet, dans des éboulis de marnes vertes
de la plus mauvaise nature. Il aboutit à la redoute de Montreuil,
dans le voisinage de laquelle se trouve le regard de jonction
avec l'aqueduc. A partir de la redoute de Montreuil jusqu'aux
fortifications de Paris, l'aqueduc traverse le plateau ondulé de
Bagnolet sur une longueur de 5400 mètres; il rencontre partout les marnes vertes qui, à la vérité, sont sans pente transversale et, par conséquent, sans éboulis, mais qui soutiennent
une nappe d'eau des plus gênantes. Pour construire l'aqueduc,
on a dû s'en débarrasser à tout prix par un drainage général

---

[1] Siphon de Villemomble — entre les bornes hectométriques 1206 et 1255 — longueur
$4881^m,25$; flèche la plus grande, $54^m,04$.

établi sous le radier et par un puits perdu foré dans le gypse .
c'est certainement la partie la plus défectueuse de l'aqueduc,
sur laquelle l'attention des agents du service doit être toujours
éveillée. Le plateau de Bagnolet est très ondulé, et l'aqueduc y
est souvent construit en tranchée profonde ; on n'y remarque,
du reste, qu'un seul ouvrage important, le souterrain de
Bagnolet[1].

L'aqueduc arrive à Paris dans l'axe de la porte de Ménilmontant, à l'hectomètre 1309. Les bondes qui mettent l'aqueduc
en communication avec le réservoir de Ménilmontant sont
à $200^m,35$ de là.

D'après ce qui précède, l'aqueduc est construit, depuis les
sources jusqu'à la limite des communes de Citry et de Saacy,
sur une longueur de 47500 mètres, dans les terrains solides
et perméables compris entre les caillasses lacustres du calcaire
grossier et les marnes vertes. Sur cette longueur, néanmoins,
il y a quelques parties du tracé qui laissent à désirer sous le
rapport de la solidité du sol. Elles se trouvent d'ordinaire sur
les convexités des tournants de la vallée, surtout un peu en
aval de ces convexités, lorsqu'elles sont très saillantes ; les
pentes de ces coteaux sont couvertes d'éboulis des terrains
supérieurs, des marnes vertes et des argiles à meulières et,
par conséquent, manquent de stabilité. Tels sont les coteaux
de Saint-Eugène, de Chierry, de Nesles, etc. Il y a même
quelques points, dans les coteaux rectilignes et concaves de
la vallée, dont les pentes sont tellement raides, qu'en temps
d'averse, l'aqueduc est menacé par les eaux torrentielles qui
descendent des plateaux imperméables de la Brie. En général,
on a défendu l'aqueduc en construisant un solide radier au
fond des ravins par lesquels s'écoulent ces petits torrents. Il

---

[1] Souterrain de Bagnolet — entre les bornes hectométriques 1285 et 1293 — longueur, $691^m,20$.

arrive quelquefois, comme à Champerret, près de la limite des départements de l'Aisne et de Seine-et-Marne[1], que le ravin n'est pas formé, et que l'aqueduc est menacé, sur une certaine longueur, par les eaux du plateau. Les agents du service doivent veiller, avec grand soin, à la conservation des terrassements sur ces points du tracé, qui sont d'ailleurs très peu nombreux. On peut donc dire que, sur cette longueur de 47 500 mètres, les parties d'aqueduc construites en maçonnerie sont dans des conditions de stabilité, sinon complètes, au moins très satisfaisantes.

Depuis le siphon de Saacy et même depuis la limite des communes de Citry et de Saacy[2] jusqu'à Paris, l'aqueduc est construit dans de très mauvais terrains dont j'ai cherché à donner une idée ci-dessus, tantôt à flanc de coteau, dans les éboulis des marnes vertes, tantôt sur des plateaux, dans la nappe d'eau soutenue par ces marnes. Quoi qu'on fasse, on ne sera jamais dans une sécurité complète sur l'état de l'aqueduc; des accidents peuvent se produire chaque jour, surtout à la suite des longues pluies et des fontes de neige. Une surveillance minutieuse et constante y sera toujours nécessaire.

En résumé, le nombre des siphons de l'aqueduc de la Dhuis est de 21; ils sont portés au tableau de la page suivante :

---

[1] Vers la borne kilométrique n° 44.

[2] Du siphon de Saacy à Paris, 83 380 mètres; de la limite de Citry et de Saacy à Paris, 84 680 mètres.

INDICATION DE LA LONGUEUR DES SIPHONS
ET DE LEURS FLÈCHES.

NOMS DES SIPHONS	LONGUEURS	FLÈCHES
	MÈTRES	MÈTRES
Siphon de Montlevon.	547,76	24,53
— Coupigny.	454,50	27,30
— Saint-Eugène.	292,90	24,79
— Chierry.	433,77	39,36
— Nesles	125,33	5,55
— Chézy	719,97	59,14
— Proslin.	227,77	23,25
— Nogent-l'Artaud.	681,34	49,68
— la Croix-Bourdon	82,38	15,98
— Pavant.	53,55	7,98
— Pisseloup.	51,35	8,13
— Saacy.	580,75	37,48
— Courcelles	1 177,59	63,68
— Peyreuse	234,22	11,73
— Signy-Signets.	679,98	23,60
— d'Arpentigny.	142,17	3,89
— de Saint-Fiacre.	23,38	2,00
— du Grand-Morin	2 936,60	72,05
— de la Marne	2 267,45	74,90
— Carnetin	612,05	13,48
— Villemomble.	4 881,25	54,04
Longueur totale. . .	16 983,90	

La longueur des souterrains est donnée dans le tableau
suivant :

LONGUEUR DES SOUTERRAINS.

	Souterrain de la Goberge.	45^{m},90	
	— de Condé . . .	80 ,82	
	— de la Jûte, 1er.	65 ,52	
	— — 2e .	17 ,67	
	— — 3e .	24 ,05	
	— de Survien. . .	98 ,00	
14 souterrains	— de Nesles. . . .	420 ,81	1 485,56
entre les sources	— de Nogentel . .	144 ,05	
et Saacy.	Sout. de la Montagne Sacrée	162 ,00	
	Souterrain de Nogent . . .	107 ,78	
	— de Pavant . . .	63 ,67	
	— de Charly, 1er .	50 ,00	
	— — 2e. .	88 ,15	
	— de Pisseloup . .	116 ,94	
1 Souterrain de Saacy.			756,47
1 Souterrain de Mont-Ménard.			1 942,22
	Souterrains de Peyreuse. .	315 ,40	
	— Signy-Signets. .	113 ,13	
7 Souterrains de	— Sammeron . . .	890 ,28	
Peyreuse à	— Montretout . . .	390 ,30	3 045,67
Saint-Fiacre.	— Saint-Jean. . . .	143 ,40	
	— Montceau. . . .	677 ,95	
	— Brinche	515 ,21	
1 Souterrain de Quincy.			1 059,20
1 Souterrain de Chermont.			135,37
1 Souterrain de Coupvray.			700,00
	Souter. du Bois St-Martin.	666 ,00	
5 Souterrains,	— de Montjay . . .	696 ,10	
entre la Marne	— de Gros-Bois . .	265 ,87	2 393,25
et Villemomble.	— du Pin.	476 ,00	
	— de Clichy. . . .	289 ,28	
1 Souterrain de Bagnolet.			691,20
32 Souterrains en tout.			

Longueur totale des souterrains. .   12 208^{m},74

Les ponts construits pour l'aqueduc de la Dhuis sont les suivants :

TABLEAU DES PONTS DE L'AQUEDUC DE LA DHUIS.
PASSAGES SOUS LES CHEMINS DE FER.

DÉSIGNATION ET EMPLACEMENT DES PONTS	NOMBRE D'ARCHES	OUVERTURE de chaque arche
PONTS SOUS CONDUITE LIBRE		MÈTRES.
Pont du ru de Champy	1	4 »
— — Chasnet	1	4 »
— ravin du Vieux-Fossé	1	3 »
— — de l'Entre-Deux	1	2 »
— ru du Huilier	1	5 »
— ravin de Citry, 5 arches	1	4 »
	2	3 »
— ru Vieux	1	2 »
— ru des Cygnes (*à ciel ouvert*)	1	2,50
Aqueduc sous le remblai du ravin de Coupvray	1	1 »
PONTS SOUS LES SIPHONS		
Pont du ru du Cours Dimanche (siphon de Montlevon) (*biais*)	1	4 »
— siphon de Coupigny	1	4 »
— — Saint-Eugène	1	5 »
— — Chierry	1	5 »
— ruisseau de Nesles (siphon de Nesles)	1	4 »
— siphon de Chézy	1	12 »
— — Proslin	1	5 »
— — Nogent-l'Artaud	1	6 »
— — la Croix-Bourdon (*biais*)	1	3 »
— — Pavant	1	4 »
— — Pisseloup	1	6 »
— — Saacy (ru Philippe) (*biais*)	1	4 »
— — Courcelles	1	15 »
— — Peyreuse	1	3 »
— — Signy-Signets	1	5 »
— — d'Arpentigny	1	3 »
— — du Grand-Morin	1	20 »
— — canal latéral au Grand-Morin	1	14 »
Pont sur la rivière de Marne, 3 arches	1	27 »
	2	22,50
PASSAGES SOUS LES CHEMINS DE FER		
Siphon de Marne. — Passage sous le chemin de fer de Strasbourg	1	2,80
— Villemomble — —	1	3,50
— — — — Mulhouse	1	3,50

Regards. — Aux extrémités de chaque siphon, on a construit un grand regard qui permet de visiter les vannes d'introduction et de sortie de l'eau. Ces vannes sont les seuls ouvrages intéressants des grands regards, qui sont trop simples pour qu'il soit nécessaire d'en parler ici.

Le regard de prise d'eau de la *Source* est le plus grand de tous ; l'eau y arrive, ainsi que je l'ai dit ci-dessus, par des tuyaux en fonte et s'élève jusqu'au niveau des plaques de tôle perforée, d'où elle tombe sur des amas de meulière qui favorisent le dépôt d'une partie du carbonate de chaux. L'introduction de l'eau dans chacune des cunettes de l'aqueduc se fait au moyen de vannes, qu'on manœuvre aussi de l'intérieur du regard.

Il y a, en outre, un grand regard à trois autres points de l'aqueduc, qui exigent une surveillance particulière, de sorte que le nombre des grands regards se trouve ainsi fixé :

Regard de la Source. . . . . · 1
Les 21 siphons : — deux regards à chacun d'eux, 42
Trois regards à Voisins, à la Fontaine-Rouge, aux
Sept-Isles   3
            Total. 46

Outre ces grands regards, il en existe 216 petits, espacés d'environ 500 mètres, qui permettent de visiter en bateau toutes les parties de l'aqueduc libre construit en maçonnerie, ci. 216
        Nombre total des regards. 262

Ces regards sont construits en maçonnerie brute, d'un entretien facile et d'un accès commode. On n'a pas songé un seul instant à leur donner l'aspect monumental des regards des anciens aqueducs de Paris.

LONGUEUR DE L'AQUEDUC.

La longueur de l'aqueduc se décompose donc ainsi :

		MÈTRES.
Longueur des siphons et des ponts qui les supportent.		16 983,90

		MÈTRES.	
Souterrains.		12 208,74	
Parties en tranchées.	depuis la source jusqu'aux fortifications, axe de la porte de Ménilmontant,	101 769,86	114 178,95
	dans Paris, jusqu'aux bondes du réservoir de Ménilmontant.	200,35	

	MÈTRES.
LONGUEUR TOTALE.	151 162,85

EXÉCUTION DES TRAVAUX.

Déclaration d'utilité publique. — Construction. — L'enquête, prescrite par le titre premier de la loi du 3 mai 1841, a été ordonnée par un arrêté préfectoral du 25 avril 1861. L'utilité publique a été déclarée par un décret du 4 mars 1862. Ce décret porte le montant des dépenses à 18 millions de francs.

Les terrassements et les maçonneries furent divisés en deux lots. Une tentative d'adjudication ayant été infructueuse, on accepta, aux prix de la série, sans rabais, pour le premier lot, une soumission de MM. Magneit et Monghéal, et, pour le second lot, une soumission de MM. Chéri-Genès, Mayoux et Clément. Ces derniers rétrocédèrent, plus tard, leur entreprise à MM. Mayoux et Boureau.

Le lot des fontes fut adjugé à MM. Pinart et Cie, et la fontainerie à MM. Monduit et Béchet.

Les travaux, commencés à la fin de juin 1863, furent poussés avec une si grande vigueur, que l'eau fut introduite dans l'aqueduc le 2 août 1865.

La distribution régulière dans Paris commença le 1er octobre

de la même année. Depuis cette époque, le service de l'aqueduc
n'a subi, pour ainsi dire, aucune interruption.

DÉBITS.

Voici les volumes d'eau portés par l'aqueduc de la Dhuis,
depuis le 1ᵉʳ janvier 1866 :

	MÈTRES CUBES.
1866.	7 521 194
1867.	7 904 699
1868.	7 335 077
1869.	7 438 531
1870 (distribution incomplète).	»
1871 (distribution incomplète).	»
1872.	6 272 822
1873.	7 959 189
1874.	6 620 670
1875.	6 366 515
1876.	7 026 895
1877.	7 424 872
TOTAL.	71 870 460
Moyenne annuelle.	7 187 046
Moyenne par jour.	19 690

A la fin des sécheresses de 1858, on considérait le débit de
24 000 mètres cubes par jour comme un minimum; à la fin
des sécheresses de 1863, 64 et 65, on a constaté un premier
mécompte : dans les trois derniers mois de 1865, le volume
débité est tombé à 1 840 000, ce qui donne, pour 92 jours, une
moyenne de 20 000 mètres cubes. Le plus faible débit a été
constaté en novembre 1874; il a été de 17 000 mètres cubes.
Il ne faut pas compter le jaugeage de septembre, qui n'accu-
sait que 14 000 mètres cubes; cette diminution de débit était
due à une grande fuite existant dans l'aqueduc.

Avant la guerre, la dérivation des sources complémentaires
a été ajournée par des considérations politiques dont il est inutile de parler ici. Cela a été fort heureux d'ailleurs, car ces

sources ont subi l'action des sécheresses, plus encore que celles de la Dhuis.

La portée de l'aqueduc de la Dhuis est augmentée de 5000 mètres cubes par jour environ, par celle de la source de Saint-Maur. Le réservoir de Ménilmontant reçoit donc 25 000 mètres cubes d'eau de source, en moyenne, par jour.

DÉPENSES

La dépense de l'aqueduc de la Dhuis a été évaluée, comme je l'ai dit ci-dessus, à 18 millions de francs, par le décret d'utilité publique; tous les comptes ayant été brûlés, je ne puis fixer exactement le chiffre de la dépense effective, qui, dans les registres de la Ville, forme un bloc avec celle de la distribution.

Toutefois, voici, en nombres ronds, la décomposition de cette somme :

	FRANCS.
Indemnités de terrain..	1 940 000, »
Travaux.	16 000 000, »
Dépenses diverses..	60 000, »
Total	18 000 000, »

Prix de l'eau rendue à Paris. — L'aqueduc a coûté, comme on le voit, 18 millions de francs, y compris le rachat des chutes des usines de la Dhuis et l'acquisition des sources et des usines du Surmelin.

	FRANCS.
L'intérêt annuel de cette somme, compté à 5 p. 100, est de . .	900 000, »

L'entretien de l'aqueduc a coûté :

	FRANCS.
En 1872..	36 428, »
En 1873..	81 804, »
En 1874..	37 896, »
A reporter..	156 128, »

	FRANCS.	FRANCS.
Report.	156 128 »	900 000 »
En 1875.	59 582 »	
En 1876.	79 255 »	
En 1877.	77 405 »	
Total.	572 566 »	
Moyenne à porter en compte.		62 000 »
Total		962 000 »

La quantité d'eau distribuée annuellement s'élevant, en
moyenne, d'après le tableau de la page 143, à 7 487 046 mètres
cubes, le prix de revient du mètre cube ressort à $0^{fr},13$.

CHAPITRE X

DÉRIVATION DE LA VANNE.

CHOIX DES SOURCES A DÉRIVER A L'ALTITUDE 80ᵐ, AU RÉSERVOIR DE MONTROUGE.

On a vu que les sécheresses persistantes de ces dernières années et l'annexion de la banlieue avaient fait ajourner, vers 1860, les études entreprises pour l'alimentation de Paris en eau de sources; on reconnut que la Somme-Soude, petite rivière de la Champagne qu'on avait choisie d'abord, ne pouvait fournir l'eau nécessaire aux quartiers bas et moyens de Paris : à la suite des années 1857 et 1858, son débit était, en effet, tombé au-dessous de 20 000 mètres cubes en 24 heures.

Description sommaire de la vallée de la Vanne. — De tous les cours d'eau de la Champagne, la Vanne fut celui qui résista le mieux à l'action des sécheresses. Cette petite rivière prend sa source dans le département de l'Aube, à Fontvanne près d'Estissac, à 14 kilomètres de Troyes, au fond d'une vallée crayeuse située entre cette dernière ville et Sens ; la direction générale de son cours est sensiblement de l'est à l'ouest.

A Estissac même, elle reçoit ses deux premiers affluents, le Bétro à droite et l'Ancre à gauche ; ces deux ruisseaux sont habituellement à sec.

Elle traverse d'abord les communes de Fontvanne, Bucey-en-Othe, Estissac, Neuville, Villemaur-en-Othe, Paisy-sous-Godon ; au-dessus de ce dernier village, elle reçoit, à gauche, son affluent le plus important, la Nosle. En amont de ce ruisseau, on estimait autrefois le débit de la Vanne à $1^{\mathrm{m.c}},500$ par seconde ; mais, depuis les sécheresses qui ont commencé en 1857 et durent encore aujourd'hui, on a reconnu que la Vanne était réellement un mauvais cours d'eau en amont de la Nosle, et que c'est seulement au-dessous de cet affluent que son régime se régularise, et que son débit devient important.

La rivière traverse ensuite les communes de Courmononcle, Saint-Benoît et Vullaine ; elle sort du département de l'Aube pour entrer dans celui de l'Yonne sur le territoire de Flacy. En amont de cette commune, elle reçoit, à gauche, son quatrième affluent, le ruisseau de Cérilly. Puis elle arrose les territoires de Bagneaux, de la petite ville de Villeneuve-l'Archevêque, de Molinons où elle reçoit l'Alain, le seul affluent important de la rive droite, Foissy et Chigy, où se trouve à gauche le sixième affluent, le ru de Vanne, qui coule à peine pendant l'été.

Un peu plus bas, en amont de Pont-sur-Vanne, tombe également, sur la rive gauche, le septième affluent, le ru de Vareilles. Puis la rivière traverse la commune de Pont-sur-Vanne, Theil, Noé, Malay-le-Roi, Malay-le-Vicomte et Maillot, sans recevoir aucun cours d'eau, et débouche dans l'Yonne un peu en amont de Sens.

Sur les sept affluents nommés ci-dessus, quatre seulement donnent habituellement de l'eau en été, savoir :

MÈTRES CUBES.

La *Nosle* qui débite, en basses eaux, par seconde.	0 450
Le ruisseau de *Cérilly*.	0 220
L'*Alain*.	0 550
Le ruisseau de *Vareilles*.	0 160

Les débits des trois autres affluents sont négligeables.

Le bassin de la Vanne, son étendue, sa perméabilité. — La surface du bassin de la Vanne est de 965 kilomètres carrés, occupés par les terrains suivants :

KILOMÈTRES CARRÉS.

Craie blanche.	665
Limon rouge des plateaux mêlé de cailloux.	300

Les eaux pluviales ruissellent bien rarement à la surface de ce bassin, et ces rares ruissellements n'arrivent presque jamais jusqu'au thalweg des vallées. La pluie qui tombe sur les terrains crayeux disparaît sur place; l'eau reçue sur les plateaux limoneux est drainée par le sous-sol crayeux, ou absorbée par le même terrain, lorsqu'elle quitte ces plateaux, pour ruisseler sur les pentes.

Cette grande perméabilité du sol est favorable à l'alimentation des sources; aussi, quoique le bassin de la Vanne soit une des parties les moins pluvieuses de celui de la Seine, qu'il n'y tombe en moyenne que 601 millimètres de pluie par an, tandis que cette moyenne est de 2158 millimètres pour le haut Morvan, de 1100 à 894 millimètres pour le bas Morvan et de 825 à 677 millimètres pour le terrain crétacé inférieur, cette petite région est une des plus riches en sources, parce qu'elle ne perd pas d'eau par des écoulements superficiels. La Vanne est même, sous ce rapport, plus favorisée que la plupart des autres petites rivières de la craie blanche, qui commencent par une source portant le nom de Somme (Somme-Sous, Somme-Vesle, Somme-Suippe, etc.). Ces sources initiales, qui tarissent toutes dans les étés secs[1], deviennent énormes en hiver et alimentent des ruisseaux importants; toute l'eau qu'elles débitent alors est absolument perdue. Je ne connais pas, sur la Vanne, des écoulements éphémères et des pertes d'eau de ce genre, et c'est sans doute par cette raison qu'elle a mieux résisté que les autres rivières de la craie à l'action des grandes sécheresses.

Les sources et les marais de la Vanne. — La vallée de la Vanne étant creusée tout entière dans une masse de craie perméable, les sources qui alimentent cette rivière ont cela de particulier qu'elles ne sont pas soutenues, à leur point d'émergence, par un terrain imperméable[2].

Les eaux pluviales descendent donc, bien au-dessous du thalweg de la vallée, dans les fissures de la craie, soit jusqu'aux

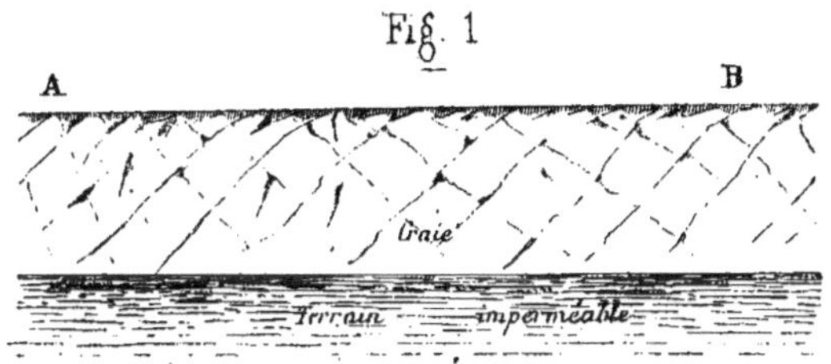

argiles sableuses imperméables du terrain crétacé inférieur, soit jusqu'à une masse de craie blanche compacte dépourvue de fissures, ou dont les fissures sont trop étroites pour contenir une grande quantité d'eau. Si le sol était horizontal, comme l'indique la figure 1, les eaux pluviales, après avoir rempli toutes les fissures, remonteraient nécessairement jusqu'à la surface du sol AB, qui deviendrait marécageuse; tels sont les marais de Saint-Gond, qui occupent une vaste plaine de 3 à 4000 hectares dans la craie blanche du Petit-Morin.

---

[1] Voyez tome Ier. — La Seine. — Études hydrologiques, — page 177.
[2] Voyez tome Ier. — La Seine. — Études hydrologiques, — pages 93 et suivantes et page 171.

Si, au contraire, la surface du sol est découpée par de nombreuses vallées, comme l'indique la figure **2** et comme elle l'est en réalité dans le bassin de la Vanne et de la plupart des petites rivières de la Champagne, la nappe d'eau, produite par l'absorption des eaux pluviales, ne peut remonter jusqu'à la ligne AB des plateaux; mais son trop-plein se dirige à travers la masse de la craie, et avec une très forte pente, vers la vallée la plus profonde CD, qui forme appel, absolument comme un tuyau de drainage; les fissures du terrain perméable au fond de cette vallée sont de véritables cheminées de puits artésiens

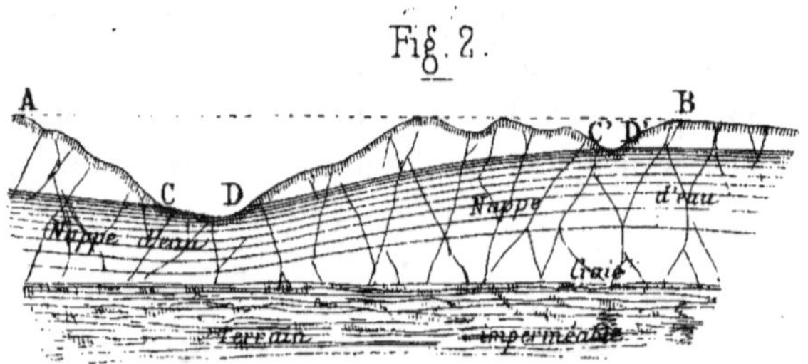

Fig. 2.

qui le submergent d'une manière permanente et le convertissent en *marais tourbeux*.

La nappe d'eau souterraine se relève donc dans le sol perméable, de chaque côté du fond CD de la vallée principale. Si, dans ce relèvement, elle atteint le niveau du fond C′D′ d'une vallée moins profonde que CD, elle y produit une source, un véritable puits artésien.

Ces sources, qui portent en Champagne le nom de *Bîme* (abîme), nous font connaître la pente de la nappe d'eau souterraine qui s'écoule vers CD. Ainsi le Bîme, qui forme l'origine du ruisseau de Cérilly, source considérable aujourd'hui dérivée à Paris, est à 4500 mètres à vol d'oiseau du thalweg de la vallée de la Vanne à Armentières[1], et à **26** mètres au-dessus de ce thalweg. Il faut donc une pente de $5^m,78$ par kilomètre pour que la nappe d'eau.

---

[1] Voyez, pour plus de détails, mon ouvrage intitulé le *Bassin parisien aux âges antéhistoriques*.

qui alimente le Bîme, s'écoule jusqu'à la Vanne par les fissures de la craie[1] ; dans un aqueduc de section convenable, cet écoulement se ferait avec une pente de $0^m,10$ par kilomètre. A Paris, la nappe d'eau des puits, qui s'abaisse aussi vers la Seine, a, sur la rive droite, en temps de basses eaux, une pente de sept mètres par kilomètre, dans l'axe du boulevard de Sébastopol. Ces pentes énormes sont variables suivant le degré de perméabilité du sol et le volume de l'eau de la nappe. Elles font comprendre l'existence des sources abondantes de Saint-Mards-en-Othe, du château de Villemoiron, du Bîme de Cérilly et de Vareilles, dans les vallées secondaires de la Nosle, de Cérilly et de Vareilles. Ces sources sont à une grande hauteur au-dessus du thalweg de la vallée de la Vanne et restent cependant très fortes dans les étés les plus secs, quoiqu'elles soient séparées de ce thalweg par des massifs de craie fendillée et, par conséquent, très perméable. Les sources des terrains perméables, tels que la craie, les calcaires oolithiques de la Bourgogne, etc., se trouvent donc toujours au fond de la vallée principale, ou dans des vallées secondaires presque aussi profondes ; de là le petit nombre des rivières et de leurs ramifications dans les terrains perméables[2].

Ces sources diffèrent essentiellement de celles qui sont soutenues par un terrain imperméable. Ces dernières coulent sur le flanc des coteaux, à toute hauteur au-dessus du fond des vallées, aux points d'affleurement A du terrain imperméable qui les soutient (fig. 5). Comme ces affleurements peuvent avoir et ont souvent de longs développements, ces sources sont très disséminées, très nombreuses et, par conséquent, très petites. Cependant on en voit d'assez fortes quelquefois, lorsque le terrain imperméable s'est infléchi ou éboulé dans la traversée d'une vallée ; le point

---

[1] Je prends la distance du Bîme à Armentières, parce que c'est le chemin le plus court que puisse suivre la nappe pour atteindre la Vanne et elle paraît bien avoir suivi ce chemin, car, à Armentières, comme je le dirai plus loin, nous avons trouvé des sources énormes.

[2] Voyez tome I**. — La Seine. — Études hydrologiques, page 75.

bas de ces inflexions devient un véritable chemin pour les eaux
souterraines qui s'y écoulent, tant qu'il en reste, et souvent
lorsque des sources voisines sont taries. Les habitants du
voisinage disent même que le débit de ces sources est invariable ; cela n'est pas exact, mais prouve que ces grands
écoulements souterrains restent toujours très abondants. Telle
est la Dhuis, source qui alimente l'aqueduc de ce nom [1].

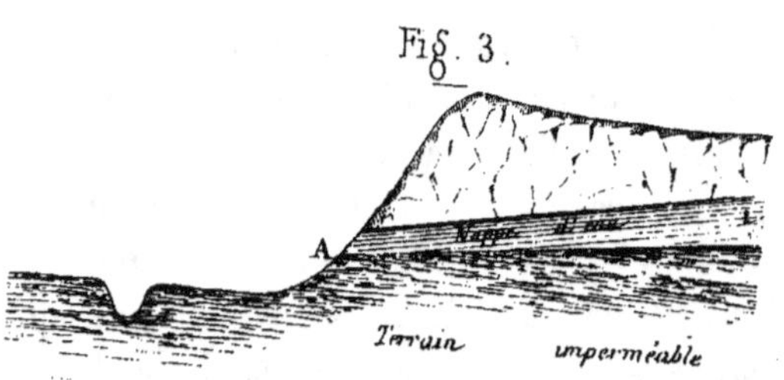

Les marais, qui accompagnent d'ordinaire les sources de
la craie, en rendent la dérivation bien plus difficile. Sur tous
les points de la vallée de la Vanne, où il y a de grandes sources,
il y a aussi des tourbières. Si ces sources émergeaient toutes
dans la tourbe, nous n'aurions pas osé entreprendre leur dérivation. Dans le mémoire, publié en 1854, où je faisais connaître le
résultat de mes premières études, je disais, en parlant de la Vanne :
« Cette rivière fournirait à elle seule assez d'eau pour Paris,
« dont elle n'est pas très éloignée ; mais elle traverse des prairies
« tourbeuses qui altèrent la qualité de ses eaux. Elle doit être
« rejetée. »
Heureusement, les sources les plus abondantes jaillissent sur
le bord des marais, à une hauteur assez grande au-dessus de la
tourbe pour être à l'abri de tout soupçon, et c'est M. l'ingénieur
Lesguillier, devenu plus tard un de mes meilleurs collaborateurs,
qui me tira d'erreur. Après avoir lu mon mémoire, il me pria

---

[1] Voyez tome Ier. — La Seine. — Études hydrologiques, page 110.

de visiter avec lui les sources de la Vanne. C'était vers la fin de l'année 1854; nous commencions nos études définitives. Je me hâtai de me rendre à Sens et je visitai avec M. Lesguillier les sources de Noé, de Theil, de Vareilles et de Chigy, c'est-à-dire presque toutes les sources basses que nous avons depuis dérivées à Paris.

Les marais. — Les marais de la Vanne ne couvrent pas moins de 2173 hectares. Ils sont tous au fond de la vallée, à une très petite hauteur au-dessus du plan d'eau de la Vanne; dans la partie haute de la vallée, entre Fontvanne et le confluent de la Nosle, ils ne sont pas continus et forment, dans le voisinage des sources, des taches plus ou moins grandes. Mais ils s'étendent sans discontinuité depuis la Nosle jusqu'à Malay-le-Roi. A partir de Malay jusqu'à l'Yonne, la pente du thalweg devient très grande; la tourbe n'a jamais pu se développer dans des eaux trop rapides et, malgré la perméabilité du sol, la vallée est restée saine et sans marais, comme toutes les vallées à fortes pentes.

Longueur de la partie humide de la vallée de la Vanne. — De la ligne de faîte qui sépare les bassins de la Seine et de l'Yonne jusqu'à Fontvanne, la vallée de la Vanne est sèche; les eaux pluviales n'y ruissellent presque jamais. Je ne dois pas en parler plus longuement.

Depuis Fontvanne jusqu'au confluent de la Nosle, sources peu importantes en été, marais discontinus, longueur . . . . KILOMÈTRES. 14 750

Depuis la Nosle jusqu'à Malay-le-Roi, marais continus et grandes sources : KILOMÈTRES.

De la Nosle au ru de Cérilly (limite des sources hautes) 8 500
De là à l'Alain 6 200
De là à Chigy, origine des sources basses . . 6 200   29 600
De là à Malay-le-Roi, région des sources basses 8 700

De là à l'Yonne, vallée saine sans marais, sources rares 9 500

Longueur totale de la partie humide de la vallée. . .   53 850

Les affluents pérennes. — La Nosle, rive gauche de la Vanne. — La partie humide de la vallée de la Nosle commence à Saint-Mards-en-Othe. La vallée est sèche en amont. A partir de Saint-Mards, elle devient tourbeuse comme celle de la Vanne. On y remarque de très grandes sources, notamment sur les territoires de Saint-Mards et de Villemoiron. En 1854, j'ai vu, sur la rive gauche, vis-à-vis Aix-en-Othe, deux très fortes sources nommées la Dhuée et l'Échevètre; elles ne débitaient pas moins de 100 litres par seconde, chaçune. Mais elles ont diminué considérablement depuis les sécheresses de 1857. Lorsque je les ai visitées, dans ces dernières années, elles ne portaient pas ensemble plus de 30 litres par seconde.

La longueur totale de la vallée de la Nosle, entre Saint-Mards et la Vanne, est de. . . . . 11^{kil}, 550

La ville de Paris n'y possède aucune source.

Le ruisseau de Cérilly, rive gauche de la Vanne. — La source de ce ruisseau jaillit sur le territoire de Fournaudin, au sommet d'un plateau couvert de limon et de silex; elle sort évidemment de la craie et, le jour où je l'ai visitée, il y a environ dix ans, elle débitait bien 20 à 30 litres par seconde. Mais le ruisseau qu'elle alimentait décroissait à mesure que son cours s'allongeait et le lit était à sec à peu de distance de la source.

Cette première partie du ruisseau n'est donc pas pérenne. Cependant, dans les années humides, je l'ai vue couler toute l'année jusqu'à Cérilly.

C'est la belle source du Bîme, propriété de la ville de Paris, qui forme la tête du ruisseau pérenne. Elle jaillit au fond d'une excavation profonde dans un pré, à une petite distance et à droite du village de Cérilly. Comme toutes les sources de la Champagne qui sortent du fond d'un gouffre, elle porte le nom de Bîme [1].

---

[1] Voici une légende sur l'origine de ce gouffre. Il y a longtemps, une comtesse de Bérulle se promenait en voiture, dans le voisinage de Cérilly, pendant la messe de Noël; elle était sur l'emplacement de la source, au moment où sonnait l'élévation. Voyant son cocher descendre

La longueur du ruisseau de Cérilly, depuis le Bîme jusqu'à la Vanne, est de . . . .   6 kilomètres.

En aval du Bîme, on ne trouve, dans la vallée, que deux ou trois petites sources, notamment la source *Saint-Martin*, à Rigny-le-Ferron. Il en résulte qu'il n'y a pas de marais dans cette vallée ; les prairies qui en tapissent le fond sont, en général, de bonne qualité. La ville de Paris en possède une notable partie.

L'Alain, unique affluent de la rive droite de la Vanne. — Ce ruisseau prend sa source sur le territoire de Pouy, au Village-de-Bas. La vallée est très marécageuse. On m'avait dit que j'y trouverais de grandes sources, notamment entre Lailly et le château de Vauluisant, mais j'ai vainement cherché au milieu des roseaux qui couvrent le fond de la vallée ; je n'ai trouvé que des fondrières produites par une multitude de sources trop petites pour être dérivées. Une seule source de quelque importance se trouve au village de Lailly même ; elle débitait alors environ 40 litres par seconde.

La longueur du ruisseau, depuis la source de Village-de-Bas, est de. . . . .   11 kilomètres.

Le ruisseau de Vareilles. — Ce ruisseau est alimenté uniquement par la belle source de Vareilles, qui jaillit sur le territoire de la commune de ce nom, dans un bîme. Nous avons voulu acheter cette source qui appartient à la commune, mais nos démarches ont été sans succès. En amont, la vallée est sèche. Le ruisseau fait marcher deux moulins, dont l'un est très voisin de la source ; il arrose de bonnes prairies ; sa longueur est de. . . . .   5 kilomètres.

La Vanne et ses affluents sont donc alimentés uniquement

de son siège pour se mettre en prière, elle lui cria : « Fouette, cocher. » A cet ordre impie, la comtesse, la voiture et les chevaux disparurent dans un gouffre sous un flot d'eau ; le cocher seul fut sauvé. Tous les ans, à l'élévation de la messe de minuit, à Noël, on voyait, suivant une vieille tradition, le timon de la voiture surgir au-dessus du Bîme.

Voyez sur l'origine du mot *Bîme*, tome Ier. — La Seine. — Études hydrologiques, pages 176 et suivantes.

par des sources, car on ne peut compter les averses extraordinaires, les sacs d'eau, comme disent nos paysans, phénomènes fort rares, qui produisent dans les terrains les plus perméables des ruissellements de quelques heures. Il résulte de là
que le régime de ces cours d'eau est très régulier. M. l'ingénieur Lesguillier, qui l'a étudié avec beaucoup de soin, en dres-
sant le projet de desséchement des marais, donne le tableau
suivant du débit d'étiage, par seconde, en divers points du cours
de la Vanne.

	MÈTRES CUBES.
A Estissac	1 10
A Villemaur	1 50
A Saint-Benoît, à l'aval de la Nosle	1 80
A Vullaine	2 50
A Bagneaux, à l'aval du ru de Cérilly	3 00
A Villeneuve-l'Archevêque	3 40
A Mollinons	3 50
A Foissy, à l'aval de l'Alain	3 90
A Chigy	4 00
A Pont-sur-Vanne	4 40
A Theil, en aval de très grandes sources	4 80
A Malay-le-Roi. —	5 00

Le mémoire de M. Lesguillier porte la date du 25 novembre 1855; il est antérieur aux grandes sécheresses qui ont
commencé en 1857.

Dans les plus fortes crues connues, le débit maximum, par
seconde, de la rivière est, d'après le même ingénieur :

	MÈTRES CUBES.
A Estissac	2 50
A Villeneuve-l'Archevêque	9 50
A Malay-le-Roi	14 00

Le rapport entre la portée des crues extraordinaires et le
débit d'étiage était donc :

	MÈTRES CUBES.
A Estissac	2 10
A Villeneuve-l'Archevêque	2 80
A Malay-le-Roi	2 80

Mais, depuis 1857, les débits de la Vanne ont notablement

diminué, à la suite des grandes sécheresses qui persistent encore aujourd'hui.

Voici, en effet, le résultat des jaugeages effectués par un de mes collaborateurs, M. l'ingénieur Humblot. Ces jaugeages sont très importants, parce qu'ils donnent le débit de la rivière depuis Malay-le-Roi jusqu'à Sens, partie de son cours où elle ne reçoit plus aucun affluent, source ou ruisseau, et, cela, dans des années extraordinairement sèches, comme 1863, 1865, les neuf premiers mois de 1872, 1874 et, en temps de grande crue, comme en décembre 1872 et en mars 1876.

Jaugeages de la Vanne, par M. l'ingénieur Humblot. — *Année* 1863. — Grande sécheresse. Il est tombé, sur le bassin de la Vanne, les hauteurs de pluie suivantes : en 1861, $0^m,476^{mm}$, en 1862, $0^m,616^{mm}$, en 1863, $0^m,555^{mm}$; la Seine est restée au-dessous du zéro de l'échelle du pont de la Tournelle (étiage de 1719), pendant 78 jours.

Jaugeage de la Vanne à Sens, comprenant les trois bras, la grande Vanne, le Montsalé et le Mondereau ; la portée de ce dernier bras est constante et égale à 1 mètre cube.

		MÈTRES CUBES.
30 juin et 3 juillet, débit par seconde		4 240
16 juillet	—	2 979
30 juillet et 1er août.	—	2 370
6 août	—	2 778
27 août	—	2 923
8 septembre.	—	4 127
25 —	—	4 347
3 novembre	—	3 423

Année 1864. — Sécheresse extraordinaire. Il est tombé sur le bassin de la Vanne, $0^m,459^{mm}$ de hauteur de pluie. La Seine, à Paris, est descendue au-dessous du zéro du pont de la Tournelle pendant 125 jours.

Jaugeage de la Vanne à Sens, les trois bras.

	MÈTRES CUBES.
17 août.	2 668
19 octobre	2 968
8 novembre	2 968
22 novembre	3 602

Année 1872. — Très sèche jusqu'au 17 octobre, les derniers mois très pluvieux.

Jaugeage de la Vanne à Malay-le-Roi, le débit minimum des sources de la ville ayant été de 763^{litres} par seconde.

	MÈTRES CUBES.
25 juillet, (minimum de l'année).	2 459
21 décembre	10 025

Année 1873 :

25 janvier	10 956

Année 1874. — Pour trouver une sécheresse comparable à celle des années 1858 et 1874, il faut remonter à 1537. Le débit des sources de la Ville est incertain en 1874, par suite des travaux de captation ; il ne paraît pas qu'il soit descendu au-dessous de 800 litres par seconde.

Jaugeages de la Vanne, à *Malay-le-Roi,* y compris 550 litres par seconde portés par l'aqueduc.

	MÈTRES CUBES
25 juin.	2 238
24 juillet.	2 064
22 août.	2 155

Année 1876. — Jaugeage de la grande crue de mars. Le 17 mars 1876, la Seine, à Paris, a atteint le plus haut niveau qui ait été observé depuis 1807. La Vanne, à Malay-le-Roi, est montée à sa plus grande hauteur le 13 du même mois et a débité, en y comprenant 1000 litres portés par l'aqueduc, . 15$^{m.c}$.

Ce débit est supérieur à celui des plus grandes crues donné par M. Lesguillier, (14$^{m.c}$ par seconde) ; cela doit être, puisque les observations, dont M. Lesguillier a fait usage, ne comprenaient aucune crue comparable à celle de mars 1876.

Singularité du régime de la Vanne. — Les rivières du bassin de la Seine tombent, pour la plupart, à leurs plus basses portées, en octobre et novembre. Il en est de même des grandes sources. La Vanne a un régime tout différent ; ses basses eaux correspondent aux grandes chaleurs de l'été. En jetant les yeux sur le tableau qui précède, on constate que, du 5 au 16 juillet

1865, la portée de la rivière tombe brusquement de $4^{m.c}$,240 à $2^{m.c}$,979 par seconde, que le débit minimum, $2^{m.c}$,570, est celui du 1er août, que, le 27 du même mois, la portée de la rivière remonte à $2^{m.c}$,925 et que, le 8 septembre, elle atteint $4^{m.c}$,127, à peu près celle de juin.

En 1864, la portée minimum ($2^{m.c}$,668 par seconde) tombe le 17 août; en 1872, $2^{m.c}$,439 par seconde, le 25 juillet.

Il y a eu exception en 1874; par suite de l'absence totale de pluie, la Vanne, dans cette année vraiment extraordinaire, a continué à décroître en septembre et octobre et s'est tenue à de très bas débits en novembre et décembre.

La rivière étant alimentée uniquement par des sources, on pourrait croire que la portée minimum de ces sources s'observe aussi pendant les grandes chaleurs, c'est-à-dire en juillet et août. Il n'en est rien cependant; les sources de la vallée de la Vanne ressemblent, sous ce rapport, à toutes les autres sources : leur régime de basses eaux a toujours lieu en octobre, novembre et même quelquefois en décembre. Ainsi, le débit minimum des sources de la Ville, qui sont les plus importantes de la vallée, a eu lieu :

En 1866, année très humide . . . . en décembre.
En 1867, année moyenne, ... en novembre.
En 1868, année sèche, ... en novembre.
En 1869,   —   — . . . . en novembre.
En 1870,   —   — . . . . en octobre.
En 1871[1],   —   — . . . . en décembre.
En 1872, les 9 premiers mois secs, ... en octobre.
En 1875, année ordinaire, ... en décembre.
En 1874, sécheresse extraordinaire, ... en décembre.
En 1875, (résultats faussés par nos travaux de captation).
En 1876, premiers mois très pluvieux, ... en novembre.
En 1877[2]   —   . . . . . . en novembre.

Si les basses eaux de la Vanne ont lieu en juillet et août, pendant les grandes chaleurs, cela ne tient nullement à l'état

---

[1] Voyez, pour ces six années, tome Ier. — La Seine. — Etudes hydrologiques, p. 164 et 165.
[2] Voyez ci-dessous, pages 179 et suivantes. Jaugeage des sources.

des sources de la vallée, qui, en juillet et août, sont bien alimentées ; comme toutes les sources du bassin de la Seine, c'est seulement en octobre, novembre et décembre qu'elles tombent à leurs plus bas débits. Le régime d'été de la Vanne tient à une autre cause bien simple. J'ai dit que les marais de la vallée de la Vanne couvraient une surface de 2173 hectares. En été, la chaleur devient étouffante dans ces terrains tourbeux et il s'y développe une végétation énorme de laîches, de roseaux et d'autres plantes aquatiques. Il est fort difficile de constater quelle est la quantité d'eau enlevée, en temps de grande chaleur, par cette végétation et l'évaporation, mais on est certainement au-dessous de la vérité en l'évaluant à une lame d'eau de $0^m,005$ par jour, ce qui, pour 2173 hectares, correspond à 108 650 mètres cubes par 24 heures et 1257 litres par seconde. Pour tenir compte de cette perte, il faudrait ajouter ce nombre de litres aux basses portées de la rivière correspondant aux grandes chaleurs de juillet et d'août et on reconnaîtrait qu'ainsi augmentées, elles dépassent presque toujours celles de septembre et d'octobre.

LES SOURCES QUE LA VILLE POSSÈDE DANS LA VALLÉE DE LA VANNE.

En 1860, l'Administration municipale de Paris décida qu'on achèterait toutes les sources de la vallée de la Vanne situées hors des marais, à la condition toutefois qu'on pourrait traiter à l'amiable avec les propriétaires. Cette opération devait être conduite assez rapidement pour que les usiniers n'eussent pas le temps d'obtenir des droits d'usage sur les sources : les propriétaires de ce genre d'immeubles, n'y attachant aucune importance, auraient accordé ce qu'on aurait voulu pour quelques centaines de francs et, tout en dépréciant[1] les sources

[1] Si les propriétaires d'usines avaient acheté des droits d'usage sur l'eau des sources, la ville de Paris aurait dû procéder par voie d'expropriation et faire régler, par le jury, l'indem-

qui leur appartenaient, auraient singulièrement compliqué les opérations de la ville de Paris.

La négociation était donc délicate et elle ne pouvait être confiée qu'à un homme connaissant parfaitement le pays. J'en chargeai un de mes collaborateurs, M. Vallée, qui avait été, pendant plusieurs années, ingénieur à Sens. Le procédé par lequel il obtint, en peu de temps, un succès complet, est assez original pour que je l'indique ici. Il fallait, avant tout, cacher aux usiniers, qu'il connaissait tous, le but de son voyage ; quand on le vit aller et venir d'une source à l'autre, faire et refaire dix fois avec le propriétaire le tour de chaque immeuble à acquérir, on ne manqua pas de lui demander pourquoi il venait dans la vallée ; il fit invariablement la même réponse à chaque questionneur : « J'achète des sources pour le compte de la ville de Paris. » Il n'était pas encore question de la dérivation de ces sources ; on prit cette réponse pour une plaisanterie et on le laissa faire ses traités amiables, sans plus s'en inquiéter.

Sur onze sources que la Ville possède aujourd'hui, M. Vallée en a acheté sept à l'amiable et des plus importantes, dans une seule tournée. C'est ainsi que la ville de Paris est devenue propriétaire des sources d'Armentières, du Maroy, de Saint-Philibert, de Malhortie, de Caprais-Roy, de Theil et de Noé.

Les quatre autres sources ont été acquises plus tard et à des prix bien supérieurs. Si les exigences des propriétaires des sources achetées d'abord avaient été aussi grandes que celles du propriétaire du Bîme de Cérilly, l'Administration municipale de Paris aurait peut-être reculé, et renoncé à dériver les sources de la Vanne.

Cette dernière source ne fut achetée qu'en 1865, avec la ferme de la Moinerie et le moulin de Cérilly ; l'ensemble de la propriété ne valait pas plus de 200 000 francs ; la Ville l'a payé 380 000 francs. La source lui revient donc à 180 000 francs ;

nité à payer aux usiniers et aux propriétaires des sources. Ceux-ci auraient donc perdu la partie de leur immeuble, que le jury aurait fait passer dans la bourse des premiers.

11

on a dû faire ce sacrifice, non seulement parce que la source est fort belle et qu'elle donne un complément d'eau qu'il aurait été difficile de trouver ailleurs, mais encore parce que cette eau, en raison de la grande altitude à laquelle elle jaillit, est une force motrice qui permet de relever, sans frais, au niveau du plan d'eau de l'aqueduc, l'eau du drain d'Armentières et de la source Gaudin.

La source du drain d'Armentières a été trouvée dans la fouille de l'aqueduc, entre Armentières et Flacy. La source Gaudin a été vendue à la Ville par un propriétaire de ce nom.

Les plus importantes de ces sources, jaugées très imparfaitement en 1858, lorsque la Ville n'en était pas encore propriétaire, donnaient 78 000$^{m.c}$ d'eau en 24 heures. Mais, d'après un autre jaugeage fait par M. l'ingénieur Humblot, à la suite des sécheresses si persistantes de 1861, 1862, 1863, 1864 et 1865, ce débit se trouva réduit à 55 000$^{m.c}$. Ce n'était guère que la moitié du volume nécessaire à Paris. Heureusement, on avait la certitude de trouver le complément nécessaire, soit dans la vallée de la Vanne, soit dans des vallées voisines. On pouvait donc préparer un avant-projet et c'est ce que je fis en 1865, comme on va le voir.

Les sources que la Ville possède se divisent en *sources hautes*, qui sont dérivées aux réservoirs de Montrouge, par la simple action de la gravité, et en *sources basses*, qui sont relevées au niveau du plan d'eau de l'aqueduc par trois usines, dont les pompes sont mises en mouvement par l'eau surabondante de la Vanne.

Position des sources achetées par la Ville. — Toutes ces sources sont sur la rive gauche de la Vanne, en dehors des marais et un peu au-dessus de leur niveau. Une seule, celle du Bîme de Cérilly, jaillit dans la vallée d'un affluent.

Nous n'avons acheté aucune source en amont de la vallée de la Nosie. Cette mesure est complètement justifiée par l'exposé qui précède. La première des sources de la Ville, qu'on rencontre en descendant la vallée, porte le nom de *la Bouillarde*. Elle est située, à vol d'oiseau, à 5800 mètres en aval du confluent de la Nosle.

La Ville est devenue propriétaire de toutes les sources de la rive gauche de la Vanne, situées hors des marais, sur une longueur de 20^{kil},400, entre la Bouillarde et la source de Noé.

Les sources hautes. Ces sources sont au nombre de cinq, savoir :

Le Bime de Cérilly.
La Bouillarde.
Armentières.
Le Drain d'Armentières.
La Source Gaudin.

Le Bîme de Cérilly. — Cette belle source est située en face et à droite du village de Cérilly. Ainsi que je l'ai déjà dit, elle forme la tête de la partie pérenne du quatrième affluent de la Vanne. Comme l'indique son nom, elle jaillit au fond d'un abîme ou gouffre, au bord d'un petit pré faisant partie de la ferme de la Moinerie, propriété de la Ville. Elle est, à vol d'oiseau, à 5700 mètres du confluent du ruisseau avec la Vanne.

Elle faisait tourner trois moulins qui appartiennent aujourd'hui à la Ville, savoir :

Moulin de Cérilly.
    — de Gerbeaux.
    — de la Cour ou de Rigny-le-Ferron.

Autrefois, elle remplissait tout le gouffre qui formait le bief du moulin de Cérilly, et sortait de terre à l'altitude 140^{m},40. Pour la couvrir plus facilement d'une voûte, nous avons abaissé son plan d'eau à 156^{m},54. A cette altitude, il ne reste plus qu'un mètre d'eau environ; par conséquent, avant les travaux de captation, la profondeur était de 5^{m},06. L'eau était si limpide qu'on aurait vu une épingle au fond du gouffre ; cependant, les

Bime de Cérilly. (Mai 1870.)

gens du pays prétendaient qu'on n'avait jamais pu en trouver le fond.

La Bouillarde. — Cette source n'a rien de bien important, comme le prouvent les jaugeages qu'on trouvera plus loin. Elle est située sur le territoire de la commune de Courmononcle, à 5800 mètres en aval du confluent de la Nosle, au bord d'une prairie humide et sous de grands arbres que nous avons respectés en exécutant nos travaux de captation. Elle alimentait un joli ruisseau qui passait près de la ferme d'Armentières et tombait dans la Vanne à cinq ou six cents mètres plus loin. L'aqueduc se dirige, en ligne droite et sur un terrain plat, vers la source d'Armentières; il rend impossible toute entreprise sur les eaux de la Ville; c'est surtout pour cela qu'on a acheté la Bouillarde.

Le plan d'eau, en tête de l'aqueduc, est aujourd'hui à l'altitude 115^m,20.

Armentières[1]. — Cette source est de beaucoup la plus importante de celles que la Ville possède dans la vallée de la Vanne. Elle sortait autrefois, par trois orifices, du pied d'une colline boisée située sur le territoire de Courmononcle, à 1500^m environ de la Bouillarde et, par conséquent, à 5300^m du confluent de la Nosle. Elle portait le nom de fontaine de l'Étain[2] et jaillissait, cachée dans des broussailles de l'aspect le plus pittoresque, qui l'ont dérobée longtemps à nos regards. Les trois courts ruisseaux qu'elle alimentait tombaient dans la Vanne à quelques mètres des points d'émergence.

	MÈTRES.
La source d'amont jaillissait à l'altitude.	112 52
La seconde à	111 20
Et la troisième à	112 26

Les travaux de captation ont abaissé le plan d'eau des trois sources à l'altitude. 111 17

L'eau de ces trois sources est admirable de limpidité et excellente; tous les visiteurs qui ont bien voulu nous accompagner dans nos excursions, et nous citerons, parmi eux, MM. Lefebvre Duruflé, ancien ministre, Cornudet, membre du conseil municipal et conseiller d'État, Trémizot, trésorier de la Ville, Louis Figuier, Foulon, etc., ont été unanimes sur ces deux points.

---

[1] Dans le tome 1er, page 179, j'ai écrit Armantières, supposant que ce mot avait la même origine que les noms de rivière Armance, Armançon. Comme sur toutes les cartes on écrit Armentières, je reviens à cette orthographe. Peut-être le nom vient-il d'armentum, troupeau.

[2] Corruption du mot *étang*, la lettre *a* se prononçant *e* en Champagne ; on disait l'éteng, menger, l'ébîme, l'érène, lé Dhuis, pour l'étang, manger, l'abîme, l'arène, la Dhuis.

Source d'Armentières, après l'achèvement des travaux de recherche. (Mai 1870.)

Le cresson envahissait les trois bassins ; il y prenait des proportions vraiment gigantesques et, avant chaque visite, nous devions le faire arracher pour mettre l'eau à découvert. C'était un indice certain de la bonne qualité des sources.

L'eau d'Armentières devient cependant quelquefois légèrement opaline, pendant les longues crues de la Seine, telles que celles de 1876 et 1877. Mais, dès que les pluies cessent, elle reprend sa splendide limpidité.

Les sources d'Armentières sont séparées des marais par la Vanne elle-même. Elles sont, d'ailleurs, maintenues à un niveau qui ne permet pas le retour des eaux de la rivière et, à plus forte raison, des marais.

Drain d'Armentières. — En construisant l'aqueduc entre les sources d'Armentières et la prairie de Cérilly, sur une longueur d'environ deux kilomètres, nous avons trouvé une grande quantité d'eau que nous avons dû extraire par d'énergiques épuisements. Elle sort surtout d'un terrain, composé de petites parcelles de craie et analogue aux arènes qu'on trouve sur les convexités de toutes les vallées calcaires du bassin de la Seine.

Cette eau a été renfermée dans une cunette en ciment construite sous l'aqueduc et ayant son origine à quelques mètres des sources d'Armentières. Ce grand drain a été prolongé, jusqu'au delà du ruisseau de Cérilly, dans un regard où débouche aussi, par une conduite forcée, l'eau du bîme de Cérilly.

Cette dernière fait marcher deux turbines qui actionnent deux pompes à force centrifuge montées sur le même axe et ces pompes relèvent l'eau du drain et la jettent dans l'aqueduc.

Voici dans quelles conditions fonctionne cette usine microscopique.

	MÈTRES.
Altitude de l'eau de l'aqueduc supposé plein jusqu'aux 2/5 de sa hauteur.	110 66
Altitude de l'eau du drain.	109 16
Hauteur du relèvement.	1 50

Volume d'eau de Cérilly usé par seconde (maximum).   0^{m.c},040
Charge de cette eau. . . . .   21^m,00
Diamètre des turbines. . . . .   0^m,60
  —   des pompes . . . .   0^m,50
Nombre de tours moyen.   400
Force brute 21 × 40^{kilog}. au plus. . kilogrammètres   840

L'usine monte, au maximum, 150 litres d'eau et alors son rendement utile est de 225 kilogrammètres.

Le rapport entre ce nombre et la force s'élève à 27 pour 100. C'est une mauvaise disposition, au point de vue du rendement, mais comme la force ne coûte rien, que l'usine ne coûte qu'un peu d'huile de temps à autre, qu'elle marche jour et nuit sans surveillance et qu'elle est d'une extrême simplicité, on ne pouvait, suivant moi, rien faire de mieux pour ajouter à l'aqueduc un volume d'eau très considérable, variant de 150 à 150 litres par seconde.

Source Gaudin. Cette source est située au bord du marais de la Vanne, à 200 mètres du regard du drain d'Armentières ; elle est amenée à côté de l'aqueduc, dans un regard semblable, par une conduite de 500 mètres de longueur, et relevée par l'eau de Cérilly actionnant deux turbines et deux pompes à force centrifuge. L'usine marche dans les conditions suivantes :

	MÈTRES
Altitude du plan d'eau dans l'aqueduc.	110 52
— de la source après captation.	107 66
Hauteur du relèvement.	2 86
Charge de l'eau de Cérilly.	21 00
Diamètre des turbines.	0 60
— des pompes.	0 42
Nombre de tours.	570

La source Gaudin donne de 20 à 25 litres par seconde ; elle rend, comme l'usine du drain, environ 27 pour 100 de la force brute.

Sources basses. — En suivant le bord du marais de la Vanne, sur une longueur de 9 200 mètres, à partir de la source Gaudin, on ne rencontre aucune source importante, située hors de ce marais. Les sources basses sont donc très nettement séparées des sources hautes.

Noms des *sources basses* appartenant à la Ville :

Source des Pâtures;
— *du Maroy;*
— *de Saint-Philibert;*
— *de Malhortie;*
— *de Caprais-Roy;*
— *de Theil;*
— *de Noé.*

Source des Pâtures. — La première des sources basses, qu'on rencontre à cette distance de 9 200 mètres de la source Gaudin, est située un peu en amont du village de Chigy, dans un pâturage humide vendu à la Ville par cette commune. On avait la certitude de couper la source en dehors de ce marais en y ouvrant une tranchée, et c'est ce qui a eu lieu en effet. La commune nous a autorisés à construire l'aqueduc sous un chemin et à prendre l'eau que nous y trouverions. Nous en avons trouvé, en effet, une très grande quantité, comme on va le voir.

Il est impossible de séparer la source des Pâtures de celle du Maroy, en ce qui concerne leur débit, puisqu'elles coulent dans le même aqueduc et qu'elles sont jaugées ensemble. Je dois donc d'abord faire connaître la position de cette dernière source.

Source du Maroy. — En 1855, j'avais visité, avec M. Lesguillier, une partie du marais de la Vanne situé un peu en aval du village de Chigy et portant le nom de Maroy. On y voyait plusieurs excavations profondes creusées dans la tourbe, en communication les unes avec les autres, et, de la dernière, sortait un volume d'eau d'environ 30 litres par seconde. Je n'aurais guère attaché d'importance à cette disposition des lieux, qui est assez fréquente dans les marais tourbeux, si nous n'avions constaté, tout le long de la berge d'un fossé qui sépare le marais de la terre ferme, de nombreuses petites sources trop élevées pour provenir des terrains tourbeux. Les excavations n'étaient donc pas des abîmes et on pouvait couper les sources, suivant toute probabilité, par des travaux exécutés en dehors du marais.

Lorsque M. Vallée se rendit à Sens, en 1860, la tourbière du Maroy fut comprise dans les sources qu'il devait acheter. Il traita sans difficulté avec les propriétaires, parmi lesquels se trouvait la commune de Chigy, car l'immeuble était absolument improductif et, de plus, les sources qui en sortaient, contribuaient à entretenir l'excès d'humidité du marais de Chigy, un des plus impraticables de la contrée.

Débit des sources des Pâtures et du Maroy. — Lorsque je dressai l'avant-projet de la dérivation des sources de la vallée de la Vanne, j'évaluais le produit des sources du Maroy, en temps de sécheresse, à 100 litres par seconde. C'était une pure hypothèse, puisque aucun jaugeage sérieux n'était possible dans ce marais inabordable. L'émissaire des gouffres creusés dans la tourbe ne donnait même pas plus de 50 litres ; mais on pouvait espérer une grande augmentation de débit en dirigeant convenablement les travaux de captation.

C'est ce qui eut lieu en effet. Jusqu'à l'achèvement de ces travaux, on évaluait hypothétiquement le produit des sources à 75 litres en temps de basses eaux. En septembre 1875, les travaux étant presque achevés, on fit un jaugeage approximatif qui donna 155 litres. Les deux aqueducs furent terminés en octobre, et on put jauger rigoureusement leur portée par le nombre de coups de piston des pompes qui relèvent l'eau ; on trouva ainsi que cette portée s'élevait à 188 litres.

Depuis cette date, les jaugeages donnent habituellement des volumes d'eau qui varient très peu et sont compris, en temps de basses eaux, entre 150 et 180 litres; une seule fois, en juillet 1876, on a trouvé 156 litres par seconde, et il y a tout lieu de croire qu'il y a eu erreur, car les autres sources étaient relativement beaucoup moins basses.

Sources de Saint-Philibert. — A 2 500 mètres en aval de la source du Maroy on de Chigy, sur le territoire de Pont-sur-Vanne, se trouvent les deux belles sources de Saint-Philibert qui émergeaient, avant la captation, à environ $0^m,60$ au-dessus du niveau du marais.

Sources de Saint-Philibert et Saint-Marconf. (Mai 1870.)

L'une sortait des fondations mêmes de l'ancien moulin de Saint-Philibert et portait le nom de *Source de Saint-Philibert ; l'autre* jaillissait au fond d'un petit bassin, situé à quelques mètres de là, et était désignée sous le nom de source de Saint-Marcouf.

L'eau des sources de Saint-Philibert n'est ni moins belle ni moins bonne que celle des sources de Cérilly et d'Armentières. Comme pour cette dernière, les cailloux conservaient sous l'eau toute la vivacité de leurs couleurs, ce qui prouve que les eaux ne sont point incrustantes et ne se troublent jamais.

On croit que les sources de Saint-Philibert ont été autrefois dérivées à Sens par les Romains. Dans le petit tertre, qui domine la source de Saint-Marcouf, se trouvent peut-être les ruines du bassin de captation.

L'altitude des sources de Saint-Philibert est de. .   89^m,95

Celle de la source de Saint-Marcouf, de. . . . . .   89^m,65

Elles n'étaient point utilisées et contribuaient puissamment, comme celle de Chigy, à entretenir l'immense marais des environs.

Sources de Malhortie et de Caprais-Roy. — Sur une longueur de 1 300 mètres environ, la Ville possède une étroite zone de terrain qui relie la propriété de Saint-Philibert à celle de Malhortie, et rend impossible toute entreprise qui aurait pour but le détournement de l'eau des sources.

Cette bande de terrain se termine par le massif des bâtiments de l'ancienne abbaye de Malhortie, aujourd'hui propriété de la ville de Paris. Un joli pavillon bâti dans les anciens fossés dominait, avant les travaux de captation, une pièce d'eau, d'une admirable limpidité, alimentée par la source de Malhortie. Cette source est moins abondante que celles décrites précédemment, maisl'eau qui en jaillit ne le cède à aucune en qualité.

L'eau de Malhortie est à l'altitude de . . . . . .   89^m,45

A deux cents mètres de la source de Malhortie se trouve la petite source de *Caprais-Roy*, qui appartient également à la Ville, et dont l'eau est à l'altitude de. . . . .   89^m,15

Sources de Theil et du Chapeau. — A 600 mètres de là, s'élevait l'ancien château de Theil. Il n'en reste plus que les dépendances.

Cette propriété était remarquable par ses belles eaux, qui provenaient de deux sources ; l'une, que nous appellerons source

Le Miroir de Theil. (Mai 1870.)

supérieure, alimentait les fossés du château ; l'autre sortait du fond d'une grande pièce d'eau d'une admirable limpidité, désignée sous le nom de pièce d'eau du *Miroir*.

Ces sources sont, après celles d'Armentières, les plus abondantes de celles que la Ville possède, mais elles fléchissent beaucoup en temps de sécheresse.

L'altitude de la source supérieure est de . . . . . . 95^m,49

Non—

Celle de la pièce du Miroir, de . . . . 92^m,61

Les sources de Theil alimentaient le ruisseau de la Madeleine, et faisaient marcher deux moulins : l'un, qui est en ruine, appartient à la Ville ; l'autre était la propriété de M. Corpechot, mais la Ville en a racheté la chute. Les eaux servaient en outre à arroser quelques hectares de prés. L'Administration municipale a racheté conditionnellement le droit d'irrigation.

Au-dessous de ces sources, de l'autre côté de la route nationale n° 5, la Ville en possède une petite connue sous le nom de source du *Chapeau*; son eau est à l'altitude. . 91^m,43

Source de Noé. — A 1800 mètres plus bas, dans le village de Noé, se trouve la dernière des sources que la Ville possède, celle de Noé, qui, en sortant de terre, faisait marcher le moulin Havard.

La Ville l'a achetée ainsi que la chute du moulin.

La source de Noé donne une eau excellente. On voyait, dans le bassin d'où elle émergeait, un pan de mur de l'aqueduc romain, ce qui fait supposer qu'elle était prise au passage et conduite à Sens avec les eaux de Saint-Philibert.

L'altitude de la source de Noé est de. . . . . . . 88^m,39

Mais il a fallu l'abaisser notablement pour qu'elle ne fût pas saignée par une petite source voisine, qui est à l'altitude de . . . . 87^m,94

Après avoir fait tourner le moulin Havard, elle tombait dans le marais.

USINES.

Trois usines, actionnées par les eaux de la Vanne, sont employées à relever l'eau des sources basses, savoir :

Source de Noé après l'abaissement du plan d'eau. (Mai 1870.)

1° — *Usine de Chigy*. — Une roue Sagebien et un système de pompes, remplaçant l'ancien moulin de Chigy, relèvent les sources des Pâtures et du Maroy.

	MÈTRES.
Altitude de la source des Pâtures, sous le chemin. .	94 60
— 　　 — 　du Maroy, à l'entrée, dans la conduite de 0,60.	92 10
— 　de l'eau dans le puisard d'aspiration.	91 96
— 　　 — 　dans l'aqueduc collecteur.	106 86
Hauteur d'ascension.	14 90

2° — *Usine de la Forge*. — Deux turbines du système Féray remplacent le moulin de la Forge et relèvent, au moyen de pompes, une partie de l'eau des sources de Saint-Philibert, de Malhortie, de Caprais-Roy, de l'Auge, du Miroir de Theil et de Noé.

	MÈTRES.
Altitude de la source de Saint-Philibert	89 40
— 　　du Miroir de Theil.	91 10
— 　　de Noé.	85 40

Turbine de Theil :

Altitude de l'eau à l'aspiration	86 80
— 　à l'arrivée dans l'aqueduc.	105 70
Hauteur d'ascension	18 90

Turbine de Noé :

Altitude de l'eau à l'aspiration	85 25
— 　à l'arrivée dans l'aqueduc	105 70
Hauteur d'ascension. '.	20 45

3° — *Usine de Malay-le-Roy*. — La Ville a acheté le grand moulin de ce nom et l'a remplacé par une roue Sagebien et des pompes qui relèvent le reste de l'eau de ces six dernières sources.

	MÈTRES.
Altitude de l'eau à l'aspiration	86 20
— 　à l'arrivée dans l'aqueduc.	105 20
Hauteur d'ascension	19 00

Ces trois usines fonctionnent régulièrement depuis le commencement de l'année 1875.

Débits des sources de la Vanne. — J'ai donné, dans le premier volume de cet ouvrage[1], le débit des sources de la Vanne, de 1866 à 1871. Je complète ces renseignements par les tableaux suivants qui comprennent la période de 1872 à 1877.

[1] Tome 1ᵉʳ. — La Seine. — Études hydrologiques, pages 164 et 165.

JAUGEAGES DES SOURCES DE LA VANNE

NOMS DES SOURCES	DÉBITS EXPRIMÉS EN LITRES PAR SECONDE												OBSERVATIONS
	Janv.	Fév.	Mars	Avril	Mai	Juin	Juillet	Août	Sept.	Oct.	Nov.	Déc.	
						ANNÉE 1872								
Cérilly	84	109	133	130	132	128	106	94	96	85	118	264	
La Bouillarde	23	26	27	29	30	31	28	32	24	24	28	65	
Armentières	210	236	274	577	421	389	564	352	279	254	272	722	
Source Gaudin	20?	20?	20?	20?	20?	20?	20?	20?	20?	20?	20?	20?	? Débits évalués sans jaugeages.
Le Maroy	54	55	58	64	62	52	50	54	52	52	80	88	
Source des Pâtures	35?	35?	35?	35	35?	35?	35?	35?	35?	35?	35?	35?	
Saint-Philibert	88	89	89	92	91	91	87	91	88	87	91	102	
Malhortie	21	22	21	22	21	21	21	21	21	21	22	24	
Caprais-Roy	19	18	18	20	19	17	18	19	18	19	20	25	
Theil	81	114	163	151	125	87	91	118	102	84	108	214	
Noé	46	49	55	61	54	49	43	55	45	41	59	110	
Drains de Malhortie	17	19	20	19	19	18	16	20	17	20	29	42	
Id.　de Theil	21	23	25	27	24	22	21	24	21	21	51	40	
Totaux	719	815	958	1047	1053	960	900	935	818	765	915	1751	

NOMS DES SOURCES	DÉBITS EXPRIMÉS EN LITRES PAR SECONDE												OBSERVATIONS
	Janv.	Fév.	Mars	Avril	Mai	Juin	Juillet	Août	Sept.	Oct.	Nov.	Déc.	
ANNÉE 1873													
Cérilly.	269	500	305	510	501	271	259	245	174	155	152	125	
La Bouillarde.	51	57	57	57	57	44	46	40[?]	40[?]	54	35	28	
Armentières.	904	1125	887	1012	856	561	470	504[a]	421	369	347	526	a Eau des drains aspirée.
Source Gaudin.	20	20[?]	20[?]	20[?]	20[?]	20[?]	20[?]	20[?]	20[?]	20[?]	20[?]	20[?]	? Débits évalués sans jaugeages.
Le Maroy.	74	77	80	85	78	80	68	59	58[?]	58[?]	58	51	
Source des Pâtures.	55	35[?]	35[?]	35[?]	35[?]	35[?]	35[?]	35[?]	35[?]	35[?]	35[?]	35[?]	
Saint-Philibert	98	100	96	98	101	92	88	88	89	87	90	104	
Malhortie.	22	23	24	24	22	22	22	22	22	22	22	22	
Caprais-Roy.	20	21	22	19	17	17	17	19	19	16	16	14	
Theil.	147	167	167	157	172	200	180	146	172	144	140[?]	157	
Noé.	105	112	132	113	96	89	87	86	64	64	60	58	
Drains de Malhortie.	31	35	38	30	25	23	21	24	24	21	21	19	
id. de Theil.	55	53	56	30	30	27	26	26	27	22	28	32	
Totaux.	1807	2098	1897	1988	1810	1481	1559	1314	1165	1047	1022	971	

NOMS DES SOURCES	DÉBITS EXPRIMÉS EN LITRES PAR SECONDE											
	Janv.	Fév.	Mars	Avril	Mai	Juin	Juillet	Août	Sept.	Oct.	Nov.	Déc.
	ANNÉE 1874											
Cérilly	133	133	126	115	114	97	105	90	76	72	72	75
La Bouillarde	26	26	26	26	24	25	21	24	20	21	20	25
Armentières et drains	302	328	284	286	276[a]	276[a]	295[b]	252[b]	239[b]	243[b]	281[b]	255
Source Gaudin	20[?]	20	25	24	35[c]	29	27	22	20	20	20[?]	24
Id. des Pâtures	35[?]	35[?]	35[?]	35[?]	35[?]	35[?]	35[?]	35	35[?]	35[?]	35	35[?]
Le Maroy	49	45	47	48	48	44	41	40[?]	59[c]	61[c]	56[c]	46[f]
Saint-Philibert	88	90	90	91	88	87	95	88	88[?]	88[?]	88	88[?]
Malhortie	22	21	21	21	21	20	14	15	19	19	18	18[?]
Caprais-Roy	14	16	14	14	14	14	10	11	13	15[?]	15[?]	15[?]
Theil	119	155	127	106	118	124	122	111	82	81	84	90[?]
Noé	56	52	51	45	47	46	40	57	58	41	41	41[?]
Drains de Malhortie	18	18	16	15	25	d	d	d	d	d	d	d
Id. Theil	59	57	58	40	41	58	35[?]	35[?]	35[?]	35[?]	55	35[?]
Totaux	921	976	900	886	882	855	858	760	724	729	763	725

OBSERVATIONS

OBSERVATION GÉNÉRALE. — Les travaux de captation, en 1874, ont beaucoup gêné les opérations de jaugeage dont plusieurs n'ont pu être exécutés. Dans cette colonne, on a indiqué les causes des diverses perturbations apportées dans les débits jaugés, et, dans le tableau, on a accompagné de ? les débits évalués sans jaugeage pour les faire concourir au total. En somme, à partir du mois d'août, on n'a pas de renseignements exacts sur les sources basses.

a Eau des drains non aspirée. — b Eau des drains aspirée. — c Débit augmenté par les travaux de captation en cours. — e Y compris les eaux de la tranchée de l'aqueduc de prise d'eau. — f Non compris la tranchée de prise d'eau.
d Les eaux des drains de Malhortie sont réunis à ceux de Theil.

NOMS DES SOURCES	DÉBITS EXPRIMÉS EN LITRES PAR SECONDE												OBSERVATIONS
	Janv.	Fév.	Mars	Avril	Mai	Juin	Juillet	Août	Sept.	Oct.	Nov.	Déc.	
ANNÉE 1875													
Cérilly	155	208	173	143	127	108	105	105	107	97	141	188	
La Bouillarde.	31	33	29	28	30	25	32	35	37	32	55	37	
Armentières et drains	37	440	421	335	315	291	317	317	303	287	427	391	
Source Gaudin.	53	23	23	26	25	25	25	25	25	24	24	24	
Id. des Pâtures.	35?	35?	35?	55?	35?	70?	100	100	88	188a	188	176	a Les Pâtures et le Maroy étant réunies sont, à partir de cette époque, jaugées ensemble.
Le Maroy	59	66	57	55?	50?	50?	57?	48	45				
Saint-Philibert.	85	117	102	111	85	88	94	91	?	88	100	92	
Malbortie	25?	27	26	20?	20?	11	15?	12	?	16	39	9	
Caprais-Roy	12	22	20	20?	20?	10?	12?	12	?	13	10	18	
Theil	105	113	91	71	102	100	93	103	?	115	99	97	
Noé	64	73	61	45	45?	45	45?	45?	?	49	66	50?	
Drains de Malbortie	23	26	19	19?	20?	32	30	32	?	32	67	50	
Id. Theil	26	23	21	17	10?	6	10	9	?	9	9	10	
Totaux. . . .	1014	1206	1078	925	884	861	935	935	?	950	1225	1142	

NOMS DES SOURCES	DÉBITS EXPRIMÉS EN LITRES PAR SECONDE												OBSERVATIONS
	Janv.	Fév.	Mars	Avril	Mai	Juin	Juillet	Août	Sept.	Oct.	Nov.	Déc.	
						ANNÉE 1876							
Cérilly	178	159	256	293	500	27	215	169	156	132	127	129	
La Bouillarde.	31	31	76	65	44	41	56	30	36	28	27	31	
Armentières et drains	366	374	742	675	703	541	437	583	566	530	500	523	
Source Gaudin	23[?]	23[?]	25[?]	57[?]	57	24	24	25	25	25	25	25	[?] Débits évalués sans jaugeages pour les faire concourir au total.
Id. des Pâtures et du Maroy . .	195	172	195	200	180	185	136	165	195	175	168	181	
Saint-Philibert	88	88	101	106	90	89	96	85	97	87	95	95	
Malhortie.	20	17	54	17	16	17	18	17	21	20	18	22	
Caprais–Roy	13	18	26	24	20	20	18	20	17	20	19	20	
Theil.	198	152	207	204	203	192	10	165	148	147	119	119	
Noé.	55	55	145	122	129	117	84	70	78	70[?]	69	63	
Drains de Malhortie.	28	37	85	62	61	51	30	30	42	37	57	27	
Id. Theil.	9	9	12	11	11	15	10	8	12	9	12	12	
Totaux	1202	1435	1904	1856	1814	1567	1292	1167	1195	1078	1016	1045	

NOMS DES SOURCES	DÉBITS EXPRIMÉS EN LITRES PAR SECONDE												OBSERVATIONS
	Janv.	Fév.	Mars	Avril	Mai	Juin	Juillet	Août	Sept.	Oct.	Nov.	Déc.	
					ANNÉE 1877								*a* Du 10 au 17 pendant la crue.
Cérilly	141	*a* 176	248	289	286	264	228	191	159	142	128	145	
La Bouillarde	28	33	41	51	46	59	38	41	40	30	29	38	
Armentières et drains	354	409	596	702	711	605	520	460	398	324	329	349	
Source Gaudin	25	25	25	25	25	25	25	25	25	25	19	25	
Id. des Pâtures et du Maroy	175	199	198	183	177	201	179	166	165	147	153	166	
Saint-Philibert	91	97	100	103	97	96	89	89	98	98	92	94	
Malhortie	36	60	54	20	18	48	50	44	45	25	25	40	
Caprais-Roy				50	28					20	20		
Theil	95	101	128	144	156	152	136	129	100?	137	126	106	? Débit évalué sans jaugeage pour le faire concourir au total.
Noé	66	150	87	96	161	154	74	73	53	52	45	50	
Drains de Malhortie	51	37	37	37	37	35	32	29	50	30	30	25	
Id. Theil	12	15	24	20	20	15	12	12	8	7	8	9	
TOTAUX	1052	1282	1558	1700	1762	1634	1385	1259	1121	1037	1004	1045	

Analyse de l'eau des sources de la Vanne. — On peut voir, dans le premier volume de cet ouvrage[1], les résultats des analyses faites par MM. Mangon et Wurtz, membres de l'Institut.

Il a été constaté que les eaux des sources de la Vanne ne contenaient, pour ainsi dire, que du carbonate de chaux dans la proportion de 17 à 20 centigrammes par litre. Leur titre hydrotimétrique, d'après mes essais, est compris entre 17 et 20 degrés. Il y a donc concordance parfaite entre les analyses et les essais, puisque 1 centigramme de carbonate de chaux correspond à 1 degré hydrotimétrique.

Cette proportion de carbonate de chaux est excellente. Elle n'est pas assez grande pour que l'eau soit incrustante ; elle suffit pour rendre la fonte et le plomb inattaquables par l'eau. Suivant les chimistes français et, notamment, d'après M. Dumas, une dose de 15 à 20 centigrammes de carbonate de chaux, par litre, est indispensable pour que l'eau soit parfaitement salubre.

Les eaux du granit, du greensand et des sables de Fontainebleau, sont chimiquement plus pures, mais beaucoup moins agréables à boire que celles des sources de la Vanne, qui donnent réellement les meilleures eaux potables qu'on puisse trouver dans le bassin de la Seine.

Température de l'eau. — Comme toutes les sources du bassin de la Seine, les eaux de la vallée de la Vanne sont toujours fraîches avec de très faibles variations d'un équinoxe à l'autre.

Fraîches aux sources, elles arrivent fraîches à Paris. Le tableau suivant montre que, dans les plus fortes chaleurs de l'été, leur température n'est jamais supérieure à 14°, et que dans les plus grands froids de l'hiver, elle n'est jamais inférieure à 8°, à l'arrivée au réservoir de Montrouge.

---

[1] Voyez tome 1er, — La Seine. — Études hydrologiques, pages 167 et suivantes.

TEMPÉRATURE DE L'EAU DE LA VANNE.

DEGRÉS.

ANNÉE 1874

DÉSIGNATION DES STATIONS	Janvier	Février	Mars	Avril	Mai	Juin	Juillet	Août	Septembre	Octobre	Novembre	Décembre
Sources hautes	»	»	»	»	»	»	11,4	11,5	11,5	11,5	11,5	11,0
Siphon d'Yonne	»	»	»	»	»	»	12,2	11,9	11,9	11,7	11,0	10,5
— du Loing	»	»	»	»	»	»	12,8	12,5	12,5	12,4	11,5	10,0
— de l'Essonne	»	»	»	»	»	»	»	13,2	13,0	12,0	10,0	9,0
Arcades d'Arcueil	»	»	»	»	»	»	»	13,4	13,3	12,5	10,5	8,5
Réservoirs de Montrouge	»	»	»	»	»	»	»	»	13,5	12,5	10,0	8,0

ANNÉE 1875

DÉSIGNATION DES STATIONS	Janvier	Février	Mars	Avril	Mai	Juin	Juillet	Août	Septembre	Octobre	Novembre	Décembre
Sources hautes	10,8	10,8	10,8	10,5	11,3	11,4	11,5	11,7	11,7	11,5	11,3	11,3
Siphons d'Yonne	10,8	10,7	10,7	11,0	11,7	11,7	12,0	12,2	12,0	11,7	11,1	11,0
— du Loing	10,6	10,5	10,6	11,4	12,0	12,0	12,4	12,4	12,4	11,8	10,8	11,0
— de l'Essonne	9,5	9,8	10,0	11,5	12,2	12,5	13,0	12,9	12,7	11,6	10,4	10,5
Arcades d'Arcueil	9,5	9,5	9,7	11,3	12,3	12,7	13,1	13,1	12,8	11,7	10,2	10,4
Réservoirs de Montrouge	9,5	9,4	9,6	11,2	12,2	12,5	12,9	13,2	13,1	11,4	10,3	10,3

ANNÉE 1876

DÉSIGNATION DES STATIONS	Janvier	Février	Mars	Avril	Mai	Juin	Juillet	Août	Septembre	Octobre	Novembre	Décembre
Sources hautes	12,2	11,1	10,9	11,3	11,4	11,5	11,6	11,5	11,7	11,4	11,3	11,3
Siphon d'Yonne	10,8	10,7	10,9	11,1	11,5	11,7	12,1	12,1	12,0	11,7	11,4	11,4
— du Loing	10,6	10,6	10,8	11,2	11,4	12,2	12,8	12,4	12,2	11,6	11,4	11,4
— de l'Essonne	10,1	10,3	10,6	11,2	11,8	12,7	13,4	12,7	12,6	11,5	11,0	11,0
Arcades d'Arcueil	9,9	10,3	10,6	11,2	11,7	12,9	13,6	12,9	12,6	11,6	11,2	10,9
Réservoirs de Montrouge	9,7	10,2	10,3	11,1	11,7	12,8	13,5	12,8	12,9	11,5	11,2	10,

ANNÉE 1877

DÉSIGNATION DES STATIONS	Janvier	Février	Mars	Avril	Mai	Juin	Juillet	Août	Septembre	Octobre	Novembre	Décembre
Sources hautes	11,3	11,1	11,1	11,2	11,3	11,5	11,5	11,6	11,6	11,6	11,4	11,3
Siphon d'Yonne	11,1	11,0	11,0	11,2	11,4	11,7	11,9	11,9	11,8	11,7	11,5	11,2
— du Loing	11,0	10,8	10,8	11,0	11,6	11,8	12,2	12,2	12,0	11,6	11,4	11,0
— de l'Essonne	10,6	10,5	10,3	11,2	11,6	12,5	12,6	12,6	11,9	11,7	11,2	10,5
Arcades d'Arcueil	10,5	10,4	10,4	11,2	11,7	12,5	12,8	12,9	12,0	11,7	11,2	10,8
Réservoir de Montrouge	10,4	10,4	10,2	11,0	11,0	12,4	12,8	13,0	12,2	11,5	11,1	10,7

Est-il nécessaire de dire qu'en cela encore les eaux de la Vanne sont bien supérieures à celles de la Seine, qui sont trop chaudes l'été et trop froides l'hiver ?

En admettant que l'eau cesse d'être fraîche lorsque sa température s'élève à 18° et qu'elle est trop froide lorsque cette température tombe au-dessous de 8°, on trouve que l'eau de la Seine, dans la période d'observations que j'ai faites, du 1er janvier 1855 jusqu'au 31 décembre 1864, a été :

		JOURS
Trop chaude pendant.	. . . .	959
Fraîche	—	1456
Trop froide	—	1259

Ce qui donne pour les moyennes annuelles :

		JOURS
Eau trop chaude.	. . . .	93,9
Eau fraîche.	. . . .	145,6
Eau trop froide.	. . . .	125,9

Si l'eau froide n'a aucun inconvénient pour le consommateur, sa distribution est dangereuse. Tous les ans, la température des eaux de rivière s'abaisse à 1 ou 2 dixièmes de degrés au-dessus de zéro. Dans cet état, la moindre diminution de température fait geler les conduites dans les murs peu épais des maisons et amène les plus graves désordres. C'est en partie la crainte de ces accidents qui arrêtait autrefois la distribution d'appartement à Paris ; les propriétaires se contentaient d'amener les eaux de la Ville dans leurs cours, au grand détriment de leurs locataires.

Limpidité de l'eau. — La limpidité des sources est admirable.

Quelle que soit la profondeur du bassin qui les renferme, on en voit toujours le fond et on y distingue les moindres objets[1].

---

[1] Voir tome 1er. — La Seine. — Études hydrologiques, pages 170 et 171.

Au moment des grandes crues, on a constaté quelquefois un certain trouble dans leur pureté ; mais ce trouble n'a jamais été que momentané et même une des sources, celle de Saint-Philibert, n'a jamais cessé d'être d'une limpidité parfaite.

Les eaux de Seine, au contraire, ne sont jamais limpides; en été, lorsqu'elles sont claires, on ne voit plus le fond à des profondeurs de 1 à 2^m. C'est ce qu'il est facile de vérifier aux réservoirs de Charonne, où l'on élève de l'eau de Seine puisée en amont de Paris : de plus, cette eau est verte au lieu d'être bleue comme l'eau de source.

Mais, en outre, l'eau de la Seine est louche ou trouble pendant une grande partie de l'année.

Depuis 1855, je fais des observations sur l'état des eaux de tout le bassin de la Seine. Voici les résultats de ces observations pour la Seine à Paris et à Montereau, de 1855 à 1863.

		NOMBRE DE JOURS.										TOTAUX	MOYENNE ANNUELLE. Eau		
		1855	1856	1857	1858	1859	1860	1861	1862	1863			claire.	louche.	trouble.
La Seine à Montereau.	Eau claire.	122	122	296	290	211	237	280	247	229	1 934	214,88	»	»
	— louche.	178	149	66	43	100	109	68	87	105	905	»	100,55	»
	— trouble.	65	95	3	32	54	120	18	31	31	449	»	»	49,88
La Seine à Paris.	Eau claire.	51	200	343	305	214	167	271	216	223	1 960	217,77	»	»
	— louche.	206	68	18	12	50	72	33	60	61	584	»	64,88	»
	— trouble.	108	98	34	48	101	127	61	85	81	743	»	»	82,55

Les moyennes de jour d'eau claire sont à peu près les mêmes dans les deux localités ; mais le nombre de jours d'eau trouble est bien plus grand à Paris qu'à Montereau.

Ces moyennes ne sont pas l'expression de la vérité, parce qu'elles sont faussées par les années de sécheresse que nous subissons. En retranchant les années vraiment extraordinaires 1857, 1858 et 1861, on arrive aux moyennes suivantes, qui sont

beaucoup plus vraies, quoique le nombre de jours d'eau trouble
ou louche y soit encore un peu faible.

La Seine (Nombre annuel de jours d'eau claire. . . . 178,09
   à   )   —   d'eau louche.. . . 121,53
Montereau (—   d'eau trouble . . .   66,00

La Seine . (Nombre annuel de jours d'eau claire. . . . 178,50
   à   )   —   d'eau louche.. . .   86,83
Paris (--   d'eau trouble. . . 100,00

Le nombre annuel moyen de jours d'eau trouble et louche
est donc :

A Montereau.   187,53
A Paris   186,85

En ne retranchant pas les trois années 1857, 1858 et 1861,
ces moyennes se réduisent aux nombres suivants :

                                         JOURS.
A Montereau.   149,53
A Paris   147,43

Domaine de la Ville. — Toutes les sources achetées par la
Ville sont franches de servitude, et, d'après la jurisprudence de
la cour de Cassation, la Ville était libre de les dériver où bon lui
semblait, sans payer d'indemnités aux riverains. Mais l'Administration municipale a pensé qu'elle devait, en équité, indemniser tous les usagers des eaux de la Vanne auxquels elle pourrait
faire un tort quelconque. Cela présentait de sérieuses difficultés.
Comment évaluer ces dommages avant la dérivation des sources ?
On se décida, non pas à indemniser les propriétaires, mais à
acheter les propriétés elles-mêmes.

Le domaine de la Ville dans la vallée de la Vanne se compose
donc de deux parties : 1° les sources et les immeubles qu'il
est indispensable de conserver autour des sources pour qu'il
n'y soit pas porté atteinte ; 2° les immeubles qu'il est possible
de revendre. J'ai distingué ces deux sortes d'immeubles dans les
tableaux suivants.

TABLEAU DES SOURCES QUE LA VILLE POSSÈDE
DANS LA VALLÉE DE LA VANNE

DÉSIGNATION DES IMMEUBLES OU ÉTABLISSEMENTS 1	SITUATION ET ALTITUDE DES SOURCES 2	CONTENANCE 3	ORIGINE DE LA PROPRIÉTÉ 4	PRIX D'ACQUISITION 5
		hect. a. c.		francs
SOURCES HAUTES				
N° 1 Source du Bîme de Cérilly, moulin de Cérilly. Ferme de la Moinerie.	Comune de Rigny-le-Ferron (Aube). Cérilly et Coulours (Yonne). Altitude 136ᵐ.	163,14,37	Contrat reçu par Mᵉ Rollin, notaire à Sens (Yonne), le 26 Janvier 1865. Vendeur : Virollot, (Louis-Alexis).	380 000
N° 2 Sources de la Bouillarde, terre, près et bois du taillis aux Moines, au-dessus de la source d'Armentières.	Saint-Benoît-sur-Vanne. Altitude 113ᵐ.	7,00,00	Contrat reçu par Mᵉ Froment, notaire à Sens, le 1ᵉʳ octobre 1866. Venderesse : veuve Delaporte.	65 000
N° 3 Sources d'Armentières.	Commune de St-Benoît (Aube). Altitude 111ᵐ.	2,06,74	Contrat reçu par Mᵉ Bègue, notaire à Villeneuve-l'Archevêque, le 27 novembre 1860 et le 5 juillet 1866. Vendeur : Bourgeois.	57 586
N° 4 Drainage entre ces¹ sources et Flacy, par l'aqueduc lui-même.	»	»	»	»
N° 5 Source Gaudin et terrains, à Flacy.	Commune de Flacy.	29,65	Acte reçu par Mᵉ Bègue, notaire à Villeneuve - l'Archevêque, le 29 juin 1869. Vendeurs : Héritiers Gaudin.	18 000
SOURCES BASSES				
N° 6 Source, prés et pâtures de Chigy.	Commune de Chigy (Yonne).	16,01,10	Contrat reçu par Mᵉ Lesvier, notaire à Villeneuve-l'Archevêque les 27 et 29 janvier 1870. Venderesse : Commune de Chigy.	62 000
			A reporter.	582 586

¹ Drainage exécuté sous le terrain acheté pour l'emprise de l'aqueduc.

DÉSIGNATION DES IMMEUBLES OU ÉTABLISSEMENTS	SITUATION ET ALTITUDE DES SOURCES	CONTENANCE	ORIGINE DE LA PROPRIÉTÉ	PRIX D'ACQUISITION
1	2	3	4	5
		hect. a. c.		francs
			Report.	582 586
N° 7 Source de Chigy ou du Maroy.	Commune de Chigy (Yonne.)	1,53,12 1,40,27	Contrat reçu par Mᵉ Froment, notaire, à Sens, le 24 novembre 1860. Venderesse : Chérot (Louise). Venderesse : Dᵉ Camusat-Busserolles.	4 700 4 500
		14,65	Contrat reçu par Mᵉ Regnier, notaire à Theil, le 27 novembre 1860. Vendeur : Lhoste, (Armand-Arsène).	2 000
		14,20	Contrat reçu par Mᵉ Regnier, notaire à Theil, le 28 octobre 1862. Venderesse : Commune de Chigy.	6 000
N° 8 Sources de Saint-Philibert.	Commune de Theil (Yonne.)	51,00	Contrat reçu par Mᵉ Regnier, notaire à Theil, le 25 novembre 1860. Vendeurs : Vᵉ Morvant et Consorts.	20 000
N° 9 Source de Malhortie.	Id.	2,53,00	Contrat reçu par Mᵉ Regnier, notaire à Theil, le 27 novembre 1860. Vendeurs : M. et Mᵐᵉ Billebaut.	45 500
N° 10 Sources de Caprais-Roy.	Commune de Theil (Yonne.)	15,32	Contrat reçu par Mᵉ Regnier, notaire à Theil, le 25 novembre 1860. Vendeur : Caprais-Roy.	4 000
N° 11 Sources de Theil.	Id.	5,00,00	Contrat reçu par Mᵉ Regnier, notaire à Theil, le 21 janvier 1861. Vendeur : Lécorchez.	120000
			A reporter.	789 286

DÉSIGNATION DES IMMEUBLES OU ÉTABLISSEMENTS 1	SITUATION ET ALTITUDE DES SOURCES 2	CONTENANCE 3	ORIGINE DE LA PROPRIÉTÉ 4	PRIX D'ACQUISITION 5
		hect. a. c.		francs
			Report.	789 286
N° 12 Source de Noé.	Commune de Noé.	»	Contrat reçu par M° Regnier, notaire à Theil, le 25 novembre 1860. Vendeurs : Havard-Haudry.	42 000
N° 13 Sources Barré à Noé.	Id.	18,64	Contrat reçu par M° Sépot, notaire à Theil, le 27 mai 1868. Vendeur : Barré.	20 000
Source de Noé. Cession du droit de servitude sur la source Barré.	Id.	»	Contrat reçu par M° Bondouard, notaire à Véron, le 14 décembre 1868. Vendeur : Barré.	2 000
SOURCES SITUÉES HORS DU BASSIN DE LA VANNE.				
N° 14 Sources de Cochepies et terrains entourant lesdites sources.	Villeneuve-sur-Yonne. Ruisseau de St-Ange.	»	Contrat reçu par M° Pille, notaire à Sens, le 28 août 1867. Vendeur : Paillot.	20 000
Id.	Id.	10,23,00	Contrat reçu par M° Lemoce de Vaudenard, notaire à Villeneuve-sur-Yonne, le 30 août 1872. Vendeur : Paillot	50 000
ACQUISITIONS ACCESSOIRES ET RACHAT DE SERVITUDES SUR LES SOURCES.				
Source du Chapeau, terre, moulin, rachat de chute du moulin et de droit d'irrigation.	Id.	71,70	Contrat reçu par M° Regnier, notaire à Theil, le 7 mai 1861. Vendeur : Corpechot.	93 857
Sources de Theil. Cession du droit et de servitude sur la source Lécorchez.	Id.	»	Contrat reçu par M° Froment, notaire à Sens, le 3 septembre 1867. Vendeur : Ouachée.	1 266
			A reporter.	1 018 409

DÉSIGNATION DES IMMEUBLES OU ÉTABLISSEMENTS	SITUATION ET ALTITUDE DES SOURCES 2	CONTENANCE 3	ORIGINE DE LA PROPRIÉTÉ 4	PRIX D'ACQUISITION 5
		hect. a. c.		francs
			Report.	1 018 400
Ferme et pavillon de Malhortie.	Ruisseau de Saint-Ange. acquis : vendu : Reste :	19,77,50 4,50,49 15,18,02	Contrat reçu par M⁰ Froment, notaire à Sens, le 26 janvier 1865. Vendeurs : M. et Mᵐᵉ Billebault.	107 100
Pièce de terre labourable, acquise en vue du remblai des pièces d'eau Lécorchez.	Id.	78,22	Contrat reçu par M⁰ Regnier, notaire à Theil, le 5 juilllet 1866. Venderesse : Vᵉ Girault-Velat.	3 267
Maison et dépendances sises au village de Theil.	Id.	1,82,11	Contrat reçu par M⁰ Sepot, notaire à Theil, les 22 mai et 13 juin 1868. Vendeur : Doniau.	14 000
Terrain Girardeau.	Vaumort.	1,19,70	Contrat reçu par M⁰ Sepot, notaire à Theil, le 3 septembre 1867. Vendeur : Girardeau.	8 000
Droit de servitude cédé par la commune de Theil-sur-Vanne.	Theil-sur-Vanne.	»	Contrat reçu par M⁰ Sepot, notaire à Theil, le 25 mai 1869.	20 000
			Total.	1 170 776

Les usines qui relèvent l'eau des sources basses et la chute d'eau qui doit relever la source de Cochepies ont été achetées dans les conditions suivantes :

DÉSIGNATION DES IMMEUBLES OU ÉTABLISSEMENTS	SITUATION	CONTENANCE	ORIGINE DE LA PROPRIÉTÉ	PRIX D'ACQUISITION	OBSERVATIONS
1	2	3	4	5	6
		hect. a. c.		francs	
Moulin de Chigy.	Commune de Chigy (Yonne.)	20.00	Contrat reçu par Mᵉ Regnier, notaire à Theil, le 5 juillet 1866. Vendeur : Brûlé (Flairin.)	60 000	Usine destinée à relever les sources des Pâtures ou de Chigy, et du Maroy, nᵒˢ 6 et 7.
Moulin de la Forge et dépendances.	Id.	8,85,17	Contrat reçu par Mᵉ Froment, notaire à Sens, le 4 juillet 1866. Vendeur : M. de Channe.	156 000	Usine destinée à relever une partie des sources de St-Philibert, de Malhortie, de Caprais-Roy, de Theil et de Noé, nᵒˢ 8, 9, 10, 11, 12 et 13.
Moulin de Malay-le-Petit ou Malay-le-Roi.	Malay-le-Roi.	1,75,70	Contrat reçu par Mᵉ Froment, notaire à Sens, le 8 avril 1866. Vendeur : Querelle.	180 000	Usine destinée à relever le reste des sources 8, 9, 10, 11, 12 et 13.
Chute d'eau de l'Isle-Allard.	Malay-le-vicomte.	48,70	Contrat reçu par Mᵉ Gautier, notaire à Sens, le 24 décembre 1873. Vendeurs : héritiers Rameau.	15 000	Usine destinée à relever la source de Cochepies nᵒ 14.
			Total	411 000	

L'Administration municipale décida, en outre, pour les raisons que nous avons fait connaître plus haut, qu'on achèterait les propriétés suivantes :

DÉSIGNATION DES IMMEUBLES OU ÉTABLISSEMENTS 1	SITUATION ET ALTITUDE DES SOURCES 2	CONTENANCE 3	ORIGINE DE LA PROPRIÉTÉ 4	PRIX D'ACQUISITION 5
		hect. a. c.		francs

PROPRIÉTÉS PRIVÉES D'EAU PAR LA DÉRIVATION DE LA SOURCE DU BÎME DE CÉRILLY

Propriété de Gerbeau. Terre labourable, prairie privée d'irrigation, moulins de Gerbeau et de Rigny-le-Ferron, mis à sec par la dérivation. Prairie entre la source du Bîme et la propriété de Gerbeau.	Rigny-le-Ferron. Aube. Yonne.	240,67,00	Contrat reçu par Mᵉ Froment, notaire à Sens, le 4 septembre 1865. Vendeur : Bouillat (Adolphe-Charles-Louis.)	700 000

USINES DE LA VALLÉE DE LA VANNE AMOINDRIES PAR LA DÉRIVATION DES SOURCES, EN COMMENÇANT PAR LA PLUS ÉLOIGNÉE DE SENS

Moulin de Maupas.	Bagneaux, Yonne.	7,68,54	Contrat reçu par Mᵉ Renard, notaire à Villeneuve - l'Archevêque, le 28 avril 1876. Vendeurs : époux Raguin.	80 000
Moulin de la Pique.	Villeneuve-l'Archevêque.	6,41,39	Contrat reçu par Mᵉ Froment, notaire à Sens, les 7 et 8 avril 1866. Vendeur : Moriamé.	40 000
Moulin de Villeneuve - l'Archevêque.	Villeneuve-l'Archevêque.	2,65,28	Contrat reçu par Mᵉ Gautier, notaire à Sens, le 4 Octobre 1875. Vendeur : Chardon.	246 000
Moulin de Molinons.	Molinons.	3,12,50	Contrat reçu par Mᵉ Gautier, notaire, à Sens, le 4 septembre 1867. Vendeur : Bezine.	150 000
Moulin de Foissy.	Foissy.	2,90,61	Contrat reçu par Mᵉ Lesvier, notaire à Villeneuve-l'Archevêque, les 26 et 29 mai 1868. Vendeur : de Bérulle.	30 000
			À reporter.	1 246 000

DÉSIGNATION DES IMMEUBLES OU ÉTABLISSEMENTS 1	SITUATION ET ALTITUDE DES SOURCES 2	CONTENANCE 3	ORIGINE DE LA PROPRIÉTÉ 4	PRIX D'ACQUISITION 5
		hect. a. c.		francs
			Report	1 246 000
Moulin de Pont-sur-Vanne.	Pont-sur-Vanne.	6,86	Contrat reçu par Mᵉ Bourgeon, notaire à Cerizier, les 27 janvier et 9 février 1870. Vendeurs : héritiers Poulain-Mossot.	30 250
Moulin de Fréparoy et dépendances.	Malay-le-Vicomte et Malay-le-Roi.	84,21	Contrat reçu par Mᵉ Boudard, notaire à Sens, le 5 septembre 1865. Vendeurs : veuve Joubert et Bourdeau.	25 000

USINES SITUÉES SUR LA GRANDE VANNE, EN AVAL DE LA PRISE D'EAU DU RU DE MONDEREAU

DÉSIGNATION	SITUATION	CONTENANCE	ORIGINE	PRIX
Moulins de Malay-le-Vicomte et dépendances.	Malay-le-Vicomte.	1,31,00	Contrat reçu par Mᵉ Cornaille, notaire à Sens, les 26 et 27 avril 1865. Vendeurs : Collard et Thénard.	61 500
Moulin de Maillot, sur la grande Vanne.	Maillot.	1.15,51	Contrat reçu par Mᵉ Bondouard, notaire à Véron, le 1ᵉʳ octobre 1866. Vendeur : Mathieu.	85 000
Moulin à tan dit des Boutours, dérivation de la grande Vanne.	Sens.	1,55,90	Contrat reçu par Mᵉ Froment, notaire à Sens, le 18 mars 1867. Vendeur : Salleron.	85 000
Usine à tan dite des Vannes, Moulin à blé de la Scierie, maison d'habitation et dépendances.	Sens.	9,21,63	Contrat reçu par Mᵉ Boudard, notaire à Sens, et Mᵉ Pascal notaire à Paris, le 11 août 1865. Vendeurs : héritiers Charpillon.	400 000
			A Reporter.	1 932 750

DÉSIGNATION DES IMMEUBLES OU ÉTABLISSEMENTS. 1	SITUATION ET ALTITUDE DES SOURCES 2	CONTENANCE 3	ORIGINE DE LA PROPRIÉTÉ 4	PRIX D'ACQUISITION 5
		hect. a. c.		francs
			Report	1 932 750
Moulin du Pont-Bruant.	Sens.	15,50	Contrat reçu par M⁰ Froment, notaire à Sens, le 1ᵉʳ décembre 1866. Vendeurs : héritiers Boucheron.	62 000
Moulin du Roi.	Sens.	2,26,06	Contrat reçu par M⁰ Froment, notaire à Sens, le 25 avril 1865. Vendeur : Plicque.	600 000
USINES SISES SUR LE RU DE MONTSALÉ, DÉRIVATION DE LA GRANDE VANNE				
Force motrice du moulin de Moque-Souris.	Sens.	»	Contrat reçu par M⁰ Cornaille, notaire à Sens, le 17 juin 1862. Vendeur : Foussé.	195 000
Force motrice du moulin de Montsalé.	Sens.	»	Contrat reçu par M⁰ Boudard, notaire à Sens, le 5 août 1862. Vendeur : Déon-Henriot.	95 000
Force motrice de la Roue volante, fabrique de rasoirs.	Sens.	»	Contrat reçu par M⁰ Chardon, notaire à Sens, les 6-7 août 1862. Vendeur : Durand.	25 000
Moulin de St-Paul.	Sens.	59,50	Contrat reçu par M⁰ Rollin, notaire à Sens, le 17 juin 1862. Vendeurs : héritiers Denizot.	85 000
			Total	2 994 750

CHAPITRE XI

DÉRIVATION DE LA VANNE.

EXÉCUTION DU PROJET.

Avant-projet. — Dès 1854, un premier projet de dérivation des sources de la vallée de la Vanne, étudié, sous ma direction, par M. l'ingénieur Lesguillier, fut repoussé avec raison par l'Administration municipale, parce qu'il ne donnait pas une solution admissible pour la traversée de la forêt de Fontainebleau : nous y perdions beaucoup de pente. La masse des sables, qui forme le sol de cette forêt, est beaucoup plus élevée que le plateau d'argile à meulières qui y fait suite jusqu'à Paris. Nous contournions donc cette masse de sables en suivant la rive gauche de la Seine, absolument comme les coteaux crayeux entre Theil et Moret.

Mais à l'extrémité de la forêt, lorsque le sable finissait, le sol manquait sous l'aqueduc, et nous arrivions à Paris à l'altitude de 70 mètres, qui est trop basse pour permettre une bonne distribution.

C'est seulement de 1860 à 1865 que l'étude de cette dérivation fut sérieusement reprise.

Dans l'avant-projet de 1865, nous proposions deux tracés pour l'aqueduc; le premier conduisait l'eau à Paris à l'altitude de $74^m,41$, jugée encore insuffisante, ce qui a fait abandonner ce tracé et me dispense d'en parler plus longuement. L'autre aboutit au réservoir de Montrouge à l'altitude de 80 mètres et a été adopté par le Conseil municipal, sur la proposition de son rapporteur, M. Cornudet.

La délibération du Conseil municipal, approuvant la mise à l'enquête de cet avant-projet, porte la date du 29 décembre 1865; une seconde délibération du 10 novembre 1866 l'accepte définitivement, après enquête.

La déclaration d'utilité publique fut prononcée par décret du 19 décembre 1866.

DISPOSITIONS GÉNÉRALES DE L'AQUEDUC.

Longueur. — La longueur de l'aqueduc se décompose ainsi :

	MÈTRES.
Parties voûtées en tranchées ou supportées par des substructions	93 000
Siphons.	21 500
Parties voûtées en souterrains	41 900
Parties supportées par des arcades.	16 600
LONGUEUR TOTALE.	175 000

On peut encore la subdiviser comme il suit :

MÈTRES.

16 223 d'aqueducs secondaires de captation de sources, soit en fonte, soit en maçonnerie, dont les dimensions varient suivant l'importance du débit;

20 386 d'un aqueduc collecteur de forme circulaire, d'un diamètre intérieur de $1^m,70$ ou $1^m,80$;

136 391 de l'aqueduc principal, qui fait suite à ce collecteur, et dont le diamètre varie de 2^m à $2^m,10$.

Pentes. — L'altitude du point de départ de l'aqueduc collecteur est :

MÈTRES

A la source d'Armentières	111 17
Celle du trop-plein du réservoir de Mont-	
rouge, à l'arrivée de l'eau à Paris. .	80 00
Pente totale de l'aqueduc	31 17

La pente de l'aqueduc collecteur est de $0^m,20$ par kilomètre.

Celle de l'aqueduc principal est de $0^m,13$ par kilomètre, entre la vallée de la Vanne et l'Orge, et de $0^m,10$, entre l'Orge et Paris.

Siphons. — Les siphons du grand aqueduc se composent de deux conduites parallèles en fonte de $1^m,10$ de diamètre intérieur. Sur certains points et pour des charges faibles, on a remplacé la fonte par de la maçonnerie.

Leur charge est de $0^m,60$ par kilomètre.

Les siphons des aqueducs secondaires consistent en une seule conduite, dont le diamètre varie, suivant le volume d'eau à débiter, de $0^m,60$ à $1^m,10$.

TRACÉ.

Aqueducs secondaires. — Le premier aqueduc secondaire des sources hautes suit la rive gauche de la Vanne, depuis la Bouillarde jusqu'aux sources d'Armentières.

Parallèlement à l'aqueduc collecteur et au grand aqueduc, marchent les aqueducs secondaires de Chigy, de Saint-Philibert et Theil, de Noé, et l'aqueduc de jonction des usines de la Forge et de Malay-le-Roi, auxquels s'ajoutent les conduites forcées de refoulement de ces deux usines et de celle de Chigy.

Les dimensions, pentes et longueurs des aqueducs secondaires et des conduites de refoulement sont donées dans le tableau suivant :

Aqueduc de la Bouillarde. — Conduite libre, type ovoïde de $1^m,07$ de hauteur sur $0^m,80$ de largeur aux naissances, pente de $0^m,20$ par kilomètre. Longueur . . . . 1 245 (MÈTRES)

Aqueduc du Bîme de Cérilly. — Conduite libre, type ovoïde de $1^m,07$ de hauteur sur $0^m,80$ de largeur aux naissances, pente de $0^m,45$ par kilomètre. . . . . 4 149 (MÈTRES)

Conduite forcée, tuyaux d'un diamètre de $0^m,60$, perte de charge de $2^m,70$ par kilomètre 1 321

TOTAL. 5 470   5 470

Aqueduc d'amenée de Chigy. — En tuyaux de fonte, diamètre de $0^m,60$. 806

Aqueduc de refoulement de Chigy. — Conduite forcée, tuyaux de $0^m,60$ de diamètre 729

Conduite libre, type ovoïde de $1^m,75$ de hauteur sur $1^m,40$ de largeur. 33

TOTAL 762   762

Aqueduc de Saint-Philibert et Theil. — Conduite libre, type ovoïde de $1^m,07$ de hauteur sur $0^m,80$ de largeur aux naissances, pente de $0^m,45$ 1 428

Tuyaux de $0^m,80$ de diamètre, pente de $0^m,45$. 544

Tuyaux de $1^m,10$ de diamètre 524

Conduite libre ovoïde de $1^m,75$ de hauteur sur $1^m,40$ de largeur aux naissances, pente de $0^m,25$. 684

TOTAL. 3 180   3 180

Aqueduc de Noé. — Tuyaux de $0^m,60$ de diamètre 830

Conduite de refoulement de la Forge. — Tuyaux de $0^m,80$ de diamètre. 850

Aqueduc de la Forge à Malay-le-Roi. — Conduite libre ovoïde de $1^m,07$ de hauteur sur $0^m,60$ de largeur aux naissances, pente de $0^m,45$ 2 066

Tuyaux de $0^m,80$ de diamètre 782

TOTAL. 2 848   2 848

A reporter . . .   15 991

Traversée des marais de la Vanne.

Siphon de Chigy. (Mai 1870.)

Report. 15 991

Conduite de refoulement de Malay-le-Roi.

— Tuyaux de 0^m,80 de diamètre.   232

Longueur totale des aqueducs secondaires
et conduites de refoulement. 16 223

Aqueduc collecteur. — Il part des sources d'Armentières et suit la rive gauche de la Vanne jusqu'à un point situé un peu en amont du village de Chigy, où il traverse, en siphon, le marais de la Vanne[1]. Il reçoit, un peu en amont de Flacy, l'aqueduc du Bîme de Cérilly.

Les altitudes de départ des aqueducs situés sur la rive gauche de la Vanne sont :

	MÈTRES	
A la Bouillarde.	113	10
Au Bîme de Cérilly.	136	34
A Armentières	111	17
L'altitude de la tête amont du siphon de Chigy est.	108	75

L'aqueduc du Bîme arrive à 20 mètres au-dessus de la galerie principale. Cette chute est utilisée comme on l'a vu.

Après la traversée de la Vanne, l'aqueduc collecteur continue son chemin sur les coteaux de la rive droite jusqu'à 6 850 mètres de la tête d'aval du siphon de la Vanne; il reçoit, en passant devant le village de Chigy, les sources basses de Chigy et du Maroy, refoulées par l'usine de Chigy, et, à son extrémité, en face du moulin de la Forge, une partie des eaux des sources basses de Saint-Philibert, Malhortie, Caprais-Roy, Theil, Noé, refoulées par la deuxième usine, dite de la Forge. Dès qu'il s'écarte du marais de la Vanne vers Flacy, il se soutient sur les coteaux crayeux qui bordent la rivière, terrains solides qui ont beaucoup facilité le percement des souterrains et les fondations des arcades.

---

[1] Voyez la photogravure du siphon de Chigy, pages 202 et 203.

La longueur totale de l'aqueduc collecteur, entre les sources d'Armentières et l'aqueduc principal, est de 20 386 mètres, tant sur la rive gauche de la Vanne que sur la rive droite.

Elle se décompose ainsi :

		MÈTRES
Partie en tranchées ordinaires		12 240
25 souterrains		5 746
Substructions et arcades de la Ranche, de Milly, de Montcaudouard, du siphon de Pont-sur-Vanne et de la poste de Theil, etc.		1 000
Siphon de la Vanne (longueur développée)		1 400
Longueur totale.		20 386

L'aqueduc collecteur est un cylindre à base circulaire de $1^m,70$ de diamètre en amont de l'usine de Chigy et de $1^m,80$ en aval. L'épaisseur de ses parois est uniformément de $0^m,20$, enduit non compris.

Les souterrains et tranchées sont ouverts dans la craie ou dans des terrains de transport : limon, arène et cailloux, provenant souvent de la craie. Les travaux ont été très difficiles sur 3 kilomètres, à partir d'Armentières, parce qu'on a trouvé de très grandes sources qu'on a renfermées dans un drain.

Le siphon de la vallée de la Vanne traverse la tourbière, qui en occupe le fond, sur une longueur d'environ 1 kilomètre. Les tuyaux de $1^m,10$ de ce siphon sont supportés au-dessus de la tourbe par des pieux ; ils sont recouverts d'un remblai crayeux.

Aqueduc principal jusqu'au siphon d'Yonne. — L'aqueduc principal fait suite à l'aqueduc collecteur un peu après la poste de Theil, vis-à-vis l'usine de la Forge ; à peu de distance de là, il reçoit le reste des eaux des sources basses refoulé par l'usine de Malay-le-Roi.

Il passe sans discontinuité des coteaux de la rive droite de la Vanne à ceux de la rive droite de la vallée de l'Yonne jusqu'au

Traversée de la vallée de l'Yonne.

Siphon de l'Yonne. Janvier 1873.)

siphon qui traverse cette dernière vallée. Sa longueur se décompose ainsi :

	MÈTRES
Partie construite en tranchées	14 974
10 souterrains	1 375
Substructions et arcades de Beauregard, de Vaumarot, du siphon de Saligny, du siphon de Soucy, de la Chapelle, de Guy, du siphon de l'Yonne, etc . . .	1 575
Siphons de Saligny et de Soucy.	1 036
LONGUEUR TOTALE. . . .	18 960

Arcades de Guy. (Janvier 1873.)

Siphon de l'Yonne. — Ce siphon est le plus grand de tous.[1]
Sa longueur développée est de 3 737 mètres; sa flèche est de

[1] Voyez la photogravure des pages 206 et 207.

40 mètres. Il est soutenu au-dessus des eaux des crues de l'Yonne par un pont-aqueduc de 1493 mètres de longueur, composé de 162 arches, dont 45 de 6 mètres d'ouverture, 21 de 7 mètres, 80 de 8 mètres, 10 de 12 mètres, 2 de 22^m,60, 4 de 30 mètres et une de 40 mètres. Il est construit en béton aggloméré.

La tranchée qui reçoit les tuyaux est ouverte dans des alluvions limoneuses ou caillouteuses anciennes. Ces alluvions quaternaires se soudent aux alluvions du cours d'eau moderne. Le siphon, sur la rive gauche, remonte dans la craie blanche. On ne peut donner ici de détails sur les terrains de transport limoneux peu importants traversés au fond des autres vallées, ni sur les blocs de grès superficiels qu'on rencontre çà et là à la surface du sol.

Aqueduc principal depuis le siphon de l'Yonne jusqu'à la fin des arcades de Fresnes et des terrains crétacés. — Les coteaux de la rive gauche de l'Yonne, puis de la Seine, à partir de Montereau jusqu'au Loing, sont sillonnés par de nombreuses vallées secondaires creusées dans la craie. Le tracé passe d'un thalweg à l'autre, par des souterrains, et franchit les vallées les plus profondes, soit par des siphons, soit sur des arcades.

Sa longueur se décompose ainsi :

	MÈTRES.
Partie ouverte en tranchées.	8 814
15 souterrains.	9 345
Substructions et arcades d'Oilly, de Pont-sur-Yonne[1], de Villemanoche, de la Chapelle, d'Aigremont, de Chevinois, de Fresnes, etc.	1 488
Siphons d'Oilly, de Villemanoche, d'Aigremont et de Chevinois	1 871
LONGUEUR TOTALE.	21 518

La plus grande partie des tranchées est ouverte dans des terrains limoneux superficiels.

Le terrain crétacé est particulièrement propre aux travaux des aqueducs ; on y a ouvert, à partir des sources, plus de 16 kilomè-

[1] Voyez la photogravure des pages 210 et 211.

Arcades de Pont-sur-Yonne.

(Janvier 1875.)

tres de souterrains, ce qui n'a exigé, pour ainsi dire, aucun boisage.

Aqueduc principal tracé dans les terrains tertiaires éocènes, depuis les arcades de Fresnes jusqu'à l'extrémité des substructions de Moret ; entrée de la forêt de Fontainebleau. — La longueur de cette partie de l'aqueduc se décompose ainsi :

	MÈTRES
Parties construites en tranchées.	7 336
Souterrains du Tertre-Doux, de la Fontenotte, des Carrières, de Rudignon, de Noisy-le-Sec, de Vaubert, des Sureaux, de Ville-Saint-Jacques, de la Fontaine, de la Colonne	5 658
Arcades et substructions du siphon du Loing, de la Grande-Paroisse, etc	443
Siphon de Moret (longueur développée)	2 357
Total	15 794

La craie paraît encore dans certaines parties, surtout dans le souterrain de la Fontenotte, et, çà et là, dans le souterrain du Tertre-Doux.

Les terrains tertiaires, que le tracé rencontre jusqu'à Paris, sont à niveau décroissant. L'aqueduc les traverse donc successivement en commençant par les plus anciens, c'est-à-dire par les terrains éocènes. Contrairement à ce qui a lieu dans la plus grande partie du bassin de la Seine, ces terrains appartiennent entièrement à des formations d'eau douce. L'aqueduc passe d'abord, en souterrain, dans un mamelon de sable connu dans le pays sous le nom de *Tertre-Doux*, puis il entre dans l'argile plastique, composée d'une seule couche de glaise panachée de gris, de violet et de rouge, véritable terrain éruptif, analogue à ceux que vomissent, encore de nos jours, les geysers d'Islande. Au-dessus de la glaise, s'élève une masse puissante de calcaire d'eau douce d'une grande dureté. Les souterrains de Rudignon, de Noisy-le-Sec, de Ville-Saint-Jacques, sont ouverts, partie dans l'argile, partie dans le calcaire, quelquefois dans les deux à la fois. Ils ont donné lieu à de grandes difficultés d'exécution. L'extraction du calcaire, dans le souterrain de Ville-Saint-Jacques, a coûté 32 francs par mètre cube.

C'est surtout à partir de ce souterrain, que se développe un terrain de transport très important : le limon diluvien à deux couches, dans lequel la tranchée de l'aqueduc est ouverte sur une grande longueur. Ce limon ne se trouve que sur les plateaux dépourvus de pente. Vers la fin de l'invasion des eaux diluviennes, qui ont creusé les vallées du bassin de la Seine, cette masse de boue liquide a perdu peu à peu sa vitesse, et lorsque cette vitesse n'a plus été assez grande pour tenir en suspension les parties grossières du limon, il s'est formé instantanément un premier dépôt, composé entièrement de limon grossier ; au-dessus de ce dépôt, s'est abaissé plus lentement un nuage de limon fin qui forme la seconde couche. Ce terrain de transport s'étend sur les plateaux sans pente qui occupent une très grande partie du bassin de la Seine, de la Picardie et de la Flandre. Il est la source de la richesse des cultures de la Brie, de la Beauce, du Vexin, de la Normandie, etc. Çà et là, il descend sur les pentes, entraîné par les pluies. Il a été étalé par les débordements des cours d'eau sur le fond des vallées qu'il a fertilisées.

Ce terrain, lorsqu'il est intact, c'est-à-dire lorsqu'il est composé de deux couches, ne renferme jamais de débris organiques ; mais lorsqu'il a été remanié par les eaux, on y rencontre des fossiles et notamment des ossements de mammifères de l'époque quaternaire. On a fait dans les tranchées de l'aqueduc d'intéressantes découvertes de ce genre.

Entre l'extrémité du souterrain de Ville-Saint-Jacques et la tête du siphon du Loing, l'aqueduc a été construit dans le limon des plateaux à deux couches et sans difficultés sérieuses. Ce limon, véritable terre franche, n'est ni glissant comme l'argile, ni ébouleux comme le sable. Sur une longueur de quelques mètres, on a trouvé, dans la tranchée, de nombreux bois de rennes encore adhérents aux ossements de la tête.

Plusieurs de ces bois étaient entiers, mais tellement friables

Traversée de la vallée du Loing.

Siphon de Moret. (Mai 1870.)

qu'on n'a pu conserver que la base du bois jusqu'au-dessus du premier andouiller. MM. les ingénieurs Buffet et Lesguillier, avec lesquels j'ai visité cette curieuse fouille, ont reconnu, comme moi, que le limon était formé d'une seule couche très peu homogène, analogue aux alluvions des bords des cours d'eau. De plus, le fond de la fouille était tapissé de cailloux roulés; évidemment ce dépôt correspondait au lit d'un ruisseau. Ce lit a été comblé par des matières entraînées par les eaux pluviales.

Le siphon de Moret descend et remonte les coteaux de la vallée, au fond d'une tranchée ouverte dans le calcaire d'eau douce; à sa partie basse. il est supporté au-dessus du niveau des grandes eaux du Loing par 53 arcades d'une longueur totale de 584 mètres. Les fondations de ce grand pont-aqueduc reposent sur les graviers des alluvions anciennes du Loing.

L'extrémité d'aval du siphon passe par-dessus le chemin de fer du Bourbonnais sur un pont métallique de 30 mètres d'ouverture. A peu de distance de ce pont, le tracé quitte le calcaire d'eau douce pour entrer dans un terrain marin.

Aqueduc principal tracé dans les sables de Fontainebleau, depuis les substructions de Moret jusqu'aux arcades de Chevannes. — La longueur de l'aqueduc se décompose ainsi :

	MÈTRES.
Parties en tranchées.	16 162
Souterrains de Bouligny, de Montmorillon, de Médicis, de la Salamandre, de Noisy, de Milly, de Coquibu, de Montrouget, de Thurelles, de Dannemois, de la Padole, de Beauvais, et petits souterrains	11 477
Souterrains à fenêtres d'Arbonne, de Noisy.	1 648
Arcades et substructions des Sablons, du Grand-Maître, de la route de Nemours, de la route d'Orléans, de la Goulotte, du siphon d'Arbonne, de Noisy-sur-Ecolle[1], de Montrouget, du siphon de Montrouget, du siphon de Dannemois, etc	6 183
Siphons d'Arbonne, de Montrouget, de Dannemois .	3 225
Siphon de route.	27
LONGUEUR TOTALE.	38 682

[1] Voyez la photogravure des arcades de Noisy-sur-Écolle, pages 218 et 219.

J'ai dit plus haut que la masse énorme des sablons de Fontai-

Arcades de Montrouget. (Mars 1873.)

nebleau avait été un des plus grands obstacles au tracé de
l'aqueduc de la Vanne et avait fait échouer le premier avant-
projet étudié en 1854 par M. l'ingénieur Lesguillier et moi.
Lorsque les études furent reprises en 1865, après l'achèvement
de la Dhuis, je m'occupais de l'étude des phénomènes diluviens
auxquels le bassin de la Seine doit son relief actuel, et j'avais
remarqué que les sillons creusés dans les sables de Fontainebleau étaient tous dirigés du sud-est au nord-ouest ; il me
sembla qu'il devait en être de même dans la forêt. Or, cette
direction sud-est-nord-ouest conduisait précisément le tracé de
l'aqueduc de l'autre côté des sables en l'éloignant des bas plateaux. J'étudiai cette solution, qui fut reconnue excellente, et
en suivant un de ces longs ravins d'origine diluvienne, on tra-
versa ce terrain, si tourmenté en apparence, sensiblement en

Arcades de Noisy-sur-Ecolle.

(Mars 1873).

ligne droite, sur une longueur de 23 kilomètres, et on put arriver à Paris, à l'altitude de 80 mètres, indispensable à la distribution.

C'est certainement une des plus curieuses applications faites jusqu'ici de la géologie à l'art de l'ingénieur des ponts et chaussées.

Mais les sillons creusés dans du sable par des courants violents sont loin d'être réguliers; leur thalweg est tantôt trop bas, tantôt trop haut; on a racheté ces dénivellations par de hautes arcades d'une longueur totale de 5 200 mètres et de grands souterrains d'un développement de 5 900 mètres.

En dehors de la forêt, à partir de Coquibu, on trouve encore des masses considérables de sable, percées en général par des souterrains.

Sillon rectiligne longeant le tracé.
Entrée du ravin de Coquibu.

Parmi les ouvrages construits dans la traversée des sables, il en est de très-importants, notamment les arcades du Grand-Maître, de la route d'Orléans, le souterrain de Coquibu, etc.

Souterrain de Coquibu.
Dernier puits et tête d'aval.
(Décembre 1869.)

Dans ces sablons, on a découvert une grande quantité d'ossements d'halitherium. Ces intéressants débris de cétacés fossiles ont été détruits par l'incendie de l'Hôtel de Ville.

Le tracé ne se tient pas toujours dans les sables; il sillonne çà et là le limon des plateaux à deux couches : par exemple, au siphon de Montrouget et dans la plaine de Beauvais. Il

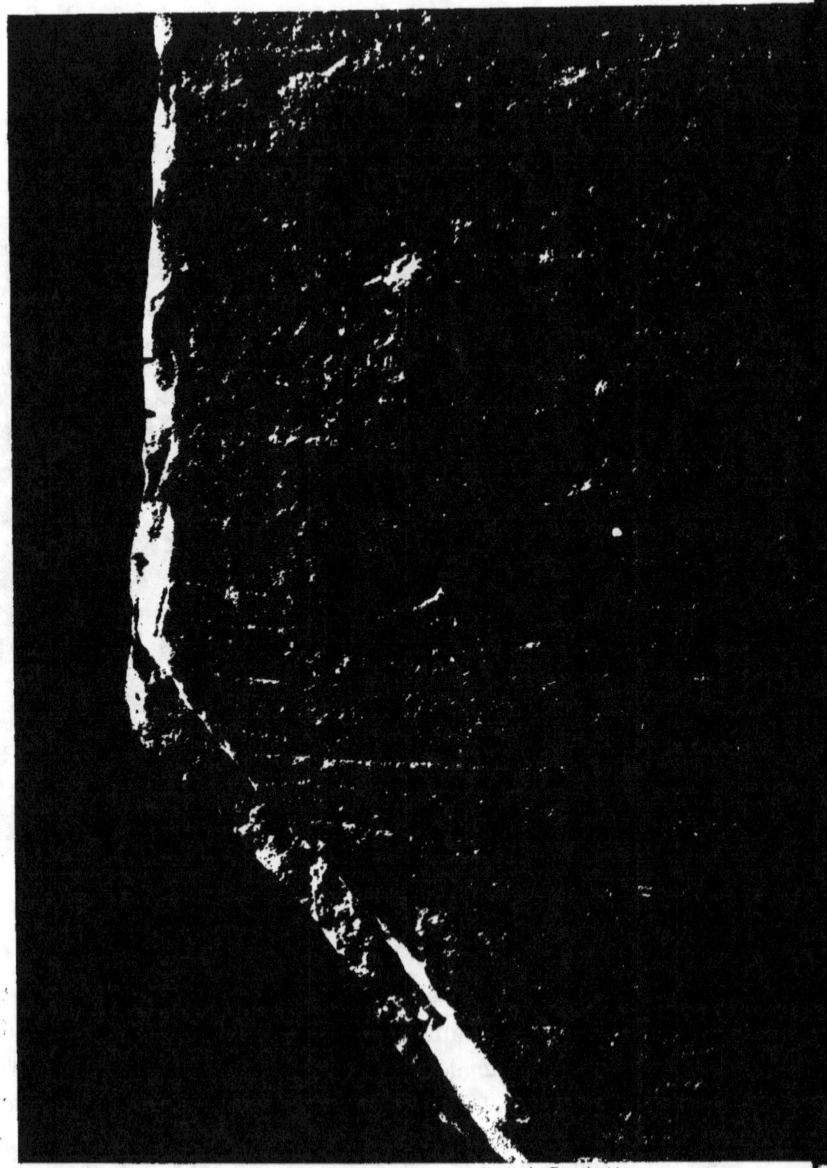

Forêt de Fontainebleau.

Grès strié naturellement

rentre dans les calcaires d'eau douce à la traversée de la petite rivière de l'Écolle. Une découverte géologique très intéressante y a été faite : le crâne d'un grand cervidé, le *Megaceros hibernicus*, a été trouvé dans les limons anciens du lit de la rivière.

Les mamelons de sables de Fontainebleau sont recouverts assez souvent d'une épaisse table de grès, et quelquefois de la masse du calcaire de Beauce ; au-dessus du souterrain de la Padole, on a trouvé cette table de grès striée comme les roches qui se trouvent sur le passage des glaciers. Cette découverte a beaucoup intéressé les géologues, et j'ai conduit deux fois la Société géologique à la Padole.

Aqueduc principal tracé dans le limon des plateaux et dans les amas de meulières du pays de Hurepoix, entre les arcades de Chevannes et le siphon de l'Orge.

	MÈTRES
Parties en tranchées.	3 347
Souterrains de Courances et de Courcouronnes. . . .	427
Arcades et substructions de Chevannes, du siphon d'Ormoy, de Courcouronnes, de Ris-Orangis et de Viry	12 530
Siphon d'Ormoy . . . . , ...	1 451
10 petits siphons maçonnés sous les routes et chemins.	264
LONGUEUR TOTALE	18 019

Le plateau de Hurepoix, que l'aqueduc traverse depuis Chevannes jusqu'au siphon de l'Orge, est absolument plat et à une altitude un peu trop basse ; il en résulte que, sur 11 612 mètres, l'aqueduc s'y trouve en relief au-dessus du sol, porté tantôt sur de basses substructions, tantôt sur des arcades. Les tranchées sont ouvertes dans le limon à deux couches, sous lequel on a trouvé généralement les meulières disséminées en larges amas ; on a naturellement employé ces excellents matériaux pour la construction de l'aqueduc. La deuxième couche du limon a été trouvée assez solide pour porter les fondations des arcades de Courcouronnes.

Arcades de Courcouronnes.

La vallée de l'Essonne, qui traverse le pays de Hurepoix, a été franchie par un siphon. Comme toutes les vallées du bassin de la Seine, dont les versants sont entièrement perméables, la vallée de l'Essonne est très tourbeuse. Sur une longueur de 400 mètres environ, la double conduite qui constitue le siphon est supportée par un pilotis dont les pieux ont jusqu'à 18 mètres de longueur.

Entre l'Essonne et l'Orge, à Courcouronnes, l'aqueduc perce par un souterrain un mamelon de sable de Fontainebleau. Cette

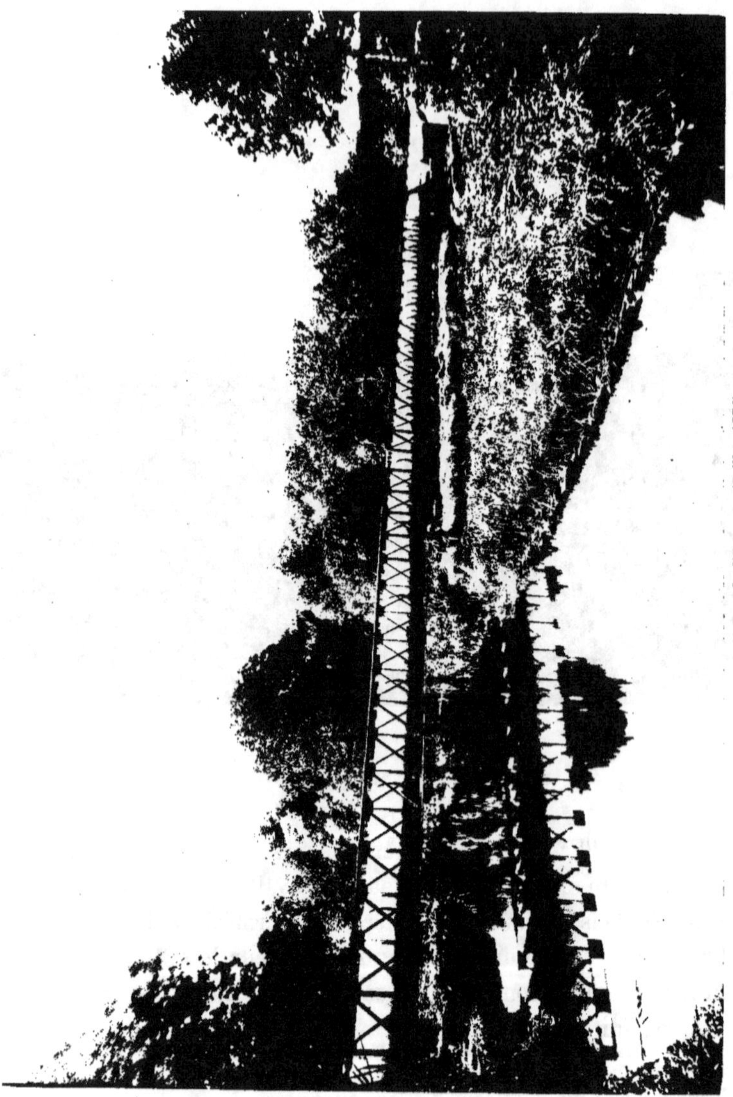

Siphon de l'Essonne. (Juillet 1874).

partie de l'aqueduc, en raison de ces nombreux ouvrages d'art, a été fort coûteuse.

Siphon de la vallée d'Orge. — Longueur développée, 1 972ᵐ.

La tranchée du siphon de l'Orge traverse, au sommet des coteaux, l'extrémité des dépôts de meulières, tantôt en place, tantôt à l'état d'éboulis, puis les marnes vertes et le calcaire d'eau douce (calcaire de Saint-Ouen). A l'altitude 60ᵐ,76, il rencontre, sur la pente du coteau de la rive droite, le limon ancien du lit de l'Orge. Au fond de la vallée, il repose sur l'alluvion ancienne de la rivière.

Aqueduc principal tracé entre l'extrémité du siphon de l'Orge et Paris.

	MÈTRES.
Parties ouvertes en tranchées.	6 104
Souterrains de Champagne, de Rungis, de Chevilly, de l'Haÿ, des Saussayes, des Sablons, des Garennes, du fort de Montrouge	8 215
Arcades et substructions d'Arcueil, de Gentilly, des fortifications	2 602
Siphon du fort de Montrouge.	275
LONGUEUR TOTALE.	17 196

Entre le siphon de l'Orge et la Bièvre, le tracé traverse d'abord la partie inférieure des terrains miocènes; dans le souterrain de Champagne, il rencontre notamment le calcaire à *ostrea longirostris.* A partir de la sortie de ce souterrain jusqu'à 1500 mètres de l'Haÿ, la tranchée traverse le limon des plateaux et atteint les amas de meulières. Le tracé entre ensuite en souterrain dans les glaises vertes sur une longueur de 2 800 mètres. Cette partie du travail a été rendue très difficile par la présence de la nappe d'eau des marnes vertes qu'on a rencontrée presque partout. L'aqueduc est construit sur un large tuyau de drainage qui conduit l'eau de cette nappe dans l'ancien aqueduc d'Arcueil, dont le débit a été au moins doublé.

L'aqueduc marche ainsi à quelque distance de celui d'Arcueil jusqu'au village de ce nom, et il franchit la vallée de la Bièvre sur 77 arcades de 10 mètres d'ouverture et de 990 mètres de longueur totale. Ces arcades, superposées en partie à celles du pont-aqueduc de Marie de Médicis, s'élèvent à 38 mètres au-dessus du fond de la vallée.

Traversée de la vallée de la Bièvre.
Construction du pont-aqueduc d'Arcueil.

Construit exclusivement en maçonnerie brute de meulière et ciment, le nouveau pont-aqueduc est un témoin non équivoque de la sévère économie dont on ne s'est départi sur aucun point.

Je crois, d'ailleurs, pouvoir dire qu'il n'en fait pas moins bonne figure sur le lourd monument en pierre de taille du dix-septième siècle.

Avant d'arriver à l'aqueduc d'Arcueil, le tracé rencontre une faille qui relève le calcaire grossier au niveau des marnes vertes, et il reste dans ce calcaire jusqu'à Paris.

Le calcaire grossier a été exploité presque partout, soit en souterrain, soit à ciel ouvert, et de grands travaux de consolidation ont dû être exécutés à une vingtaine de mètres au-dessous du sol.

Choix des matériaux. — On a indiqué sommairement, dans la description qui précède, les ouvrages d'art exécutés en divers points de l'aqueduc.

En général, on s'est servi, pour les maçonneries, des matériaux qu'on trouvait sur place dans le pays. Ainsi, depuis l'origine du tracé jusqu'à la limite du terrain crétacé, les maçonneries des parties couvertes de l'aqueduc ont été faites en silex de la craie avec mortier de ciment; entre cette limite du terrain crétacé et le Loing, on a fait usage du béton aggloméré, système Coignet, avec sable de rivière, seule matière qu'on avait sous la main.

Depuis le Loing jusqu'aux arcades de Chevannes, les seuls matériaux disponibles étaient les grès tendres et le sablon fin de Fontainebleau. Il a été reconnu que les enduits ne tenaient pas sur les grès. L'aqueduc a donc été fait en béton aggloméré avec le sablon.

Enfin, des bords de l'Essonne, à Chevannes, jusqu'à Paris on a trouvé partout, presque à pied-d'œuvre, la meulière; l'aqueduc a naturellement été construit avec cet excellent moellon.

Il est résulté de ce système une grande économie dans l'exécution des travaux. Ainsi, les 1493 mètres du pont-aqueduc de l'Yonne n'ont coûté que 650 000 francs, y compris les travaux en régie. De même le décompte des travaux du pont-aqueduc d'Arcueil, de 990 mètres de longueur, ne monte qu'à 964 450 francs.

Avec les matériaux appareillés, dont on fait usage dans les travaux publics des mêmes contrées, les dépenses auraient été plus que doublées.

Les tableaux suivants classent, par groupes de même nature, les principaux ouvrages de la dérivation.

1° SIPHONS

N°° D'ORDRE	NOMS DES SIPHONS	NOMBRE D'ARCHES.	OUVERTURE de chaque arche	LONGUEURS HORIZONTALES	LONGUEURS DÉVELOPPÉES
			MÈTRES	MÈTRES	MÈTRES
1	SIPHON DE CHIGY.			1 389,70	1 420,80
	comprenant :				
	Un pont avec tablier métallique au-dessus de la rivière de Vanne.	1	10,00		
	Un passage biais, en dessus du chemin de fer d'Orléans à Châlons	1	16,50		
2	SIPHON DE SALIGNY.			456,31	468,62
	comprenant :				
	Un pont sur le ru de Saligny	1	4,00		
3	SIPHON DE SOUCY.			551,94	567,38
	comprenant :				
	Un pont sur le ruisseau de Mavotte.	1	6,00		
4	SIPHON D'YONNE.			3 719,00	3 737,00
	comprenant 162 arcades dont :				
	Un passage biais au-dessus du chemin des Noues	2	4,50		
	Un pont sur le ruisseau de Gisy.	1	8,00		
	— sur la route nationale de Paris à Lyon	1	22,60		
	— sur la rivière d'Yonne	1	40,00		
		2	30,00		
	— sur le chemin de fer de Paris à Lyon.	1	22,60		
5	SIPHON D'OILLY			368,83	380,27
6	— DE VILLEMANOCHE			512,57	518,65
7	— D'AIGREMONT			665,12	670,72
8	— DE CHEVINOIS.			557,00	540,90
9	— DU LOING OU DE MORET.			2 336,50	2 350,65
	comprenant :				
	53 arcades dont :				
	sur la rivière d'Orvanne.	2	12,00		
	sur le canal du Loing.	1	30,00		
	au-dessus du sol.	1	35,00		
	sur la rivière du Loing	1	30,00		
	au-dessus du sol.	2	12,00		
	—	1	8,00		
	—	45	7,00		
10	SIPHON D'ARBONNE			496,95	507,28
11	— DE MONTROUGET.			1 000,20	1 015,27
12	— D'ÉCOLLE OU DE DANNEMOIS.			1 909,75	1 925,38
	comprenant :				
	Un pont sur la rivière de l'Écolle.	7	10,00		
13	SIPHON D'ESSONNE.			1 451,00	1 451,00
14	SIPHON D'ORGE			1 970,50	1 971,60
	comprenant :				
	Un pont sur la rivière d'Orge.	1	16,00		
	Un ponceau sur un bras de la rivière d'Orge	1	2,00		
	Un pont-tunnel sous le chemin de fer de Paris à Orléans.	1	14,40		
15	SIPHON DU FORT DE MONTROUGE			275,25	275,30
16	— SOUS LA RUE NANSOUTY.			375,00	375,00
	Petits siphons à la traversée des routes et conduites forcées des aqueducs secondaires			3 524,18	3 524,18
	TOTAUX.			21 319,80	21 500,00

2° SOUTERRAINS

SITUATION	DÉSIGNATION	LONGUEUR
		MÈTRES
Département de l'Yonne.		
Commune de Flacy.	Souterrain de Flacy	523,15
— de Villeneuve-l'Archevê-que.	— de Pique.	751,10
— de Pont-sur-Vanne.	— de la poste de Theil. .	604,44
— de Pont-sur-Yonne.	— de Beaujeu.	784,75
— de Villemanoche.	— de Chailleuse.	838,30
— —	— de Champigny	1 428,00
— de Saint-Agnan.	— de Gerjus.	1 619,60
Département de Seine-et-Marne.		
— — —	— de la Brosse-Montceaux.	1 469,60
Commune d'Esmans.	— du Tertre-Doux.	602,00
— de Ville - Saint-Jacques.	— de Ville - Saint-Jacques.	2 207,70
— de Fontainebleau.	— de Bouligny.	1 397,90
— —	— de la Salamandre. . . .	3 067,55
— d'Arbonne.	— d'Arbonnes.	1 282,45
— de Milly.	— de Coquibu.	1 190,00
— de Courances.	— de Thurelles.	1 002,60
— de Champeueil.	— de la Padole.	970,40
— —	— de Beauvais.	2 073,30
— de Savigny.	— de Champagne. . . , .	1 544,70
— de Paray.	— de Rungis	2 281,35
Département de la Seine.		
Commune de Rungis.	— de Rungis.	516,20
— de l'Haÿ.	— de l'Haÿ.	2 800,25
Petits souterrains sur toute l'étendue de la dérivation.		12 944,66
LONGUEUR TOTALE.		41 900,00

3° ARCADES AUTRES QUE CELLES DES SIPHONS.

SITUATION	DÉSIGNATION	NOMBRE D'ARCADES	OUVERTURE de chaque arcade	LONGUEURS TOTALES
			MÈTRES	MÈTRES
Département de l'Yonne :	Arcades des aqueducs collecteurs.	»	»	1 103,45
Commune de Cuy.	Arcades de Cuy.	34	6,00	500,25
Département de Seine-et-Marne :				
Commune d'Esmans.	Arcades de Fresnes. . .	70	7,00	397,20
Commune de Fontaine-bleau.	Arcades des Sablons . .	171	4,00	835,70
	Au-dessus de la route des Sablons	1	6,00	
Id.	Arcades du Grand-Maî-tre	»	»	2 000,00
	comprenant.	2	30,00	
		121	7,00	
		75	12,00	
Id.	Arcades du Vert-Galant, de la Goulotte, etc. .	»	»	1 942,00
		1	30,00	
		1	20,00	
		170	6,00	
		5	12,00	
		60	7,00	
		42	4,00	
Id.	Arcades de Nemours. .	»	»	459,70
	comprenant.	16	4,00	
		46	6,00	
		1	12,00	
		1	30,00	
Id.	Arcades de la route d'Orléans	»	»	414,75
	comprenant.	11	4,00	
		47	6,00	
		1	12,00	
		1	30,00	
Commune de Noisy-sur-Écolle.	Arcades de Noisy-sur-Écolle.	»	»	279,75
	comprenant.	33	7,00	
Commune de Chevannes.	Arcades de Chevannes.	»	»	1 613,00
	comprenant.	307	4,00	
Commune de Courcou-ronnes	Arcades de Courcou-ronnes	»	»	1 207,50
	comprenant.	244	4,00	
Commune de Ris-Orangis	Arcades de Ris-Orangis.	»	»	2 360,50
	comprenant.	504	4,00	
Département de Seine-et-Oise :				
Commune de Viry-Châ-tillon.	Arcades amont du si-phon d'Orge	»	»	
	comprenant.	144	4,00	749,80
Département de la Seine.	Pont-aqueduc d'Arcueil.	77	10,00	990,25
	Arcades aux extrémités des siphons	»	»	1 946,35
	Total.			16 600,00

Regards. — Le nombre des regards construits sur le parcours de la dérivation s'élève à 266, savoir :

Grands regards. 34
Puits-regards. 44
Petits regards 188
                                        266

Les petits regards sont espacés entre eux de 500 mètres. Ils ont été construits, pour la plupart, comme l'aqueduc lui-même, avec les matériaux trouvés sur place ; ils sont d'aspect très simple, d'un entretien peu coûteux et d'un accès facile. Aussi bien que pour l'aqueduc de la Dhuis, on a renoncé à leur donner la forme monumentale qui distingue ceux des aqueducs romains et de l'aqueduc de Marie de Médicis.

CONSTRUCTION

L'étude du projet d'exécution fut faite, sous ma direction, par MM. les ingénieurs Vallée, Huet et Humblot, immédiatement après l'approbation de l'avant-projet.

Le projet fut approuvé par délibération du Conseil municipal en date du 16 août 1866 et par arrêté préfectoral du 26 du même mois.

Les travaux furent divisés en trois arrondissements d'ingénieur.

L'arrondissement d'amont comprenait toute la partie de l'aqueduc située dans le département de l'Yonne ; l'arrondissement central, la partie qui s'étend entre la limite de l'Yonne et la tête amont du siphon du Paleau, près de la vallée d'Orge. L'arrondissement d'aval commençait à ce dernier point et se terminait au réservoir de Montrouge[1].

---

[1] Arrondissement d'amont, ingénieur, M. Humblot.

Arrondissement central, études faites par M. l'ingénieur Vallée, travaux dirigés par M. l'ingénieur Lesguillier.

Arrondissement d'aval, ingénieur, M. Huet.

M. l'ingénieur en chef Buffet fut chargé de la direction d'ensemble des travaux.

Les travaux, comprenant dix lots, furent adjugés à huit entrepreneurs.

1° CONSTRUCTION DE L'AQUEDUC

1er *Lot*. — Entrepreneurs, MM. Bridet, Fabre et Knittel. — Coteaux crayeux de la vallée de la Vanne. — Aqueduc et captation de sources.

Ce lot comprenait les aqueducs secondaires, l'aqueduc collecteur et les travaux de captation de sources qui ont donné lieu à de très grands épuisements et, par conséquent, à des dépenses en régie considérables ; l'entreprise elle-même a eu de sérieuses difficultés à surmonter, en exécutant les maçonneries dans les fouilles envahies par les sources.

2e et 3e *Lots*. — Entrepreneur, M. Prégermain. — Coteaux crayeux de la Vanne et de l'Yonne. — Grand aqueduc jusqu'à la limite du département de l'Yonne.

Cette entreprise s'étendait entre Theil et la limite des départements de l'Yonne et de Seine-et-Marne. Terrain partout excellent.

4e *Lot*. — Entrepreneur, Société des bétons agglomérés. — Coteaux argileux et calcaires compacts de la rive gauche de l'Yonne et de la Seine. — Grand aqueduc jusqu'à la tête aval du siphon du Loing.

Le terrain, dans toute l'étendue de l'entreprise, est assez mauvais, sauf vers la limite de l'Yonne.

5e *Lot*. — Entrepreneur, Société des bétons agglomérés. — Traversée des sables de la forêt de Fontainebleau. — Grand aqueduc.

Ce lot, qui traversait la forêt de Fontainebleau et s'étendait dans un pays accidenté privé de matériaux et de voies de communication, comprenait les travaux les plus importants de la dérivation.

La percée des souterrains ouverts dans les sables a présenté de sérieuses difficultés ; il a fallu des boisements considérables, tant dans les puits que dans les galeries. Quant aux arcades, les principales, celles du Grand-Maître, n'ont pas moins de 15 mètres de hauteur.

6ᵉ *Lot.* — Entrepreneurs, MM. Watel et Nobilet. — Plateaux d'argiles à meulières, rive gauche de la Seine jusqu'à la vallée d'Orge. — Grand aqueduc.

La traversée du marais de l'Essonne a été une des difficultés sérieuses de l'opération de la Vanne.

7ᵉ *Lot.* — Entrepreneur, M. Pocialikowski. — Plateaux d'argiles à meulières entre l'Orge et le pont-aqueduc de la Bièvre. — Calcaire grossier entre ce pont-aqueduc et Paris.

2° SIPHONS

8ᵉ *Lot.* — Fourniture de fonte. — Fournisseurs, MM. Boigues, Rambourg et Compagnie, Pinart et Compagnie.

La plus grande partie de cette fourniture se composait de tuyaux de $1^m,10$ de diamètre destinés à former les doubles lignes des siphons.

9ᵉ *Lot.* — Fontainerie. — Entrepreneurs, MM. Fortin Hermann frères.

Ce lot comprenait l'établissement des siphons métalliques.

10ᵉ *Lot.* — Pont-aqueduc d'Arcueil. — Entrepreneur, M. Perrichont.

Les travaux commencés le 8 novembre 1867 furent terminés en 1876.

Les événements de 1870-1871 amenèrent une suspension des travaux d'une année au moins.

L'eau de la Vanne est arrivée à Arcueil le 4 juin 1874 et à Paris le 12 août suivant ; elle a fait un service irrégulier pendant l'automne et l'hiver. A la suite d'une visite générale faite en mars 1875, l'eau est revenue à Paris le 11 avril suivant, et le service régulier a commencé quelques jours après.

Depuis cette époque, la distribution des eaux s'est faite, pour ainsi dire, sans interruption.

DÉPENSES FAITES POUR LA CONSTRUCTION DE L'AQUEDUC DE LA VANNE ET DES RÉSERVOIRS DE MONTROUGE

FRANCS.

1° — Personnel. 839 954,10
2° — Acquisition de terrains pour l'aqueduc. 3 336 770,75

3° — Travaux de l'aqueduc.
- Maçonnerie, terrasse, etc. . . . .   19 936 071',78°
- Fourniture de fontes pour les siphons. . . .   4 612 325 ,39
- Fontainerie. . . . .   974 823 ,44

TRAVAUX SPÉCIAUX :

- Arcades de l'Yonne. . . . .   499 912',31°
- Travaux d'appropriation des machines, maçonnerie. . .   134 760 ,69
- Construction d'un aqueduc à Theil. . . . .   104 372 ,63
- Construction d'un pont métallique à Moret. . . . .   33 000 ,00
- Construction du pont-aqueduc d'Arcueil. . . . . . .   964 450 ,84
- Établissement de machines élévatoires des sources basses à La Forge, Chigy et Malay-le-Roi. . . . . .   249 000 ,00

(Travaux spéciaux : 1 985 496 ,47)

(Total 3° — Travaux de l'aqueduc : 27 508 717,08)

4° — Dépenses et travaux. Salaires de surveillants et d'ouvriers en régie — consolidation de carrières sous l'aqueduc — travaux d'épuisements — fourniture de robinets, de bondes de fond, etc. 3 273 720,40

— Travaux au profit de la commune de Theil, à titre d'indemnité. 20 000,00

RÉSERVOIRS DE MONTROUGE :

1° — Maçonnerie, terrassements, etc. . . . .   4 088 134',28°
2° — Fontes pour tuyaux de distribution . . . .   181 651 ,15
3° — Fontainerie . . . .   31 659 ,88
4° — Consolidation du sous-sol . . . .   917 076 ,82
5° — Dépenses et travaux divers en régie — frais de surveillance — maison de garde — indemnité d'occupation — indemnité de résiliation du bail Laroque . . . .   563 921 ,05

(Total Réservoirs de Montrouge : 5 782 443,18)

ENSEMBLE. 40 761 614,51

Travaux de distribution dans Paris. 3 238 385,49
Acquisition des sources, de diverses usines, de propriétés rurales et du terrain nécessaire à la construction des réservoirs (en nombre rond). . . . .   5 000 000, »

TOTAL. . . . .   49 000 000, »

FRANCS.

Si on retranche du chiffre de. . . . . 49 000 000 »

la dépense des réservoirs,
qui s'élève, avec le terrain,   FRANCS.
à . . . . 6 800 000 »
et celle de la distribution
dans Paris. . . . . 5 200 000 »

Soit . . . . . 10 000 000 » 10 000 000 »

On a. . . . . 59 000 000 »

somme représentant la dépense faite pour amener à Paris une moyenne de 100 000 mètres cubes d'eau par jour à l'altitude de 80 mètres, soit, par an, 36 500 000 mètres cubes.

L'intérêt à 5 0/0 de. . . . . 59 000 000 »
étant de . . . . 1 950 000 »
et la dépense annuelle d'entretien de l'aqueduc et des
machines élévatoires de. . . 268 000 »

Total. . . . . . 2 218 000 »

on en conclut que le prix d'un mètre cube d'eau de Vanne, amené à l'altitude de 80^m, est de $\frac{2\,218\,000}{36\,500\,000}$, ou de 0 fr., 0608.

APPENDICE

APPENDICE

I

SERVICE DES EAUX EN 1854[1].

(Pages 2 et 62.)

Le service des eaux de Seine était, en 1854, comme celui des eaux d'Ourcq, dans la situation la plus fâcheuse.

Les pompes à feu, dont la Ville disposait alors, étaient les deux nouvelles machines de Chaillot, les vieilles machines du Gros-Caillou, construites par les frères Périer, une petite machine installée au n° 17 du quai d'Austerlitz, sur un terrain qui est aujourd'hui compris dans la gare de la compagnie du chemin de fer d'Orléans, auxquelles s'ajoutait la vieille pompe du pont Notre-Dame. Ces machines, supposées en parfait état, pouvaient monter, en travaillant toutes à la fois, 39 000 mètres cubes d'eau, comme le dit le rapport du préfet; les machines de Chaillot devaient à elles seules donner 36 000 mètres cubes.

Mais je dois d'abord faire observer que, dans un service bien réglé, il n'est pas permis de faire marcher ensemble toutes les machines élévatoires de la distribution d'eau d'une ville.

---

[1] Extrait de l'*Historique du service des eaux*, par M. Belgrand, Paris 1875. Pages 13 à 18.

Le rapport porte à 1500 mètres cubes le produit de l'aqueduc d'Arcueil. En temps moyen, l'aqueduc d'Arcueil n'a jamais donné plus de 1000 mètres cubes et les sécheresses de 1858-1859 ont prouvé que, pendant des mois entiers, ce débit tombait au-dessous de 500 mètres cubes. En 1854, année très humide, sa portée a varié de 808 à 2 254 mètres cubes. Mais il est rare qu'il en soit ainsi.

Le produit des sources du Nord ne pouvait, dans une année sèche, être porté à plus de 200 mètres cubes. La quantité d'eau mise à la disposition des usagers se décomposait donc ainsi :

	MÈTRES CUBES
Canal de l'Ourcq..	60 000
Eau de Seine..	19 000
Eau d'Arcueil.	500
Puits de Grenelle..	900
Sources du Nord	200
Total	80 400

au lieu de 141 814 mètres cubes portés au mémoire du préfet.

L'eau de l'Ourcq alimentait alors, comme aujourd'hui, les quartiers bas de l'ancien Paris. Elle y était affectée aussi bien au service privé qu'au service public.

Le niveau légal du bassin de la Villette a été fixé originairement à l'altitude 51^m,50, puis à l'altitude 52 mètres.

On crut d'abord qu'on pouvait faire la distribution, même à d'assez grandes distances de ce bassin, à des altitudes presque égales à 52 mètres. Ainsi, j'ai fait remplacer l'eau de l'Ourcq par l'eau de Seine, dans la rue de Reuilly, où le service était devenu impossible. Il y avait, entre autres, une concession dans une maison dont le sol était à l'altitude 51^m,50. On a posé une conduite maîtresse de 0^m,40 dans la rue Saint-Maur, dont le pavage est presque constamment à des altitudes comprises entre 46 et 48 mètres. Cette conduite ne débite qu'une quantité d'eau insignifiante ; les difficultés de la distribution étaient telles,

qu'on avait autorisé les riverains de l'aqueduc de ceinture à
établir des pompes pour aspirer l'eau de ce canal. J'ai fait disparaître les derniers de ces engins, après la régularisation des
machines de Chaillot.

En pratique, on a reconnu que la distribution d'eau d'Ourcq
devait être limitée sur les coteaux de la rive droite par une
ligne brisée tracée à l'altitude 46 mètres. Cette ligne, de l'amont
à l'aval de Paris, passe par les points suivants qui correspondent.
soit aux extrémités des conduites, soit aux bouches d'eau les
plus élevées de la voie publique.

Rive droite

Rue de Bercy, contre le chemin de fer de Lyon.
Vallée de Fécamp, jusqu'à l'avenue Daumesnil.
Carrefour de la rue de Charenton et de l'avenue Daumesnil.
     —   de la rue de Reuilly et du boulevard Mazas.
     —   des rues Saint-Maur et de la Roquette.
     —   du boulevard Voltaire et de la rue de la Roquette.
     —   des rues Folie-Méricourt et des Trois-Bornes.
     —   des rues Saint-Maur et des Trois-Bornes.
     —   des rues du Faubourg-Saint-Martin et des Écluses.
     —   du boulevard Magenta et du Faubourg-Saint-Denis.
     —   des rues Lafayette et du Faubourg-Poissonnière.
     —   des rues Saint-Lazare et des Martyrs.
Fontaine Saint-Georges.
Carrefour des rues Blanche et Pigalle.
     —   des rues de Clichy et de Tivoli.
     —   des rues d'Amsterdam et de Londres.
     —   des rues du Rocher et de Laborde.
     —   du boulevard Malesherbes et de la rue de Lisbonne.
     —   de l'avenue Friedland et de la rue du Faubourg-Saint-Honoré.
     —   de l'avenue des Champs-Élysées et de la rue de Morny.
Place de l'Alma.
Petite distribution aux Ternes et à Auteuil.

Sur les coteaux de la rive gauche, la limite de la distribution
d'eau d'Ourcq passe par les points suivants :

Rue du Chevaleret.
Carrefour des boulevards Saint-Marcel et de l'Hôpital.

Le quai, entre les boulevards de l'Hôpital et de la Gare.

Fond de la vallée de la Bièvre jusqu'à la rue du Champ-de-l'Alouette.

Rue de Jussieu jusqu'à la rue Linné et rue Linné.

Rues des Écoles et Racine.

Place de l'Odéon.

Rue de Vaugirard depuis la rue de Tournon jusqu'aux fortifications.

Le service public se fait très régulièrement dans ces limites. Le service privé les accepta d'abord sans réclamation, parce que les orifices de sortie de l'eau étaient tous placés au rez-de-chaussée. Mais, dans ces dernières années, et surtout dans les maisons neuves, les distributions d'appartement ont pris un grand développement ; on a voulu faire monter l'eau de l'Ourcq au moins au premier étage. Cette condition n'a pu être remplie sur les points où l'altitude du sol s'élève à 46 mètres, et même à 42 mètres. Ainsi, dans la rue de Londres, à l'angle de la rue d'Amsterdam, où l'on est à peu près à l'altitude 42, on a constaté l'impossibilité de faire des distributions d'appartement.

Sur la rive gauche, la limite de la distribution d'eau d'Ourcq est beaucoup plus basse, et cette distribution ne serait même pas possible sans les trois réservoirs de Vaugirard[1], de Racine[2] et de Saint-Victor[3]. La distribution de l'eau de l'Ourcq a donc soulevé les plus vives et les plus légitimes réclamations des abonnés.

L'eau de Seine, les eaux d'Arcueil (sources du Midi), de Belleville et des Prés-Saint-Gervais (sources du Nord) et du puits de Grenelle, alimentaient, en 1854, les quartiers de l'ancien Paris situés au-dessus de l'altitude 46, c'est-à-dire, sur la rive droite, la bande étroite de coteaux qui longe les anciens boulevards extérieurs entre le Trocadéro et l'ancienne barrière de Charenton, et, sur la rive gauche, les coteaux du boulevard de l'Hôpital, le plateau du Panthéon, le quartier du Luxembourg et la zone étroite qui longe le boulevard Montparnasse au-dessus de la rue de Vaugirard. L'eau des machines de Chaillot, refoulée originaire-

[1] Commencé en 1839, achevé en 1840.
[2] Commencé en 1836, achevé en 1838.
[3] Mis en service vers 1823.

ment dans les trois bassins construits par les frères Périer, était divisée entre ces réservoirs et deux petites cuves en tôle situées dans la partie haute du terrain de la Ville, tout près de l'avenue du Roi-de-Rome[1], et très insuffisantes pour répartir ces eaux sur les coteaux de la rive droite.

Le trop-plein de ces cuves tombait dans les anciens réservoirs des frères Périer, et, de là, se distribuait dans le quartier des Tuileries, de Rivoli, Saint-Honoré et sur les boulevards intérieurs.

Une conduite de dérivation, branchée sur la conduite de refoulement, dirigeait une partie de l'eau au réservoir du Panthéon[2]. Ce réservoir la répartissait dans tous les quartiers élevés de la rive gauche, depuis la Salpêtrière et l'abattoir de Villejuif jusqu'à l'extrémité de la rue de Vaugirard.

L'eau d'Arcueil débouchait à l'altitude $57^m,49$, à son réservoir situé près de l'Observatoire[3]. Une des conduites maîtresses de ce réservoir débouchait dans les soubassements du réservoir du Panthéon, où l'eau était reçue dans un petit bassin couvert. L'eau du puits artésien de Grenelle se dirigeait également vers le réservoir du Panthéon.

Cette distribution des quartiers hauts de l'ancien Paris n'était pas meilleure que celle des quartiers bas. L'eau ne pouvait s'élever à tous les étages des maisons.

Le tableau suivant indique le diamètre et la longueur des conduites de la distribution de Paris à la fin de 1854 :

[1] Ces cuves ont été détruites après l'achèvement des réservoirs de Passy, en 1858.

[2] Commencé en 1841, mis en service en 1843. Ce réservoir est toujours en service.

[3] Construit et mis en service en 1843.

LONGUEURS, EXPRIMÉES EN MÈTRES, DES CONDUITES D'EAU EXISTANT A PARIS AU 31 DÉCEMBRE 1854.

DÉSIGNATION DES DIAMÈTRES	OURCQ				SEINE				LONGUEUR TOTALE DES CONDUITES PAR DIAMÈTRE (Seine et Ourcq)
	FONTE	TÔLE ET BITUME	PLOMB	TOTAUX	FONTE	TÔLE ET BITUME	PLOMB	TOTAUX	
0,027 et 0,034	»	»	1 321	1 321	»	»	245	245	1 566
0,041	550	»	1 043	1 593	370	»	673	1 043	2 636
0,054	165	755	835	1 749	»	441	1 765	2 206	3 955
0,06	8 114	»	1 291	9 405	62	145	795	1 002	10 407
0,067	»	»	»	»	»	»	151	151	151
0,081	102 325	3 654	680	106 654	16 206	10 041	4 681	30 928	137 582
0,108	28 781	928	600	30 309	4 262	5 961	3 120	11 345	41 652
0,135	12 426	1 090	22	13 538	1 427	7 540	885	9 852	23 390
0,162	11 234	1 568	18	12 820	7 784	3 640	796	12 220	25 040
0,190	4 635	»	1	4 636	225	205	»	430	5 066
0,216	5 043	379	76	5 498	9 122	1 604	884	11 610	17 108
0,25	19 955	»	7	19 962	4 502	3 512	1	8 015	27 977
0,30	9 757	525	6	10 268	1 378	1 692	»	3 070	13 338
0,325	3 688	»	1	3 689	6 960	»	2	6 962	10 651
0,35	8 700	»	1	8 701	4 388	»	»	4 388	13 089
0,40	9 865	»	»	9 865	4 108	1 355	»	5 463	15 328
0,50	6 733	»	»	6 733	2 707	4 775	»	7 482	14 215
0,60	1 528	»	»	1 528	»	»	»	»	1 528
TOTAUX.	233 475	8 894	5 900	248 269	65 501	38 911	13 998	116 410	364 679

DÉSIGNATION	TOTAUX DES CONDUITES		
	EN FONTE	EN TÔLE ET BITUME	EN PLOMB
Ourcq................	233 475	8 894	5 900
Seine................	65 501	38 911	13 998
TOTAUX PARTIELS.......	296 976	47 805	19 898
TOTAL...........	**364 679**		

L'examen de ce tableau fait comprendre la faiblesse de la distribution. J'ai dit que le service disposait avec peine de 60 000 mètres cubes d'eau d'Ourcq, quoique la Ville eût le droit d'en tirer 105 000 du bassin de la Villette. L'aqueduc de ceinture qui s'étend de ce bassin à la rue du Rocher, en se tenant un peu au-dessous des anciens boulevards extérieurs, est certainement la plus grande et la plus puissante conduite de distribution qui ait été construite; mais il ne rapproche pas l'eau des points éloignés à desservir ; il facilite simplement le développement du nombre des regards de prise d'eau. A l'époque déjà ancienne où a été commencée la distribution d'eau de l'Ourcq, les conduites maîtresses étaient beaucoup trop petites. Les prises d'eau des regards Saint-Laurent, Poissonnière, des Martyrs, Blanche, de Clichy, n'avaient pas plus de $0^m,250$, $0^m,325$, $0^m,350$ et $0^m,400$ de diamètre. C'est quelques années avant l'époque que je considère qu'on posa la conduite de $0^m,60$ de la galerie Saint-Laurent, et la première conduite de $0^m,50$ du réservoir Monceau. Toutes ces conduites réunies ne faisaient pas l'équivalent d'une artère maîtresse de 1 mètre de diamètre; comment, avec un tel réseau et une si faible charge, aurait-il été possible de distribuer 100 000 mètres cubes d'eau ?

Voici quel était alors le nombre des appareils de puisage.

Bornes-fontaines.	1 938
Bouches d'eau.	129
Poteaux d'arrosement.	109
Bouches d'arrosement.	20
Bornes à repoussoir.	32
Coffres d'incendie.	58
Bureaux de stationnement.	45
Fontaines monumentales	29
Fontaines de puisage à la sangle	69.
Fontaines marchandes.	13
Regards à cuvette.	19
Urinoirs	9

C'était donc surtout la canalisation et le nombre des appareils de lavage qu'il importait de développer.

II

SERVICE DES EAUX A LONDRES EN 1854[1].

(Page 7.)

A Londres, autour de la Cité, dont l'administration est concentrée sous une direction unique, se groupent près de deux cents paroisses, qui composent ce qu'on nomme la Métropole, mais qui sont, en réalité, autant de communes indépendantes, administrées sans contrôle par les conseils de fabrique ou par leurs délégués. Le service des eaux est fait, dans l'ensemble de la ville, par neuf compagnies privilégiées ayant des périmètres d'exploitation distincts. L'administration municipale de la Cité et les comités administratifs des paroisses de la Métropole s'abonnent avec ces compagnies pour la fourniture de l'eau nécessaire aux services publics, qui se bornent à l'arrosement des rues, à l'alimentation des pompes à incendie et aux chasses de nettoiement dans les égouts. Les fontaines monumentales et les bornes-fontaines sont, en effet, complètement inconnues à Londres. Suivant le rapport de M. Mille, les services publics n'y consomment que 22 000 mètres cubes d'eau. Pour une superficie de 213 kilomètres carrés, ce n'est qu'un peu plus de 100 mètres par kilomètre. Or, à Paris, nous employons aujourd'hui, pour desservir incomplètement une superficie de 33 kilomètres carrés, 56 040 mètres cubes, soit environ 1360 mètres par kilomètre, et je suppose qu'un service complet pourrait en consommer le double. On voit encore ici combien les choses se passent différemment dans les deux villes.

[1] Note de l'*Historique du service des eaux*, 1875. Page 9. Rapport du préfet de 1854.

La consommation totale de Londres étant de 22 000 mètres cubes, il ressort de ce qui précède que les services privés en absorbent 178 000, soit, pour une population de 2 400 000 habitants, près de 75 litres par individu. Je n'ai aucun document qui me permette de distinguer, dans ce chiffre, la consommation domestique de celle des autres services privés. Mais, pour une population éventuelle de 1 200 000 âmes que j'attribue à Paris dans mes calculs, 75 litres par individu produisent exactement le total de 90 000 mètres cubes auquel se portent mes évaluations.

III

RACHAT DES CANAUX DE L'OURCQ ET SAINT-DENIS.

(Page 53.)

Pour se mettre à l'abri de toute réclamation, soit de la compagnie des canaux, soit des usiniers qui utilisaient autrefois les chutes des écluses du canal Saint-Denis, la ville de Paris devait, avant le rachat, considérer le chiffre de 5 500 pouces d'eau (105 573 mètres cubes par jour) auxquels elle avait droit, non comme une moyenne, mais comme un maximum, et elle devait organiser son service de manière à rester toujours au-dessous de ce chiffre. Les prises d'eau de Marne, à Trilbardou et à Isles-les-Meldeuses servaient, avant tout, à assurer la navigation et ce n'est qu'exceptionnellement que la Ville pouvait prélever, au bassin de la Villette, plus de 105 000 mètres cubes.

Au contraire, depuis le rachat et la suppression des usines, on peut, la veille d'un jour de grande consommation, laisser l'eau monter de $0^m,20$ au-dessus du niveau légal du bassin de la Villette et, le lendemain, la laisser descendre de 0^m10 au-dessous, en s'assurant ainsi un supplément de 40000 mètres cubes, Sans doute, la Ville est toujours tenue d'exécuter ses conventions envers l'État, mais les intérêts de la navigation et ceux de la consommation sont dans les mêmes mains et on parvient à les concilier.

Maintenant, on ne peut se dissimuler que l'importance du canal de l'Ourcq, comme porteur d'eau, sera considérablement diminuée aussitôt qu'on aura mis à exécution les projets récemment présentés, pour porter à $3^m,20$ le tirant d'eau du canal Saint-Denis et du bassin de la Villette.

Ce bassin est, comme on sait, le grand port de Paris, port admirablement situé dans un arrondissement éminemment industriel et sur un point culminant d'où les marchandises descendent à peu de frais vers les divers quartiers de Paris. Il s'y fait, par an, un mouvement de 1 400 000 tonnes de marchandises. Quant au canal Saint-Denis, qui est sa voie d'accès la plus importante, la seule en rapport avec la basse Seine, il y circule annuellement 1 200 000 tonnes. Ce sont des chiffres élevés, mais il n'est pas douteux que, lorsque le port et sa voie d'accès seront transformés, le trafic et, par suite, la consommation d'eau ne croissent dans des proportions considérables.

Aujourd'hui, on assure la navigation, même au moment de sa plus grande activité, avec un volume d'eau de 53 000 mètres cubes, dont 30 000 pour le canal Saint-Denis et 23 000 pour le canal Saint-Martin, qui a une longueur moindre et un trafic moins important. Or, le débit moyen de l'Ourcq, qui est de 223 000 mètres cubes, par jour, s'abaisse d'ordinaire, en étiage, à 157 000 mètres cubes, en y comprenant l'eau de Marne relevée par les machines auxiliaires. L'excédent de débit est suffisant pour toutes les éventualités de l'avenir en ce qui concerne la navigation, mais il n'est que suffisant.

Le projet d'amélioration consiste, en effet, non à agrandir les écluses actuelles, mais à leur accoler des écluses nouvelles d'une surface presque triple.

On s'est ainsi proposé de maintenir la navigation pendant l'exécution des travaux, de ne pas exagérer inutilement la consommation d'eau, en obligeant les petits bateaux à se servir des grandes écluses, et surtout de permettre au trafic de se développer dans de larges proportions, en laissant la navigation actuelle se continuer parallèlement à la grande.

Mais il est clair que si le nombre de bateaux arrivait à atteindre le même chiffre sur la ligne de grande navigation que sur la petite, où il est à peu près à son maximum, la consommation d'eau, sur le canal Saint-Denis, serait quadruplée, et la

Ville ne pourrait plus disposer, pour ses services intérieurs, que d'un volume très réduit. Sans doute, ce serait se faire une grande illusion que de compter, dans un avenir prochain, sur un pareil accroissement de trafic ; mais il n'en est pas moins vrai que, dès aujourd'hui, on ne peut plus considérer le canal de l'Ourcq comme une source d'alimentation de premier ordre pour les services publics.

A. B.

IV

ÉTAT DU SERVICE DES EAUX DE PARIS EN 1860
APRÈS L'ANNEXION.
TRAITÉ PASSÉ AVEC LA COMPAGNIE GÉNÉRALE DES EAUX[1].

(Page 93.)

Avant l'annexion, la compagnie générale des eaux avait acheté les traités des compagnies chargées des distributions d'eau des communes de la banlieue. Ces compagnies étaient au nombre de trois, savoir :

Compagnie générale des eaux (MM. A. Dufour et Cie). *Communes desservies.*

	DURÉE DU TRAITÉ.
Charenton.	35 ans.
Saint-Mandé.	75 —
Vincennes.	75 —
Charonne.	75 —
Belleville.	26 —
La Villette.	29 —
Pantin.	54 —
Le Pré-Saint-Gervais.	54 —
La Chapelle.	55 —
Montmartre.	75 —

Société des eaux d'Auteuil et communes environnantes. Communes desservies.

	DURÉE DU TRAITÉ.
Courbevoie	5 ans.
Neuilly.	15 —
Boulogne.	7 —
Auteuil.	7 —
Passy.	7 —
Grenelle.	5 —
Vaugirard	6 —
Montrouge et Plaisance.	76 —
Gentilly	8 —

[1] Extrait de l'*Historique du service des eaux* 1875. — Pages 19 à 28.

MM. Bouhier de l'Écluse et Cie. — Communes desservies.

DURÉE DU TRAITÉ.

Batignolles. . . . . 73 ans.
Clichy. . . . . Pas de durée fixée.

En outre, la compagnie avait pris, en son propre nom, les services des communes de :

DURÉE DU TRAITÉ.

Ivry. . . . . 45 ans.
Villejuif. . . . . 45 —

et de deux autres communes qui figurent sur les rôles sans aucune indication de durée.

Saint-Ouen . . . . »
Issy. . . . . »

Le nombre des habitants de ces vingt-cinq communes était, d'après le recensement de 1856, de 415 646 ; mais il est certain qu'au moment de l'annexion il s'était beaucoup accru, et qu'il s'élevait à environ 500 000.

Voici, d'après les registres de la compagnie, quelle était la situation du service des eaux de ces communes. La quantité d'eau distribuée était d'environ 10 000 mètres cubes, et, pour satisfaire à ses engagements, la compagnie devait en élever 15 000[1].

Produits en argent.

FRANCS.

Abonnements contractés par les particuliers . .	903 136,00
Abonnements contractés par les grandes administrations[2].	258 068,80
Les fontaines marchandes	312 653,31
Les suppléments	93 636,63
Accroissement prévu pour 1860.	225 605,10
Total des recettes au 31 décembre 1860. .	1 793 099,84

[1] Chiffres un peu incertains et probablement trop élevés.
[2] La compagnie désignait ces abonnements sous le nom de **services publics.**

EXERCICE 1859. — RÉPARTITION DES PRODUITS PAR COMMUNE.
ABONNEMENTS ORDINAIRES : NOMBRE DES ABONNÉS : 6 047.

	FRANCS.
Charenton	3 860,00
Saint-Mandé	9 845,60
Vincennes	2 548,00
Charonne	54 790,20
Belleville	115 415,20
La Villette	106 974,80
Pantin	7 243,60
Le Pré-Saint-Gervais	3 185,80
La Chapelle	68 290,40
Montmartre	109 383,20
Saint-Ouen	2 045,00
Batignolles	66 105,60
Clichy	11 439,60
Courbevoie	5 470,00
Neuilly	56 160,05
Passy	92 232,00
Auteuil	50 410,00
Boulogne	10 995,40
Grenelle	18 200,00
Vaugirard	37 686,80
Issy	460,00
Montrouge	56 884,00
Plaisance	19 572,60
Gentilly	22 498,00
Ivry	25 060,00
Villejuif	5 495,20
Abonnements à la plomberie	880,00
Total	903 136,00

SERVICES PUBLICS

	FRANCS.
Maison de Charenton	5 800,41
Château et fort de Vincennes	9 989,00
Hôpital militaire de Vincennes	1 229,20
Magasin aux fourrages de Vincennes	51,30
Établissements communaux de Belleville	575,00
Abattoir de Belleville	1 284,00
Chemin de fer de ceinture, gare d'Aubervilliers	5 110,00
A reporter	23 838,91

	FRANCS.
Report.	23 858,91
Bornes-fontaines de la Villette.	4 486,85
Chemin de fer de l'Est.	22 075,71
Commune de Montmartre.	1 791,20
Commune de Batignolles..	19 355,76
Caserne de Saint-Cloud, Courbevoie.	5 100,00
Hospice Lambrecht.	160,00
École de dressage (poste-caserne n° 9).	566,00
Commune de Neuilly.	52 001,00
Commune de Passy.	2 985,20
Gendarmerie.	500,00
Commune d'Auteuil..	1 412,10
Chemins de fer de l'Ouest.	510,00
Commune de Montrouge.	6 300,00
Hospice La Rochefoucault.	1 080,00
Chemin de fer d'Orsay.	4 270,50
Commune de Vaugirard.	2 455,00
Commune de Villejuif.	297,50
Hospice de Bicêtre.	7 900,00
Compagnie générale des omnibus.	52 168,80
. . . . — . id . . . . . . — .	29,70
Compagnie générale des voitures.	33 029,20
Compagnie parisienne du gaz.	12 736,87
Compagnie du gaz de Batignolles.	140,00
Commune de Boulogne.	1 800.00
Caserne de Neuilly.	73,00
Arrosement des ponts et chaussées.	9 668,00
. . . . — . id. . . . . — .	3 943,50
Saint-Maur.	12 000,00
Arrosement des ponts et chaussées, route impériale n° 54.	7 800,00
Vente d'eau pour la construction des barrières.	8 000,00
Total.	258 068,80

TARIFS PAR COMMUNE

VOLUMES D'EAU	LES TERNES, PASSY, AUTEUIL, GRENELLE, VAUGIRARD, MONTROUGE, GENTILLY, ETC. 1	BATIGNOLLES, MONTMARTRE, LA CHAPELLE, LA VILLETTE, BELLEVILLE, CHARONNE, SAINT-MANDÉ. CHARENTON ET PANTIN. 2	IVRY, VILLEJUIF. 3
125 litres par jour... .	»	»	35 francs par an.
250 — — ..	70 francs par an	75 francs par an	50 —
500 — — ...	100 —	140 —	90 —
750 — — ..	120 —	195 —	120 —
1000 — — ...	et pour toutes les quantités excédant 750 litres, 40 francs par muid de 250 litres.	240 —	150 —
1250 — — ..		275 —	180 —
1500 — — ..		300 — pour les quantités excédant 1500 lit., 50 fr. par 250 litres.	210 — pour les quantités excédant 1500 lit., 80 fr. par mètre cube.

La moyenne du prix du mètre cube d'eau, porté à la colonne n° 1, est 185 francs, et, à la colonne n° 2, 250 francs.

Ces prix étaient inadmissibles après l'annexion : les anciens Parisiens payaient l'eau d'Ourcq, au plus, 50 francs par mètre cube, et, l'eau de Seine, 100 francs. On ne pouvait admettre une telle inégalité dans les tarifs des eaux, appliqués aux habitants d'une même ville, soumis aux mêmes charges municipales.

Au moyen des deux nombres donnés ci-dessus, il est facile de décomposer le volume d'eau distribué dans la zone annexée.

La moyenne de ces deux nombres est 218 francs; en négligeant Ivry et Villejuif, qui n'intéressent pas les Parisiens, il reste, pour le montant des abonnements ordinaires en 1859, la somme de 871 709 francs. Divisant par 218 francs, prix moyen par an du mètre cube d'eau distribué par jour, on obtient :

MÈTRES CUBES.

Pour le volume d'eau porté sur les polices. 4 000
Les grands abonnements que la compagnie appelait *services publics* étaient accordés à prix débattus; il est donc assez difficile de se rendre compte du prix

A reporter. 4 000

MÈTRES CUBES.

Report. 4 000
moyen du mètre cube d'eau. Je ne pense pas que ce
prix s'écarte beaucoup de 60 francs par an, et, à ce
prix, les 258 068 fr. 30 de recette auraient répondu
à un volume d'eau quotidien de. 4 500
Le produit des fontaines marchandes correspond à un
volume d'eau vendu par jour de.   857
Enfin les 93 636 fr. 75, produit des suppléments d'eau
délivrés aux abonnés, correspondent à une consommation journalière de.   543
TOTAL. 9 670

Ce volume ne s'écarte pas trop des 10 000 mètres cubes, accusés par la compagnie. Il représente la somme des cubes portés sur les polices des abonnés, les registres des fontaines marchandes et les carnets d'attachement des fontainiers. Il faut y ajouter la quantité d'eau délivrée en trop aux consommateurs, quantité que la compagnie estime à la moitié des nombres inscrits, proportion évidemment exagérée.

Ces nombres indiquent d'une manière très nette la situation de la distribution de l'eau dans la banlieue de Paris au moment de l'annexion.

MÈTRES CUBES.

Le cube de l'eau inscrit sur les polices ou sur les carnets
des fontainiers ne dépassait pas. 4 513
En y ajoutant la perte résultant de la distribution, soit   2 487
on obtient le volume total distribué à domicile par les
conduites publiques. 7 000

Soit, pour une population de 500 000 habitants, 14 litres par tête et par jour.

MÈTRES CUBES.

A cela, il faut ajouter l'eau transportée par le porteur
d'eau.   857
Et pour les pertes.   143
Cube total. 1 000

ce qui correspond à 2 litres par habitant.

Avant l'annexion, les nouveaux Parisiens recevaient donc à domicile 16 litres d'eau par jour.

En outre, il était délivré, sous le nom de *services publics*, aux grandes administrations, un volume d'eau qui, réparti entre 500 000 habitants, donne encore 4 litres.

On distribuait donc, dans l'ancienne banlieue, en totalité, environ 20 litres d'eau par tête.

Il ne faut pas juger ces résultats d'après les idées du jour, ni oublier qu'avant 1830, et avant la distribution de l'eau de l'Ourcq, la quantité d'eau de Seine, distribuée à domicile dans l'ancien Paris, ne dépassait pas 2655 mètres cubes, et qu'elle y était entièrement portée à bras d'homme. Pour une population de 900 000 habitants, c'était environ 3 litres par personne. Le complément d'eau nécessaire était puisé aux fontaines publiques et surtout dans les puits.

On aurait alors considéré comme une excellente solution une distribution d'eau de 20 litres par tête en moyenne. Il n'en était plus de même, en 1859, au moment de l'annexion. La distribution d'eau dans l'ancien Paris se décomposait alors ainsi, pour toute l'année :

	MÈTRES CUBES
Eau de l'Ourcq.	28 463 597
Autres eaux.	7 969 263
Total.	36 437 860

ce qui donne, par jour, une moyenne de 99 829 mètres cubes. La population de Paris, d'après le recensement de 1856, était de 1 174 346 habitants ; la dépense moyenne par tête et par jour était donc de 85 litres, c'est-à-dire quatre fois plus grande que dans la zone annexée.

Il est à remarquer que si l'on retranche l'eau du canal de l'Ourcq, la quantité distribuée dans l'ancien Paris se réduit à 7 969 263 mètres cubes, ce qui correspond à une moyenne par jour de 21 835 mètres cubes et, pour une population de 1 174 346 habitants, de 19 litres par personne. Sans la distribution assez récente de l'eau de l'Ourcq, la population de l'ancien Paris, en 1860, aurait donc été plus mal traitée que celle de la zone annexée.

Mais ce n'était pas seulement du prix et de la quantité d'eau distribuée que la zone annexée pouvait se plaindre. L'eau montée par les pompes à feu de Saint-Ouen, dans les réservoirs de la Fontenelle, du Château et de Batignolles n'était pas moins répugnante qu'insalubre. Cette usine fonctionne toujours, mais seulement pour le lavage des ruisseaux des rues. On peut voir encore le liquide noirâtre qu'elle déverse dans le réservoir de la Fontenelle, et se faire une idée des réclamations qu'un tel service suscitait partout. C'était un scandale général, et, qu'on le remarque bien, dont la compagnie n'était pas coupable. Lorsque la machine de Saint-Ouen a été établie, le lavage des rues de Paris existait à peine. L'eau croupissait dans les ruisseaux et ne salissait guère l'eau du fleuve; mais au fur et à mesure que la distribution de l'eau de l'Ourcq se développait, l'eau des égouts devenait plus abondante et plus noire. En 1859, les ruisseaux de toutes les rues de Paris étaient déjà exactement lavés deux fois par jour. L'état du fleuve était tel, qu'il était impossible d'y puiser des eaux propres aux usages domestiques. C'était donc surtout à l'amélioration du service municipal de Paris qu'il fallait attribuer la corruption des eaux distribuées à Batignolles, à Montmartre, à la Chapelle et à la Villette.

La presse prit une part très-active à la discussion qui s'engagea alors, et, il faut bien le reconnaître, jamais critiques ne furent mieux fondées.

Traité passé entre la compagnie des eaux et la ville de Paris. — L'annexion était pour tout le monde, aussi bien pour les fonctionnaires de la Ville que pour les Parisiens, un fait si inattendu, que les mesures nécessaires pour assurer les services n'avaient pu être arrêtées d'avance. Il était évident que le service des eaux de la zone annexée ne pouvait rester dans l'état où il était; les nouveaux Parisiens payaient l'eau beaucoup plus cher que les anciens, n'en recevaient qu'une quantité insignifiante, et, sur près de la moitié de la zone annexée, cette eau était absolument corrompue et insalubre. Les services publics n'existaient pas, et la nouvelle administration municipale était dans l'impuissance de les organiser : la compagnie générale des eaux, rendue maîtresse du terrain par des traités, n'aurait jamais consenti à ce qu'on établît des appareils de lavage des ruisseaux ou d'arrosage des rues. Les seaux de toutes les femmes des quartiers auraient passé successivement sous chaque borne-fontaine, et le développement des abonnements en aurait souffert. Le préfet de la Seine et le directeur de la compagnie générale des eaux sentaient tous deux dans quelle position fausse ils se trouvaient. L'administration municipale ne pouvait demander la modification des traités librement acceptés par les communes, et loyalement exécutés par la compagnie. Mais aussi cette dernière comprenait l'impopularité dont son service était menacé, impopularité qui pouvait paralyser son crédit et entraîner sa ruine.

Lorsque je fus chargé par le préfet de la Seine d'entrer en pourparlers avec la compagnie générale des eaux, je trouvai donc le terrain bien préparé et le directeur de cette compagnie très disposé à entrer dans la voie d'un arrangement amiable.

Quatre systèmes se présentaient :

1° — Faire déclarer l'utilité publique du rachat des traités de la compagnie avec les communes annexées à Paris et procéder par voie d'expropriation ;

2° — Racheter ces traités à l'amiable en procédant comme l'État a le droit de le faire pour les compagnies de chemins de fer, c'est-à-dire en payant à la compagnie, pendant la durée de chaque traité, des annuités fixées sur certaines bases ;

3° — Racheter en bloc l'affaire de la compagnie ;

4° — Réunir les deux services en un seul; réserver pour la Ville tout ce qui se rattache au service public ; charger la compagnie du placement de l'eau affectée au service privé, et partager le produit des eaux dans des proportions équitables.

Le premier système fut repoussé sans discussion. La Ville ne devait pas courir le risque d'une expropriation qui pouvait être ruineuse pour ses finances. Le second et le troisième furent écartés également : un examen sommaire fit reconnaître qu'il n'était pas moins difficile de régler équitablement les annuités de rachat de traités à échéances variables, que de fixer les bases d'un rachat en bloc.

C'est donc au quatrième système qu'on s'arrêta, et le projet de traité, préparé par le délégué du préfet de la Seine et le directeur de la compagnie, fut signé le 11 juillet 1860, et ratifié par un décret du 2 septembre suivant.

V

ÉTAT DES CONDUITES, MACHINES, RÉSERVOIRS ET FONTAINES MARCHANDES
CÉDÉS A LA VILLE DE PARIS PAR LA COMPAGNIE GÉNÉRALE DES EAUX[1]

(Page 94.)

---

[1] Extrait de l'*Historique du service des eaux*, 1875. Pages 50 et 51

NOMS DES COMMUNES	LONGUEURS DES CONDUITES DU DIAMÈTRE DE							
	0,040	0,054	0,081	0,108	0,135	0,162	0,250	0,300
Vincennes	3ᵐ,50	372ᵐ,60	342ᵐ,80	150ᵐ,00	1 305ᵐ,00	»	»	»
Charenton	65 ,50	559 ,15	525 ,00	45 ,25	»	4 437,60	56,65	3 665,40
Saint-Mandé	35 ,60	2 288 ,60	793 ,45	»	2 ,50	»	»	»
Charonne	51 ,55	2 971 ,10	180 ,50	1 087 ,50	3 225 ,00	3 009,00	»	2 738,50
Belleville	169 ,00	13 633 ,50	956 ,00	1 577 ,20	250 ,00	3 226,00	1 851,50	»
La Villette	584 ,50	5 677 ,20	2 260 ,80	1 769 ,00	902 ,00	1 010,00	»	»
Pantin	»	915 ,00	1 145 ,00	670 ,00	»	»	»	»
Prés-Saint-Gervais.	»	50 ,00	»	1 155 ,00	»	»	»	»
La Chapelle	»	7 514 ,50	1 425 ,00	1 870 ,00	600 ,00	»	»	»
Montmartre	»	11 850 ,50	1 046 ,70	4 022 ,60	508 ,00	2 567,10	200,20	1 768,90
Saint-Ouen	»	»	»	2 213 ,00	4 ,70	2 255,70	»	2 126,80
Batignolles	»	8 377 ,50	919 ,10	1 159 ,00	563 ,00	2 120,00	»	1 218,50
Clichy	»	945 ,40	18 ,50	»	504 ,00	1 707,20	»	»
Passy	»	12 886 ,80	902 ,01	3 787 ,20	»	3 728,50	4 587,20	»
Neuilly	18 ,80	13 714 ,00	3 179 ,00	2 022 ,50	2 116 ,50	3 375,80	2 574,60	23,40
Courbevoie	»	1 169 ,60	2 312 ,05	12 ,00	»	»	»	»
Auteuil	246 ,50	3 388 ,70	1 960 ,00	»	767 ,50	3 130,45	1 223,20	»
Boulogne	»	1 753 ,90	3 388 ,10	608 ,50	1 800 ,00	1 751,80	»	»
Grenelle	60 ,00	5 952 ,50	1 070 ,00	»	1 525 ,50	1 708,00	»	»
Issy	»	600 ,00	»	»	»	»	»	»
Vaugirard	»	7 168 ,50	2 592 ,00	576 ,00	1 255 ,00	2 125,00	»	»
Montrouge	14 ,00	5 501 ,50	3 290 ,00	975 ,00	»	4 884,00	»	»
Gentilly	42 ,10	2 071 ,00	1 644 ,00	1 508 ,00	58 ,00	1 194,00	55,00	»
Ivry	45 ,60	4 049 ,75	1 185 ,00	2 090 ,40	4 ,80	114,80	1 172,40	5 877.85
Villejuif	»	945 ,00	595 ,40	»	»	1 518,00	»	»
Totaux . .	1.656, 95	110555 ,90	31 528 ,15	27 296 ,15	15 151 ,50	45 928,95	11 819,75	17 439,35

POMPES A FEU

	MÈTRES CARRÉS
Usine de Port-à-l'Anglais, 2 machines. . . .	1 694,95
— Maisons-Alfort, 3 machines.	1 909,60
— Auteuil, 3 machines.	2 077,13
— Neuilly, 2 machines.	932,21
— Clichy, 1 machine.	692,21
— Saint-Ouen, 5 machines.	1 591,23
— Charonne, 2 machines.	4 450,00
Total.	13 147,31

RÉSERVOIRS

	MÈTRES CARRÉS
Réservoirs de Gentilly.	3 379,34
— Charenton et vente d'eau. . . .	765,34
— Vincennes.	252,52
— Ménilmontant	635,00
— Belleville et vente d'eau.	1 248,00
— Montmartre.	1 657,00
— Montmartre (dit du Château). .	235,00
A reporter.	8 172,20

ROBINETS D'ARRÊT DU DIAMÈTRE DE						ROBINETS VANNES DU DIAMÈTRE DE				ROBINETS DE DÉCHARGE DU DIAMÈTRE DE				NOMBRE DE REGARDS	NOMBRE DE COLONNES et récipients	LONGUEUR TOTALE des conduites PAR COMMUNE
0,040	0,054	0,081	0,108	0,135	0,162	0,108	0,135	0,162	0,250	0,014	0,020	0,050	0,040			
1	6	2	1	»	»	»	»	»	»	1	1	»	1	2	2	2 175m90
13	4	1	1	»	8	»	»	»	1	4	4	1	»	9	3	9 352,35
7	15	3	»	2	»	»	»	»	»	4	8	4	»	1	2	5 440,85
11	24	»	1	2	1	»	»	2	1	7	7	5	5	9	»	15 282,75
17	70	7	1	1	2	»	»	»	2	7	11	4	5	12	5	21 663,20
24	19	7	5	2	2	»	»	»	»	»	»	»	5	6	»	12 205,30
»	2	1	2	»	»	»	»	»	»	»	»	»	2	1	»	2 730,00
»	»	»	1	»	»	»	»	»	»	»	»	»	»	1	»	1 205,00
»	32	5	4	»	3	»	»	»	»	»	»	»	5	7	»	11 409,30
»	60	6	5	1	3	»	»	»	»	»	»	»	2	8	»	22 042,80
»	»	1	3	»	3	»	»	4	»	»	»	»	»	1	4	6580,20
»	35	3	2	»	1	»	»	»	1	»	»	»	1	4	»	14 157,10
»	6	»	»	»	»	»	»	»	»	»	»	»	1	1	»	5 264,90
»	35	3	3	1	3	»	»	»	6	»	1	5	1	12	2	25 891,80
»	64	7	1	»	2	3	2	1	5	4	42	2	5	35	4	27 022,40
»	7	5	»	»	»	»	»	»	»	»	20	»	7	6	»	5 493,90
1	13	1	»	»	5	»	»	12	5	»	5	2	»	1	12	10 716,15
»	3	5	»	1	2	»	»	1	»	»	1	6	»	5	»	9 302,30
6	16	»	»	4	4	»	»	»	»	»	»	4	1	5	2	8 516,00
»	1	»	»	»	»	»	»	·	»	»	»	»	»	»	»	600,00
1	28	9	1	1	2	»	»	»	»	»	»	»	»	5	2	15 694,50
3	25	5	4	1	2	»	»	»	»	2	»	10	1	5	5	12 664,50
10	13	5	2	»	1	»	»	1	»	»	»	4	1	5	»	6 552,10
»	20	»	2	»	»	»	»	4	6	»	4	5	»	12	2	11 558,60
1	1	1	»	»	2	»	»	»	»	»	»	1	2	1	»	2 856,40
95	501	77	41	16	48	3	2	25	25	29	104	47	41	148	45	239 154,50

MÈTRES CARRÉS
Report 8 172,20
Réservoir de Batignolles et vente d'eau. . 1 040,60
— Passy et vente d'eau. 3 450,00
— Boulogne 2 500,00
— Vaugirard et vente d'eau. . . 5 700,00
Total. 18 672,20

FONTAINES MARCHANDES

MÈTRES CARRÉS
Fontaine marchande de Saint-Mandé. . . 147,00

MÈTRES CARRÉS
Report. 147,00
Fontaine marchande de Picpus 1 377,00
— d'Allemagne . . . 220,00
— d'Isly 114,09
— Belhomme 146,00
— Blanche 150,00
— Courcelles 189,00
— d'Auteuil 115,00
— de Montrouge . . 135,00
— de Gentilly . . . 179,00
Total 2 799,00

VI

ÉTAT DES CONDUITES SITUÉES EXTRA-MUROS RÉTROCÉDÉES, LE 29 DÉCEMBRE 1869, A LA COMPAGNIE GÉNÉRALE DES EAUX PAR LA VILLE DE PARIS[1].

(Page 96.)

DÉSIGNATION DES COMMUNES	LONGUEURS DES CONDUITES.											TOTAUX
DIAMÈTRES	0m.027	0m.054	0m.081	0m.10	0m.108	0m.135	0m.15	0m.162	0m.20	0m.25	0m.30	
	mètres	mètres	mètres	mètres	mètres	mètres	mètres	mètres	mètres	mètres	mètres	mètres
Maisons-Alfort. . .	»	1 397	»	1 845	»	»	»	610	»	»	»	3 850
Charenton	»	691	431	4 190	398	»	»	759	1 480	»	»	7 949
Saint-Maurice . . .	»	171	355	547	»	»	»	510	»	»	»	1 581
Saint-Mandé. . . .	57	766	»	2 408	»	»	»	1 592	»	390	»	5 213
Montreuil.	»	526	148	892	»	»	»	855	»	»	»	2 221
Vincennes.	»	187	220	791	»	1 492	»	»	»	»	»	2 690
Ivry.	»	581	640	3 356	957	»	»	»	»	»	1 320	6 854
Villejuif	»	990	380	1 313	»	»	»	1 490	»	»	»	4 173
Gentilly	»	445	756	1 974	528	»	»	2 343	218	740	128	7 132
Arcueil.	»	»	»	2 703	»	»	»	»	»	»	»	2 703
Montrouge	»	»	»	2 006	470	»	»	798	»	»	»	3 274
Vanves.	»	602	1 252	3 204	310	»	»	»	»	»	»	5 368
Issy.	»	»	467	2 156	»	»	910	»	»	»	»	3 533
Boulogne.	»	3 844	761	4 292	1 042	2 825	»	»	537	»	»	13 299
Des Princes (parc). .	»	»	»	276	»	»	»	»	»	»	»	276
Neuilly.	»	11 259	1 695	5 837	1 395	2 112	»	2 755	»	2 185	»	27 258
Courbevoie.	»	959	1 911	334	»	»	»	»	»	»	»	3 204
Puteaux.	»	40	»	5 504	»	»	748	»	»	»	»	6 292
Levallois-Perret. . .	»	»	»	4 640	»	»	»	»	»	»	»	4 640
Clichy	»	1 376	428	1 859	»	»	»	2 116	»	»	»	5 779
Les Lilas.	»	112	»	1 082	600	630	»	»	»	»	»	2 424
Romainville	»	59	»	1 325	»	»	»	»	»	»	»	1 384
Pantin	»	1 467	1 010	2 235	1 151	»	»	»	»	»	»	5 863
Aubervilliers. . . .	»	886	732	3 150	»	338	»	310	»	»	»	5 416
Prés-Saint-Gervais. .	»	282	1 000	590	»	»	»	»	»	»	»	1 872
TOTAUX.	57	26 440	12 184	58 527	6 851	7 395	1 658	14 158	2 255	3 315	1 448	134 228

[1] Extrait de l'*Historique du service des eaux*, 1875. Page 35.

Établissements cédés par la Ville.

La pompe à feu de Neuilly.
Un réservoir et une fontaine marchande.
Une fontaine marchande.

En outre, la Ville céda à la compagnie les traités passés avec les communes ou parties de communes, situées extra-muros, qui sont indiquées au tableau qui précède.

VII

RÉSERVOIRS DE MÉNILMONTANT ET DE BELLEVILLE[1].

(Page 144.)

Réservoir de Ménilmontant. — Dispositions générales. — Ce réservoir reçoit, dans des compartiments séparés, l'eau de la Dhuis et celle des usines de Saint-Maur.

Lorsque le réservoir de Passy, destiné à l'eau refoulée par les machines de Chaillot, fut mis en service, je reconnus immédiatement que sa capacité était insuffisante, quoiqu'elle fût de 37 000 mètres cubes, c'est-à-dire égale au volume d'eau monté dans une journée. Le moindre dérangement, l'arrêt d'une des machines, une augmentation insignifiante de consommation, déterminaient dans les bassins des abaissements de niveau considérables.

Lors donc que je préparai le projet du réservoir de la Dhuis, je fixai sa capacité à deux fois et demie la portée par **24** heures de l'aqueduc, soit à 100 000 mètres cubes.

Il n'était pas facile de trouver dans Paris un emplacement convenable, pour y établir ce grand ouvrage. On sait que tous les terrains élevés des coteaux de la rive droite renferment du gypse, et que cette matière a été exploitée dans presque tous les terrains non bâtis qui, par suite, manquent de solidité. Après d'assez longues recherches, nous trouvâmes un terrain vierge entre les rues Saint-Fargeau, du Chemin-Neuf, de Ménilmontant et de Darcy.

Mais le réservoir reposait sur un terrain des plus mauvais,

[1] Extrait de l'*Historique du service des eaux*, 1875. Pages 55 et 58.

les glaises vertes de Montmartre, et nous avons dû chercher le terrain solide à 6 ou 7 mètres de profondeur. Les travaux des fondations étaient commencés au moment de l'acquisition des usines de Saint-Maur.

Pour ne point acheter d'emplacement nouveau, je proposai d'établir le réservoir d'eau de la Marne entre les longs piliers des fondations de celui de la Dhuis. Cette proposition fut adoptée, et le nouveau réservoir fut bâti au-dessous de celui de la Dhuis, en extrayant la glaise.

Le réservoir de Ménilmontant est donc à deux étages. Les deux bassins inférieurs, d'une capacité de 28 500 mètres cubes, reçoivent les eaux de la Marne relevées par les machines de Saint-Maur ; le trop-plein est à l'altitude 100 mètres. Les deux bassins supérieurs, d'une capacité de 100 000 mètres cubes, reçoivent les eaux de la Dhuis et de la source de Saint-Maur. Leur trop-plein est à l'altitude 108 mètres.

Les deux étages sont séparés par des voûtes d'arête de $0^m,35$ d'épaisseur à la clef, en meulière et ciment de Vassy. Les bassins supérieurs portent une voûte légère, de $0^m,07$ d'épaisseur, supportée par des piliers espacés de 6 mètres d'axe en axe. Ces voûtes sont couvertes d'une couche de terre gazonnée de $0^m,40$ d'épaisseur. La surface utile du réservoir est de 2 hectares.

Construction. — Les travaux du réservoir de Ménilmontant n'ont point été mis en adjudication. Le Conseil municipal, considérant que tout accident, survenu après la mise en service de ce grand ouvrage, pourrait entraîner la ruine d'une grande partie des XXe et XIIe arrondissements et la mort de plusieurs milliers de Parisiens, accepta la soumission de M. Laroque, le 7 août 1863. Cette délibération fut approuvée par arrêté préfectoral en date du 12 du même mois. Les travaux ont été commencés le 31, quelques mois après l'ouverture des premières tranchées de l'aqueduc de la Dhuis. Ces deux grands ouvrages furent aussi terminés en même temps ; l'eau de la Dhuis fut introduite dans le réservoir en octobre 1865, et l'eau de la Marne le 8 janvier suivant.

Dépenses.

FRANCS.

Les travaux du réservoir de Ménilmontant ont coûté.	5 650 000
Les terrains (3ʰ 68ᵃ 85ᶜ).	580 000
Et les accessoires.	70 000
Total.	4 100 000

La capacité de ce réservoir étant de 128 000 mètres cubes, le prix du mètre cube de capacité utile est de 28 francs.

Réservoir de Belleville. — Dispositions générales. — Le réservoir de Ménilmontant n'est pas situé au point le plus élevé de Paris ; ce point se trouve sur la butte du télégraphe de Belleville, près du cimetière de cette commune. Nous constatâmes dans une tournée, M. l'inspecteur des eaux Lalo et moi, que ce mamelon était bien le plus élevé des coteaux de la rive droite et que, dans le cimetière, il existait une surface d'environ un hectare qui n'était point encore occupée par des tombes ; cet emplacement appartenait à la ville de Paris. J'obtins facilement l'autorisation d'y établir un réservoir à deux étages et à quatre compartiments. Mais on n'en construisit que la moitié.

Le compartiment du haut reçoit les eaux de la Dhuis ; sa capacité est de 6 239 mètres cubes. Son trop-plein est à l'altitude 134ᵐ,40. Le compartiment inférieur est alimenté par l'eau de la Marne ; sa capacité est de 11 765 mètres cubes et son trop-plein est à l'altitude 134ᵐ,10.

Construction. — Comme pour celui de Ménilmontant, les travaux du réservoir de Belleville ne furent pas mis en adjudication. La position de cet ouvrage est bien plus menaçante encore. Il est entièrement hors de terre et fondé sur une butte de sablon de Fontainebleau, terrain très affouillable. La moindre malfaçon pouvait entraîner sa chute ; les conséquences d'un tel malheur sont incalculables : le réservoir de Belleville menace les X⁰, XII⁰ et XX⁰ arrondissements. Le Conseil municipal accepta donc une simple soumission de M. Laroque, qui fut approuvée par arrêtés en date des 12 juin et 12 juillet 1863.

Les travaux, commencés le 7 septembre de la même année, furent achevés le 1ᵉʳ décembre 1864.

Dépenses. — Le réservoir de Belleville a coûté 464 500 francs, en y comprenant la maison des gardes, qui figure dans le compte pour 20 000 francs.

Sa capacité étant de 18 000 mètres cubes, le prix du mètre cube de capacité utile est de 26 francs [1].

----

[1] Une planche de l'atlas représente les réservoirs de la Vanne ou de Montrouge. Construits sur une plus grande échelle, mais dans le même système que ceux de Ménilmontant et de Belleville, ils ont une capacité utile de 500 000 mètres cubes et leur prix de revient, par mètre cube d'eau emmagasinée, est de 20 francs.   A. B.

VIII

SOURCE DE SAINT-MAUR.

Page 144

DU MÉLANGE DES EAUX COURANTES AU CONFLUENT DE DEUX COURS D'EAU. — MOYEN DE L'ÉVITER[1].

Lorsqu'un petit cours d'eau tombe dans une grande rivière, dans un lac ou dans un canal, les tourbillonnements qui se produisent au confluent, ou la simple action du vent et du batillage suffisent pour opérer le mélange des deux eaux, et, jusqu'ici, on n'avait pas trouvé un moyen simple d'empêcher ce mélange; voici celui que j'ai eu occasion d'employer et qui me paraît susceptible de nombreuses applications.

Il suffit d'entourer le débouché du petit cours d'eau d'une cloison grossière, non étanche. En laissant les eaux du ruisseau s'écouler librement par les vides de la cloison, l'eau de la rivière ne pourra entrer, même en temps de crue, dans le petit bassin formé autour du confluent; car l'eau du ruisseau, en s'écoulant par les vides de la cloison, subit une perte de charge; son niveau est donc plus élevé à l'intérieur qu'à l'extérieur du bassin, et l'eau extérieure n'y peut rentrer. La cloison détruit d'ailleurs les tourbillonnements et le batillage de l'eau. Si l'on veut détourner complétement le petit ruisseau et empêcher toút mélange de son eau avec celle de la rivière à l'extérieur du bassin, la cloison non étanche est encore suffisante; car, par l'ef-

---

[1] Extrait des *Annales des ponts et chaussées*, 1872, 1er semestre, page 133.

fet de la dérivation du petit ruisseau, une partie de l'eau de la rivière est appelée dans le bassin ; elle subit une perte de charge en traversant la cloison ; il en résulte une dénivellation de l'extérieur à l'intérieur du bassin, et pas une goutte d'eau du ruisseau ne peut sortir par les vides de la cloison.

J'ai eu occasion d'appliquer deux fois ce procédé.

En construisant l'usine de Saint-Maur, j'ai découvert une source considérable débitant, par vingt-quatre heures, 12 à 14 000 mètres cubes d'eau d'assez bonne qualité pour être distribuée dans Paris.

Mais cette source, qui sort au niveau d'un des canaux de fuite de l'usine, était envahie par la moindre crue de la Marne, et ses eaux limpides disparaissaient sous les flots boueux de la rivière. Après de nombreux tâtonnements infructueux, j'eus l'idée d'entourer la source, à son débouché, d'une grossière cloison de planches non jointives ; le bassin, ainsi formé, resta rempli d'eau parfaitement limpide, tandis que les planches de l'autre côté étaient baignées par l'eau trouble de la Marne.

Cette expérience fut prolongée pendant plusieurs mois ; je remplaçai la cloison en planches par un puisard maçonné qui s'élève au-dessus du niveau des grandes eaux de la Marne. Au bas se trouve l'ouverture divisée en plusieurs compartiments étroits, au travers desquels les eaux de la source passent, depuis 1865, sans être jamais troublées par celles de la rivière.

On a souvent utilisé cette source en refoulant ses eaux dans les réservoirs de Ménilmontant au moyen des pompes de Saint-Maur. La seule condition qu'on s'impose pour qu'elles restent limpides et sans mélange, c'est de ne pas les prendre complétement. Si les pompes aspiraient un volume plus grand, pas une seule goutte d'eau de la source ne tomberait dans la Marne, mais l'eau de la rivière entrerait dans le puisard.

La seconde application a été faite au bassin de la Villette.

Vers la fin du mois de mai 1871, les bâtiments de la compagnie des Magasins généraux ayant été incendiés par les insurgés,

les énormes amas de blé qu'ils renfermaient continuèrent à brû-
ler pendant plusieurs mois. On y déversa d'une manière à peu
près continue les eaux d'une bouche d'incendie qui, se chargeant de détritus organiques de la nature la plus fétide, ne tar-
dèrent pas à infecter, d'abord les bassins ouverts sous les bâtiments pour faciliter l'accès et le déchargement des bateaux, puis
le bassin de la Villette, puis enfin le canal Saint-Martin.

Les plaintes les plus vives s'élevèrent de tous les quartiers
environnants. On eut d'abord l'idée d'isoler les bassins des
bâtiments incendiés par des bâtardeaux étanches, mais on reconnut bien vite que cela était impossible, parce que les chenaux
étaient encombrés par des poutres, des débris de pierre de taille
et de charpente. Je donnai l'ordre de passer outre et de construire les bâtardeaux, quoique j'eusse la certitude qu'ils seraient
perméables, puis de mettre chaque bassin en communication
avec l'égout public par une ouverture pratiquée à un niveau
plus bas que celui du bassin de la Villette ; par ces ouvertures
s'écoulèrent non-seulement les eaux infectes des bâtiments incendiés, mais encore une certaine quantité d'eau du bassin de la
Villette, passant à travers les vides des bâtardeaux et, par conséquent, produisant une certaine perte de charge. Il y avait donc
dénivellation d'un côté à l'autre des bâtardeaux et les eaux fétides,
repoussées par celles du bassin de la Villette, cessèrent de s'y
mêler et de les infecter.

Le succès fut complet, et très-peu de jours après, le bassin
de la Villette et le canal Saint-Martin cessèrent de répandre des
émanations insalubres.

Je crois qu'on trouvera de nombreuses occasions d'appliquer
ce système très-simple et très-économique de séparation de deux
cours d'eau.

IX

L'aqueduc de la Vanne traverse les sables de Fontainebleau entre les vallées du Loing et de la petite rivière d'École, sur une longueur de 31 kilomètres, et ce terrain est tellement perméable, que le tracé ne rencontre ni ruisseau ni ravin. Il franchit cependant plusieurs dépressions, celles des Sablons, de la Croix-du-Grand-Maître, du Vert-Galant, ou même des vallées assez profondes, telles que celles de la route d'Orléans, des Rochers de la Goulotte, d'Arbonne, de Noisy-sur-École, de Montrouget. Cette rareté des cours d'eau est une des propriétés les plus caractérisques des terrains perméables.

Il est d'usage, sur un tel trajet, d'établir un certain nombre d'orifices de décharge, afin de n'être pas obligé, à chaque visite, de mettre la cunette à sec sur une trop grande longueur.

Il y a, d'ailleurs, des décharges obligatoires aux points bas des conduites forcées ou siphons; dans le trajet dont il s'agit, l'aqueduc traverse en siphon deux vallées, celles d'Arbonne et de Montrouget. Lorsque le terrain est imperméable, la décharge est établie naturellement dans le cours d'eau qui se trouve toujours au point bas du siphon. Il n'en est point ainsi dans les terrains perméables, puisque la plupart des vallées sont privées de cours d'eau.

Mes collaborateurs, MM. les ingénieurs Buffet et Les-

---

[1] Comptes rendus des séances de l'Académie des sciences, t. LXXVII. Séance du 21 juillet 1873.

guillier, avaient une telle confiance dans mes études sur la perméabilité des terrains, qu'il fut arrêté d'un commun accord entre nous, que, pour remplacer les cours d'eau, on achèterait à l'aval de chaque bief un hectare de terrain sablonneux qu'on entourerait d'un bourrelet de sable de $0^m,50$ de hauteur. Nous étions convaincus à l'avance que l'eau des orifices de décharge, versée dans cette enceinte, serait absorbée par les sables au fur et à mesure qu'elle sortirait de l'aqueduc. Cependant les faits constatés n'établissaient pas d'une manière certaine le volume d'eau qui peut être absorbé dans un temps donné, par exemple dans une seconde, par un hectare de sable de Fontainebleau.

Voici ce que nous savions, avant l'expérience dont je vais parler, de la puissance absorbante de certains terrains perméables, tels que la grande oolithe, les calcaires corallien et portlandien, la craie blanche, les formations calcaires et sablonneuses des terrains tertiaires, les sables et graviers de transport du fond des vallées. Lorsque ces terrains ne sont pas trop accidentés, par exemple lorsque leur relief est tel qu'on peut y tracer, sans déblai ni remblai et dans une direction quelconque, une route avec des pentes qui n'excèdent pas 5 centimètres par mètre, les eaux pluviales ne ruissellent jamais à leur surface, même par les plus grandes averses; s'ils sont plus accidentés, il y a quelquefois ruissellement sur la pente rapide des coteaux, mais le faible courant d'eau qui en résulte ne tarde pas à se perdre dès qu'il atteint le thalweg d'une vallée.

Les terrains perméables du bassin de la Seine absorbent donc sur place l'eau des plus grandes averses. On sait que la hauteur de cette eau ne dépasse pas cinq centimètres par heure de pluie.

Cette puissance d'absorption est suffisante pour le bon fonctionnement de nos décharges : il suffit, pour vider l'aqueduc, que les bassins d'un hectare préparés à l'avance absorbent par heure une lame d'eau de 4 à 5 centimètres de hauteur. Nous étions donc assez rassurés sur le succès de l'opération; cependant, pour faire nos essais, nous avons choisi, au-delà d'Arbonne, une des vallées les plus écartées de la forêt. Nous avons regretté, depuis, notre timidité, car jamais les touristes ne jouiront du spectacle que nous avons eu sous les yeux, mes collaborateurs et moi. Qu'on se figure une masse d'eau non moins abondante, ni moins limpide, ni moins fraîche que la fontaine de Trevi à Rome, bouillonnant dans un bassin de maçonnerie grossière, mais entourée du plus sauvage encadrement de rochers qu'on puisse imaginer, et l'on aura une idée de la splendide fontaine qui arrosait cette aride vallée.

Le propriétaire, M. Feinieux, avait gracieusement mis son terrain à notre disposition, et, de plus, il avait construit un barrage en travers de la vallée, à 840 mètres en aval de la décharge, pour créer un lac d'eau limpide. Ce barrage s'élève à $3^m,26$ au-dessus des points bas du sol. Sur cette longueur de 840 mètres, le terrain est entièrement formé de sable de Fontainebleau; mais, un peu à l'aval, on voit une petite source sur un affleurement de marnes vertes; d'après les dispositions de cet affleurement, je pense que l'épaisseur moyenne de la couche de sable dans le petit lac est de 2 ou 3 mètres au plus. Au-dessous, on trouve d'abord quelques assises d'un calcaire d'eau douce très dur, puis les marnes vertes de Montmartre qui soutiennent la nappe d'eau des puits du pays.

Le jour de ma première visite, le 17 mai 1875, l'eau coulait abondamment depuis deux jours et alimentait un grand ruisseau; le débit était de 250 litres par seconde. Malgré la pente rapide de la vallée, pendant ce temps ou en 160 000 secondes, elle avait à peine parcouru les 840 mètres qui séparent la décharge du barrage de M. Feinieux. A mon arrivée, elle atteignait le pied de ce barrage. Malgré la vitesse de l'écoulement, l'eau avançait donc avec une lenteur extrême. A chaque partie aride du thalweg qu'elle atteignait, elle était absorbée jusqu'à saturation complète du terrain. L'air renfermé dans la masse de sable s'échappait en produisant d'énormes bouillonnements à la surface de l'eau.

Voici les résultats numériques de l'expérience :

Du 15 mai au 5 juin, écoulement continu de 250 litres d'eau par seconde. Le 17 mai, l'eau atteint le pied de la digue de M. Feinieux, puis s'élève graduellement contre cette digue. Le 22, elle est à l'altitude $73^m,60$; le point le plus profond du petit lac étant à $71^m,31$, la profondeur de l'eau au-dessus de ce point bas est donc $2^m,29$; en moyenne, elle n'atteint pas 1 mètre.

Le 25 mai, il se forme, dans le sable, des entonnoirs de 2 mètres à $2^m,25$ de diamètre, qui se multiplient les jours suivants. Il se produit par ces trous des pertes considérables qui, en six jours, font baisser le niveau de 70 centimètres.

M. Feinieux fait boucher les entonnoirs au fur et à mesure que l'eau se retire, il obtient ainsi un relèvement momentané; mais, le 5 juin, l'eau n'atteint même plus le pied de la digue.

Le niveau de l'eau de la petite source des marnes vertes, située à l'aval de la digue, s'est relevé de $1^m,30$.

Du 6 au 7 juin, on arrête l'écoulement; le bassin se vide complétement.

Du 8 au 10 juin, écoulement de 250 litres par seconde; l'eau remonte à l'altitude 73,40.

Du 11 au 19 juin, arrêt d'eau; le bassin se vide.

Du 20 au 28 juin, écoulement de 250 litres d'eau par seconde; l'eau remonte à l'altitude de 73,30.

Du 29 juin au 1er juillet, arrêt d'eau; le bassin se vide.

Du 2 au 4 juillet, la bonde de décharge débite 400 litres par seconde; l'eau atteint son niveau maximum $73^m,87$; le niveau de la source s'élève à $1^m,50$ au-dessus du plan d'eau ordinaire; la superficie du petit lac est alors de $1^{hect},24$.

Du 5 au 8 juillet, arrêt d'eau; le bassin se vide, le niveau de la source s'abaisse de $0^m,80$.

Pendant l'expérience, il est sorti de l'aqueduc les volumes d'eau suivants :

	MÈTRES CUBES.
du 15 mai au 5 juin inclus.	453 600
du 8 au 10 juin	67 800
du 20 au 28 juin.	194 400
du 2 au 4 juillet.	106 680
TOTAL EN 36 JOURS. .	822 480

La surface du petit lac a été au plus de 1^{hect},24, et, en moyenne, n'a pas dépassé 1 hectare.

Le volume d'eau débité par jour a été :

	MÈTRES CUBES.
au minimum, de.	21 600
au maximum, de.	34 560
en moyenne, de	22 846

Le petit lac a donc absorbé au maximum :

$$\frac{34\ 560}{12\ 400} = 2^{mc},79,$$

et en moyenne :

$$\frac{22\ 846}{10\ 000} = 2^{mc},28,$$

par jour et par mètre carré.

La plus grande absorption par heure a été :

$$\frac{2^{mc},79}{24} = 0^{mc},12$$

par mètre carré, ce qui représente plus du double du produit des plus grandes averses connues dans le bassin de la Seine; ainsi qu'on l'a exposé ci-dessus, ces averses ne donnent pas plus de 5 centimètres de hauteur d'eau par heure.

La hauteur totale d'eau, qui a été absorbée par mètre carré dans les trente-six jours, a été de 2^{m},28 $\times$ 36 $= 82^{m}$,08.

Dès que l'écoulement cessait, le lac tombait à sec. C'est encore un fait caractéristique : j'ai signalé plusieurs rivières, telles que le Serein, la Seine, l'Ource, etc., qui tarissent dans les étés secs en traversant la grande oolithe, terrain très perméable; elles tarissent bien réellement, car il ne reste plus d'eau dans leurs lits. D'autres, l'Armançon par exemple, cessent de couler, faute d'alimentation, dans les argiles imperméables de l'Auxois, mais ne tarissent pas : les parties profondes, les fosses, restent remplies d'eau.

Cette grande expérience, la seule qui, jusqu'ici, ait été faite dans les conditions indiquées ci-dessus, prouve donc que nos décharges fonctionneront bien et que nos petits bassins de sable suffiront pour absorber l'eau de l'aqueduc lorsqu'il sera nécessaire de le vider, sans qu'on ouvre des lits de ruisseaux en aval.

Mais notre expérience prouve encore autre chose.

Peut-être décidera-t-elle nos confrères à tenir plus de compte, qu'ils ne l'ont fait parfois, de la perméabilité des terrains lorsqu'ils ont à construire des canaux et surtout des réservoirs. On a établi de grands réservoirs qui n'ont jamais pu tenir l'eau, et l'alimentation de certains canaux a exigé dix fois plus d'eau qu'on ne l'avait prévu.

Elle prouve encore qu'il est impossible d'arroser régulièrement les terrains perméables sur la pente des coteaux ou sur les plateaux, et, par conséquent, d'y créer des prairies naturelles. Cette culture, dans ces terrains, est nécessairement resserrée, comme je l'ai écrit bien souvent, au bord des rares cours d'eau qui sillonnent ces terrains arides.

Je dois encore faire remarquer que toutes les formations sablonneuses ne sont pas perméables. Dans le bassin de la Seine, deux de ces formations, les sables de Fontainebleau et de Beauchamp, sont très franchement perméables. Les sables du terrain crétacé inférieur, au contraire, sont assez imperméables pour qu'on puisse y créer partout d'excellentes prairies.

La plupart de ceux qui ont écrit sur l'agriculture ont négligé cette importance propriété du sol. Ainsi, presque tous admettent qu'avec un litre d'eau par seconde, coulant d'une manière continue, pendant la saison des irrigations, on arrose convenablement un hectare de prairie. Avec un litre d'eau par seconde, on n'arroserait pas plus de 36 mètres carrés des sablons dela forêt de Fontainebleau. D'excellentes prairies, les herbages du pays de Bray et de la vallée d'Auge, dans les sables argileux du terrain crétacé inférieur, n'exigent aucune irrigation.

X

DÉRIVATION DES SOURCES DE LA VALLÉE DE LA VANNE

ARCADES EN BÉTON AGGLOMÉRÉ
(Pages 229 et 237.)

Si on examine, nous ne dirons pas au point de vue monumental, mais au point de vue du simple constructeur, les
longues perspectives d'arcades de la forêt de Fontainebleau,
construites en béton aggloméré du système Coignet, on est
frappé de leur légèreté, mais aussi de l'absence de tout relief
sur leurs faces de tête, ce qui les fait ressembler à de gigantesques découpures.

Il eût été bon, croyons-nous, d'établir, de cinq en cinq arcades, une pile-culée avec contre-forts. Non-seulement on eût
rompu ainsi la monotonie de grandes surfaces absolument
planes, mais l'œil et l'esprit seraient rassurés sur les conséquences que pourrait avoir la chute d'une voûte ; cette critique
ne s'adresse d'ailleurs qu'à la compagnie des bétons, à laquelle
on crut devoir laisser toute liberté dans l'exécution, parce
qu'elle mettait en œuvre des procédés brevetés et qu'on ne voulait amoindrir en rien sa responsabilité.

Il est en outre à remarquer que l'absence de joints, aussi
bien que l'absence de toute saillie, n'est pas favorable à l'aspect
des constructions en béton ou plutôt en mortier Coignet. On
croit avoir affaire, non à une construction monolithe, mais à un
enduit.

Mais ce ne sont là que des défauts secondaires.

Ce qui est beaucoup plus grave, c'est que, quels que soient les types et les matériaux, les longues suites d'arcades sont toujours la partie faible d'une dérivation. Si les portions d'aqueduc, établies sous le sol et ne recevant que des eaux à une température très peu variable, sont naturellement maintenues aussi à une température sensiblement constante et se conservent par suite en parfait état, il n'en est pas de même des parties construites en relief. Pour celles-ci, surtout quand elles ont un grand développement, les variations de température produisent les effets les plus fâcheux. En hiver, il se fait des retraits qui déterminent des déchirures transversales. En été, aux heures chaudes de la journée, les arcades de support de l'aqueduc se relèvent et il se forme des fissures longitudinales au radier. L'effet est surtout sensible, pour le point qui nous occupe, au-dessus des arcades de 30 à 35 mètres d'ouverture qui livrent passage aux grandes avenues de la forêt. Enfin, il se produit encore d'autres fissures longitudinales un peu au-dessus de la surface de l'eau, c'est-à-dire au-dessus de la partie de l'aqueduc dont la température varie très peu.

On a, dans la limite du possible et sur toute l'étendue de la dérivation, remédié à cet état de choses, en remblayant les arcades basses et en plantant, pour les arcades moyennes, des lierres qui, après quelques années, enveloppent toute la maçonnerie d'un tapis isolant. En ce qui concerne les arcades élevées, on a recours à des matelas de terre gazonnée sur le sommet et, pour l'avenir, à des plantations d'arbres à haute tige.

Mais ces moyens préventifs, dont quelques-uns demandent des années pour produire leurs effets, ne sont pas toujours suffisants ; puis, les lierres, quand ils sont parvenus à tout leur développement, peuvent être détruits par des gelées exceptionnelles. Il fallait donc aviser à des remèdes immédiats, car des fissures, même légères, qui n'ont aucun inconvénient dans la plupart des ouvrages et qu'on y remarque à peine,

ne peuvent être tolérées quand elles donnent lieu à des fuites
d'eau. On a eu recours, dès lors, pour fermer celles des fissures
qui étaient dues à l'effet naturel des variations de température,
à des lames de plomb qui se prêtaient facilement aux contrac-
tions et aux dilatations. Mais la difficulté était grande parfois
de suivre des fissures assez irrégulières et c'est ainsi que,
sur certains points, on fut conduit à faire, préventivement,
et à des distances égales, des joints coupant la voûte de l'a-
queduc perpendiculairement à son axe et s'abaissant jusqu'à
la surface de l'eau.

Il est bien clair d'ailleurs que plus l'aqueduc sera plein,
moins les fissures, abstraction faite de celles du radier, auront
de tendance à se produire. L'introduction dans l'aqueduc de la
source de Cochepies aura donc une influence salutaire sur la
conservation des ouvrages.

Puis, d'autres sources pourront encore au besoin accroître
le débit de l'aqueduc et on avait cru notamment que l'énorme
massif des sables de Fontainebleau fournirait des sources
importantes. Il n'en est malheureusement rien, ce qui nous
paraît tenir à ce que l'extrême finesse du sablon favorise les
effets de la capillarité et que sa masse reste dès lors imprégnée
d'eau sur toute sa hauteur, ainsi qu'on l'a constaté dans le creusement des souterrains.

Mais il est deux sources considérables provenant, comme
celles de la Vanne, du niveau de la craie et situées dans le voisinage du massif des sables ; elles pourront un jour être amenées à Moret pour y être relevées par une machine de refoulement. Ce sont la source de Villeron dans la partie inférieure
de la vallée du Lunain, affluent du Loing, et celle de Chain-
treauville près de Nemours. Leurs moindres débits sont de
150 et de 250 litres et un supplément de 400 litres serait une
ressource fort précieuse pour la dérivation.

A. B.

XI

Le 15 mai 1861, le sondage du puits de Passy a atteint la couche des sables aquifères à 576^m,70 au-dessous du sol et à 523^m,53 au-dessous du niveau de la mer[2].

A 3 heures et demie du matin, les ouvriers sondeurs reconnurent que l'eau s'était élevée de 12 mètres dans le puits et la cuiller remonta pleine d'argile comme les jours précédents, mais avec un peu de sable vert dans sa partie inférieure.

Un flot de sable envahit le tubage, et de 3 heures à midi l'eau s'éleva lentement de 7^m,50 et, depuis cette époque, est restée stationnaire à 4 ou 5 mètres en contre-bas du sol.

Le mouvement ascensionnel de l'eau est suspendu en ce moment par deux causes : les sables, qui envahissent incessamment et obstruent le trou de sonde sur 8 ou 9 mètres de longueur, et la perméabilité du tubage, qui laisse perdre l'eau dans les nappes de la craie blanche et des terrains tertiaires. Ces deux obstacles à l'ascension de l'eau étaient connus à l'avance. Je n'indiquerai pas les moyens qu'on se propose d'employer pour les faire disparaître : c'est une question pratique qui intéresserait médiocrement les membres de la Société.

Au puits de Grenelle, la masse aquifère a été trouvée à 547 mètres au dessous du sol et à 511 mètres au-dessous de la mer ; en ne considérant que ce dernier niveau, on voit que le

---

[1] Annuaire de la Société météorologique de France, 1861.—Tome IX, page 124.— Séance du 28 mai 1861.

[2] Le puits de Passy est foré par M. Kind, sous la direction de MM. Michal, inspecteur général des ponts et chaussées, directeur du service municipal; Alphand, ingénieur en chef; Darcel, ingénieur ordinaire.

forage de Passy a dû descendre, pour trouver l'eau, à $12^m,53$ plus bas que celui de Grenelle.

Les terrains traversés ont été :

A Grenelle :	*A Passy :*
Terrains de transport,	Calcaire grossier,

L'argile plastique,
La craie blanche,
La craie marneuse,
La craie chloritée,
Les argiles du gault,

au-dessous desquelles l'eau a été trouvée dans les deux forages.

La légère différence d'altitude des sables aquifères est un de ces faits géologiques trop communs pour qu'on s'y arrête. On peut donc dire que, si on ne tient pas compte de la croûte superficielle du sol, les forages ont été pratiqués identiquement dans les mêmes terrains.

Les tubages sont faits dans des conditions très différentes. A Grenelle, on a posé deux tubes en tôle concentriques ; le plus grand a de $0^m,14$ à $0^m,24$ de diamètre intérieur, le plus petit $0^m,12$. L'eau monte dans l'espace annulaire compris entre les deux tubes, mais en petite quantité : la plus grande partie s'élève par le petit tube.

A Passy, le tubage a $0^m,80$ de diamètre jusqu'à 26 mètres au-dessus du fond et $0^m,30$ dans le surplus du forage ; mais cette disposition n'est que provisoire et l'on doit pousser le forage à grande section jusqu'à l'eau.

Il était très important de constater l'action du puits de Passy sur celui de Grenelle. Des jaugeages sont faits de trois en trois heures depuis le 25 mai à la colonne artésienne de la place de Breteuil, et jusqu'ici on n'a reconnu aucune modification dans le régime de l'eau.

La commission de surveillance du puits de Passy s'est préoccupée des variations de la quantité des sels en dissolution qui pouvaient résulter du nouveau forage, et on décida, vers la fin de 1856, qu'une analyse des eaux de Grenelle serait faite chaque semaine, jusqu'à l'achèvement du puits de Passy.

Ce projet n'a eu aucune suite, mais j'ai fait chaque semaine l'essai hydrotimétrique des eaux de Grenelle.

Je demande à la Société la permission de lui soumettre le résultat tout à fait inattendu de ce travail.

On sait que l'hydrotimètre donne la proportion des sels terreux en dissolution dans l'eau.

Dans les nombreuses recherches sur les eaux du bassin de la Seine que j'ai dû faire dans ces dernières années, j'avais constaté que, dans un grand nombre de sources, cette proportion variait; mais le débit de toutes ces sources était lui-même variable, et c'est au moment des plus basses eaux qu'on observait un accroissement notable dans la quantité de sels terreux en dissolution, ce qui se comprend facilement.

Le régime du puits de Grenelle est invariable depuis plusieurs années; c'est une source constante qui débite $10^{\text{lit}},50$ par seconde. On devait donc croire *à priori* que la composition chimique de ses eaux devait également être constante. Il n'en est rien néanmoins. La proportion des sels terreux est variable comme dans les autres eaux.

Je mets sous les yeux de la Société la courbe des essais hydrotimétriques de l'eau de Grenelle du 10 mars 1857 au 31 décembre 1860. Ainsi que je l'ai dit ci-dessus, un essai a été fait chaque semaine.

Évidemment, les variations de la quantité de sels terreux en dissolution dans l'eau de Grenelle doivent tenir aux variations de la quantité d'eau qui s'infiltre dans les sables aquifères.

Il était donc intéressant de comparer à la courbe hydrotimétrique, soit les courbes pluviométriques, soit les courbes de variations de niveau des cours d'eau, dans les localités où les sables verts se montrent au jour.

La comparaison des courbes pluviométriques et hydrotimé-

triques présentait de nombreuses difficultés; on sait depuis longtemps que la saison chaude est la plus pluvieuse, et que, néanmoins, c'est alors que le débit des cours d'eau et des sources
diminue. Même dans la saison humide, certaines pluies très
fortes sont presque sans action sur le régime des rivières, parce
qu'elles ont été précédées de sécheresses.

La comparaison devient, au contraire, très facile si l'on substitue aux courbes pluviométriques les courbes des variations
des cours d'eau.

Il est évident que toutes les fois que les ruisseaux éprouvent
une crue, des infiltrations plus abondantes doivent se faire dans
les sables de la craie inférieure, et par conséquent, lorsque ces
eaux arrivent au puits de Grenelle, elles doivent être moins
chargées de sels terreux.

J'ai donc rapporté, au bas de la courbe hydrotimétrique, les
courbes des variations de niveau de deux cours d'eau situés entièrement dans la craie inférieure : l'Aisne à Sainte-Menehould,
la Barse à Troyes.

Ces courbes sont de deux mois en avant de la première; le
mois de janvier correspond au mois de mars des courbes hydrotimétriques; le mois de février au mois d'avril, et ainsi de suite.
Voici pourquoi :

En comparant les courbes on reconnaîtra facilement que les
crues de l'Aisne et de la Barse correspondent, grâce à la disposition adoptée, aux minima de la courbe hydrotimétrique.

Ainsi ces deux rivières ont éprouvé de fortes crues en janvier
1856; on trouve une série de dépressions dans la courbe hydrotimétrique en mars et avril.

Des crues moins prononcées, en mars et avril 1858, produisent
le même effet sur les résultats obtenus avec l'hydrotimètre en
mai et juin.

Les crues de décembre 1858, janvier, février et mai 1859,
produisent des résultats analogues, et enfin les crues presque
continues de l'hiver et du printemps de 1860 produisent dans la

courbe hydrotimétrique une dépression qui commence en mars et se maintient pendant la plus grande partie de l'année.

Les eaux d'infiltrations parcourent donc, en deux mois environ, l'espace compris entre les points d'affleurement de la craie inférieure et Paris.

Cela admis, voici d'autres résultats qui ne sont pas moins remarquables.

M. Dausse a démontré que les pluies d'été, c'est-à-dire celles qui tombent du 1er juin à la fin de novembre, ne profitaient pour ainsi dire point aux sources, et que l'alimentation des cours d'eau souterrains était due presque entièrement aux eaux d'hiver, c'est-à-dire à celles qui tombent du 1er décembre au 31 mai.

Il résulte de là que la courbe hydrotimétrique doit se déprimer 60 jours environ après le commencement de la saison humide, c'est-à-dire vers les mois de février ou de mars, et qu'elle doit se relever 60 jours après le commencement de la saison sèche, c'est-à-dire vers les mois d'août ou de septembre.

C'est, en effet, ce qu'on remarque dans la courbe hydrotimétrique. Les minima sont toujours compris entre les mois de février et d'août, les maxima entre août et février.

L'influence des années très-sèches ou très-humides est aussi très-marquée.

A la suite de l'année 1856, si remarquable par l'abondance et la continuité des pluies, le minimum hydrotimétrique correspondant au printemps de 1857 descend très-bas, à 9°,18 ; aussi, malgré les sécheresses de l'été de 1857, le maximum atteint à peine 10°,11.

Mais l'hiver de 1857-1858 ayant été extraordinairement sec, la courbe continue à s'élever en janvier et février jusqu'à 11°,10, et la dépression du printemps s'arrête à 9°,57.

La sécheresse continue pendant tout l'été et atteint des proportions inconnues depuis longtemps. La courbe hydrotimétrique se relève rapidement pour atteindre le maximum le plus élevé que j'aie observé, 12°,15.

Les pluies de décembre 1858 et février 1859 amènent une longue dépression pendant le printemps et l'été de 1859, sans que, néanmoins, le minimum descende au-dessous de 9°,89; le maximum remonte ensuite à la cote ordinaire 10°,86.

Enfin l'année 1860, si remarquable par ses pluies continuelles, a eu une action très-sensible sur les courbes hydrotimétriques; le minimum est descendu à 9°,31, et le maximum, si l'on fait abstraction de deux essais qui semblent mauvais, n'est pas remonté au-dessus de 9°,98.

Il paraît résulter des expériences dont je viens de rendre compte :

1° — Que toute crue notable des petits cours d'eau de la craie inférieure du bassin de la Seine est suivie, deux mois après, d'une diminution sensible dans la proportion des sels terreux en dissolution dans l'eau du puits de Grenelle;

2° — Que cette proportion diminue également deux mois après l'origine de la saison humide, c'est-à-dire vers février ou mars;

3° — Qu'elle s'accroît au contraire deux mois après l'origine de la saison sèche, c'est-à-dire vers août ou septembre;

4° — Que le minimum est beaucoup plus prononcé dans les années humides que dans les années sèches;

5° — Que le maximum est beaucoup plus élevé dans les années sèches que dans les années humides.

Réponse aux observations de M. de Tessan. — M. de Tessan pense que le débit des puits de Grenelle ou de Passy doit croître avec le diamètre du forage comme dans les conduites ordinaires; je ne partage pas cette opinion.

Avant de discuter cette question, je dois répondre à deux autres observations de notre confrère, qui ne me paraissent pas fondées.

M. de Tessan croit qu'avec un tube très large qui donnera un libre passage aux sables et aux fragments argileux, l'excavation qui doit se former au pied du forage s'étendra pour ainsi dire indéfiniment. Je ne pense pas que cela soit exact. Cette excavation sera nécessairement très restreinte; d'une part, parce que l'eau n'a plus la vitesse suffisante pour entraîner les sables, pour peu que le diamètre du vide soit étendu; d'autre part, parce que l'argile, comprimée à plus de 50 atmosphères par une couche de sable incompressible, éprouvera un véritable mouvement de dilatation et remplira le vide, dès qu'elle ne sera plus soutenue que par l'eau. Le grand diamètre du forage, loin de favoriser l'ascension des sables, la rend impossible parce que l'eau y manquera de vitesse. Cela est si vrai, qu'à Passy la cuiller rencontre le sable à 9 mètres au-dessus du fond du puits.

Je ne pense donc pas que l'excavation qui se formera au pied du tube soit beaucoup plus grande que celle qui existe à Grenelle.

M. de Tessan croit que le tube du puits artésien est rempli de sable. Cela n'est pas exact. Nous venons de dire qu'à Passy les sables ne peuvent pas s'élever à plus de 9 mètres au-dessus du fond. A Grenelle, le tube ne contient que de l'eau; cela a été constaté à diverses reprises lorsqu'on y a passé la sonde pour dégager le fond des fragments de pyrites qui s'y accumulaient à l'origine.

M. Mulot, que j'ai consulté sur ce point, croit qu'une colonne de sable, de 1 à 2 mètres, arrêterait le mouvement ascensionnel de l'eau.

Admettons qu'il y ait exagération dans cette opinion; il est certain qu'une colonne de sable de 547 mètres de hauteur, dont la densité est de 2 environ, ferait équilibre à une colonne d'eau de 1000 mètres et n'en laisserait pas passer une seule goutte.

Si l'excavation, qui se formera au pied du tube du puits de Passy, ne peut s'étendre indéfiniment, si ce tube reste libre, il est facile de voir que le débit ne peut augmenter considérablement en raison de son grand diamètre.

Darcy a démontré, d'après des expériences faites à divers puits artésiens et notamment à Grenelle, qu'en faisant monter l'eau d'un puits artésien, foré dans le sable, à diverses hauteurs, en prenant ces hauteurs pour abscisses et les débits pour ordonnées, la courbe ainsi obtenue était une ligne droite, ou, en d'autres termes, que l'équation des débits était du premier degré. Cela prouve déjà qu'avec le diamètre du puits de Grenelle toute l'eau qui peut s'élever à l'orifice y arrive aujourd'hui ; car, si le diamètre du tube jouait un rôle quelconque, l'équation serait du second degré.

Mais les observations faites confirment encore bien mieux notre opinion.

L'eau du puits de Grenelle a coulé longtemps au niveau du sol ; on l'élève aujourd'hui à 37 mètres au-dessus.

L'eau s'écoulait donc dans l'origine en vertu d'une pression de plus de 37 mètres ; on sait même, d'après les observations de M. Walferdin, confirmées par les expériences de Darcy, que cette pression était de plus de 90 mètres, ou, en d'autres termes, qu'on aurait pu élever l'eau à plus de 90 mètres au-dessus du sol pour atteindre l'altitude où elle aurait cessé de couler.

Les expériences de MM. Mary et Lefort ont fait voir qu'après la régularisation de son débit, le puits de Grenelle ne donnait au niveau du sol que 20 litres par seconde, et Darcy a démontré que pour vaincre les frottements dans le tube il ne fallait qu'un mètre de pression ; il y avait donc 89 mètres de pression perdus pour vaincre les frottements dans les sables, depuis les points d'infiltration jusqu'à Paris.

Ainsi les puits de Grenelle et de Passy ne s'alimentent pas dans une nappe d'eau d'une puissance indéfinie ; il est même très probable qu'une augmentation quelconque du diamètre du tube de Grenelle n'aurait pas donné lieu à une notable augmentation de débit.

Il n'en est pas moins vrai qu'on a bien fait de donner un grand diamètre au forage de Passy. A Grenelle, on a dû l'arrêter à la première nappe d'eau, parce que le petit diamètre du tube ne permettait pas de descendre plus bas ; à Passy, on pourra probablement atteindre les deux autres nappes d'eau qui existent entre les grès verts et les terrains jurassiques. Peut-être même pourra-t-on forer les derniers terrains, opération qui ne présente pas les mêmes difficultés que celles qu'on a dû surmonter jusqu'ici.

Il n'est pas un géologue, je devrais dire pas un homme de science, qui ne désire qu'une telle entreprise soit réellement menée à bonne fin ; et par qui le sera-t-elle, si elle fait reculer l'administration actuelle de la ville de Paris ?

Sans le grand diamètre du tube de Passy, ce prolongement du forage ne serait pas possible; et, si les nappes d'eau inférieures sont plus abondantes que la première, un large tube sera nécessaire pour débiter leur produit.

M. Walferdin a profité d'une petite interruption de quatre jours de travail, qui a eu lieu au puits de Passy, quand on a eu atteint la profondeur de 548 mètres ; la température des eaux du fond, déterminée avec toutes les précautions convenables, a présenté un excès de près de 3° sur la température des eaux de Grenelle, qui viennent de la même profondeur au-dessous de la surface. Cet excédant tient évidemment à la chaleur développée par le travail; il n'en peut être autrement, le forage ayant lieu au moyen d'un mouton du poids de 2000 kilogrammes frappant dix-huit coups par minute.

M. Walferdin fera d'ailleurs ultérieurement une communication détaillée à ce sujet.

M. Walferdin ajoute, en terminant : « j'appelle de tous mes vœux un essai des plus intéressants à tous égards. Nous avons à Paris les trois plus habiles sondeurs de l'Europe, MM. Mulot,

Degousée et Kind; ne serait-il pas possible de charger ces trois ingénieurs d'exécuter trois sondages jusqu'à une profondeur de 800 à 1000 mètres? Une pareille entreprise, qui ne coûterait pas plus d'un million, serait certainement féconde en résultats scientifiques et industriels. »

M. Belgrand annonce qu'il est précisément chargé, dans ce moment, de faire un rapport sur un semblable projet; il fait remarquer qu'un sondage, effectué à 800 mètres, atteindrait les dernières couches crétacées et arriverait aux terrains jurassiques; le grand intérêt de l'entreprise, c'est qu'arrivé à ce point, on aurait dépassé les terrains si difficiles de la craie; on serait dans des calcaires compactes, et on pourrait poursuivre le sondage aussi loin qu'on le voudrait, sans rencontrer d'autre obstacle que le forage d'un rocher solide.

XII

PUITS DE PASSY, SECONDE NOTE[1]

M. Alf. Caillaux a publié, dans la livraison du 16 octobre 1861 de la *Presse scientifique*, une notice sur les travaux du puits de Passy, qui me dispensera d'entrer dans beaucoup de détails sur l'exécution proprement dite du forage; je me bornerai à indiquer les principaux faits, en renvoyant ceux qui veulent connaître de plus grands détails à la notice de M. Caillaux, qui est très exacte.

Le forage du puits de Passy a été confié à un sondeur saxon, M. Kind. D'après le traité du 14 juillet 1855, passé entre M. le préfet de la Seine et cet entrepreneur, le forage devait descendre à 23 mètres au moins dans les grès verts; le tubage devait être en bois de chêne et présenter dans sa section intérieure un vide circulaire de $0^m,60$ de diamètre dans toute la hauteur.

Le délai fixé pour l'achèvement des travaux était d'une année.

Le prix du forage était réglé à forfait à 350 000 francs. Si la dépense restait au-dessous de cette somme, et si le volume d'eau, obtenu à $76^m,40$ au-dessus de la mer, dépassait 13 300 mètres cubes, la différence appartenait à M. Kind.

M. Kind, jusqu'à cette limite de 350 000 francs, était libre d'employer tel procédé qu'il jugeait convenable; il réglait sans contrôle les dimensions des tubes de retenue; l'ingénieur du

[1] Annuaire de la Société météorologique de France — 1861. Tome IX, page 185. — Séance du 10 décembre 1861.

service des plantations était purement et simplement chargé de la surveillance de l'entreprise pour le réglement de la comptabilité.

Mais si la dépense dépassait 350 000 francs, la Ville restait libre de continuer l'entreprise comme elle l'entendait; M. Kind devait lui prêter le concours de son expérience.

Les travaux furent commencés dans le milieu de juillet 1855.

Le 26 octobre de la même année, on arrivait à 52^m,80, à la couche de conglomérats du calcaire pisolithique; on avait, par conséquent, traversé un des terrains les plus difficiles du forage, l'argile plastique. Malheureusement, on avait cru qu'il suffisait, dans ces argiles dont la hauteur est de 27^m,57, d'employer des tubes en tôle de 0^m,005 d'épaisseur. Le diamètre du trou de sonde était de 1^m,10.

Les conséquences de cette faute ont été désastreuses, comme on le verra plus loin.

Le forage fut continué à partir de cette époque sans accident notable jusqu'au 3 mai 1856, où, à la profondeur de 266^m,14, un trépan cassé, tombé au fond du trou, retarda le travail de 33 jours.

Aucun accident grave ne se manifesta jusqu'au 31 mars 1857, où l'on était parvenu à la profondeur de 328 mètres.

C'est alors que l'on reconnut, mais trop tard, l'insuffisance du tubage de l'argile plastique. Le tube de retenue s'aplatit; les argiles et les sables se détachèrent de la partie supérieure du trou de sonde, et tombèrent pêle-mêle avec les débris du tube dans la partie inférieure.

La réparation de ce désastre ne dura pas moins de 33 mois. M. Kind essaya, mais sans succès, de substituer de nouveaux tubes à ceux qui étaient écrasés; le terrain était en mouvement et son action était irrésistible. Enfin, le prix du forfait étant épuisé, le travail fut continué par les ingénieurs de la ville, qui proposèrent de tuber l'argile plastique par le procédé Triger, mais cette proposition ne fut pas acceptée. On procéda par voie d'épuisement, et après deux ans d'efforts opiniâtres, on parvint enfin à murailler l'argile plastique dans toute sa hauteur, et à introduire dans l'intérieur de cette partie du puits un tube en tôle de $1^m,70$ de diamètre intérieur; c'est ce qu'on appelle le faux puits.

En janvier 1860, M. Kind, cette fois sous la direction des ingénieurs de la Ville, procéda au curage du puits, entièrement obstrué par les éboulis de l'argile plastique. Cette opération se fit sans difficulté, et le forage fut continué jusqu'à 540 mètres; là, le terrain devenait très argileux; on jugea prudent de descendre le cuvelage en bois destiné à former le revêtement définitif du puits.

Ce long cylindre est formé de douves en bois de chêne de $0^m,10$ d'épaisseur, reliées entre elles par des frettes en tôle et une armature longitudinale en fer.

A la partie inférieure est fixé un cylindre de bronze de 14 mètres de longueur, pesant 8 000 kilogrammes, percé de trous destinés à laisser passer l'eau. Le diamètre intérieur de l'appareil est de $0^m,80$.

Vers le milieu de mars, ce lourd appareil atteignit le fond du forage, qui fut continué jusqu'à $549^m,50$. Mais, arrivé à cette profondeur, le cuvelage refusa de descendre. On se décida à excaver le sol au-dessous du tube, mais sans succès; enfin on descendit un tube provisoire de $0^m,50$ de diamètre dans la partie inférieure, en continuant le forage, et, le 25 mai 1861, on atteignit la première nappe aquifère, celle du puits de Grenelle.

J'ai déjà rendu compte à la Société de ce premier résultat du forage de Passy. L'eau trop peu abondante de cette première nappe ne put arriver au sol, soit qu'elle se perdît dans les fissures du cuvelage, soit que, dans ce large tube, elle ne pût prendre une vitesse suffisante pour soulever les sables qui s'y amoncelaient.

Le tube de $0^m,50$ fut arraché, et on en descendit un autre de $0^m,70$ et de $0^m,02$ d'épaisseur, ce qui permit de continuer le forage à travers la couche de sable de la première nappe, et une couche d'argile de 7^m,10 d'épaisseur; on arriva enfin, à 560^m,50 au-dessous du sol, à la seconde nappe aquifère, le 24 septembre 1861, à midi. Un volume d'eau considérable n'a cessé, depuis cette époque, de sortir de l'orifice du puits.

On a traversé dans ce forage les terrains suivants :

	HAUTEUR AU-DESSOUS DU SOL
Terrain détritique et caillasses	4^m,00
Calcaire grossier	18 ,65
Sables du calcaire grossier	25 ,43
Argile plastique et ses sables	52 ,76
Rognons calcaires (probablement calcaire pisolithique).	58 ,70
Craie blanche avec cordons de silex	322^m,00
Craie grise sans silex	344 ,89
Craie blanche à silex	362 ,18
Craie grise sans silex	366 ,18
Craie marneuse avec silex au-dessus.	443 ,22
Marne grise	477 ,02
Craie grise dure	487 ,98
Marne argileuse verte avec points noirs	502 ,94
Marne grise avec pyrites.	525 ,07
Argile du gault.	566 ,00
Marne noire. Première couche aquifère du greensand. { niveau supérieur	576 ,70
niveau inférieur	579 ,60
Argile sableuse.	586 ,50
Deuxième nappe aquifère .	

Le procédé de sondage de M. Kind est aujourd'hui bien connu; le trépan à dents d'acier, dont il fait usage, est soutenu par les mâchoires d'un déclic analogue à celui des sonnettes qui servent au battage des pieux. L'ouverture de ce déclic est déterminée par la pression de l'eau sur un disque en cuir, pression résultant de la vitesse de chute de la sonde. Le trépan tombe en avant dès qu'il est libre. Le reste de la sonde, retenu par la pression du disque en cuir sur l'eau, descend plus lentement jusqu'à ce que les mâchoires du déclic viennent de nouveau saisir la tête du trépan.

Ce procédé permet de substituer aux lourdes barres de fer des anciennes sondes des tiges en bois de pin plus légères que l'eau déplacée, ce qui diminue considérablement le poids de l'appareil.

Ce système très ingénieux fait le plus grand honneur à son inventeur, M. Kind, et tous les bons entrepreneurs de sondages en emploient aujourd'hui d'analogues dans les forages de grand diamètre.

M. Caillaux a rendu compte, avec plus de détails que je ne le fais ici, et beaucoup d'exactitude, de toutes ces premières opérations de forage. Il est un point cependant sur lequel je ne puis être d'accord avec lui.

Il pense que les armatures en fer du cuvelage doivent se détruire dans un avenir plus ou moins éloigné.

« L'expérience démontre, dit-il, et une foule de faits l'attestent, que le fer s'oxyde avec une grande rapidité au contact des eaux de sondage. »

Je ne pense pas que cette proposition puisse être ainsi généralisée.

M. Mulot m'a affirmé qu'il avait retiré du puits de Grenelle des débris de tôle non galvanisée qui, après un long séjour dans l'eau de ce puits, étaient parfaitement intacts.

Je donnerai plus loin l'explication de ce phénomène.

Je continue l'exposé des faits qui concernent le puits de Passy.

On a fait une première tentative pour élever l'eau de ce puits au-dessus du sol, c'est-à-dire au-dessus de la cote 53^m,15; mais ce premier essai n'eut pas de succès. Arrivée à l'altitude 66 mètres, c'est-à-dire à 13 mètres au-dessus de l'orifice du puits, l'eau cessait de couler; comme on savait, par l'expérience du puits de Grenelle, que le point hydrostatique était beaucoup plus élevé, on admit qu'il devait exister des pertes à travers le cuvelage, que ces pertes augmentaient en même temps que la pression, au fur et à mesure qu'on élevait l'eau dans le tube, et qu'elles finissaient par absorber tout le produit du puits; on pensa

que les fissures devaient se trouver dans la partie du cuvelage
correspondant aux terrains tertiaires ; car, dans cette partie, il existait un vide considérable entre ce qu'on appelait le faux puits,
c'est-à-dire le tube de retenue de l'argile plastique et le tube en
bois dans lequel montait l'eau. Ce dernier était donc mal assu-
jetti dans sa partie supérieure, et les secousses qu'il éprouvait
pouvaient bien y avoir causé quelques avaries.

La Commission du puits, dans sa séance du 9 octobre 1861,
décida que le cuvelage serait fortifié extérieurement par des
cercles en fer dans toute la partie qui s'élevait au-dessus de la
nappe d'eau des puits, et qu'on remplirait en béton tout le
vide qui le séparait des parois du faux puits.

Ces travaux terminés, on se résolut à tenter de nouveau de
relever l'eau, et à ne s'arrêter qu'à l'altitude du plan d'eau du
puits de Grenelle, soit à 73 mètres au-dessus de la mer,
ou à 20 mètres au-dessus du sol.

Cette expérience fut faite le 28 octobre et, cette fois, l'eau ne
cessa pas de couler ; mais son volume diminua considérablement, ainsi qu'on va le voir ci-dessous.

DÉBIT DU PUITS DE PASSY.

On admet que le puits de Passy débitait, dans les premiers
jours, 21 000 et même 25 000 mètres cubes d'eau ; mais cela
n'est nullement démontré. L'exactitude du procédé de jaugeage
employé alors est plus que contestable.

On se décida, dans les premiers jours d'octobre, à jauger
l'eau débitée dans une cuve en maçonnerie, procédé absolument
sûr.

Les travaux de cette cuve furent terminés le 9 octobre 1861,
et, à partir de ce jour, les jaugeages ont été faits avec une parfaite
régularité quatre fois par jour : à midi, à six heures du soir,
à minuit et à six heures du matin.

Je mets sous les yeux de la Société la courbe qui représente les variations de débit.

Du 9 au 25 octobre, le débit est resté constant; il a été de 16700 mètres cubes; mais, le 25, on a constaté une diminution de 700 mètres cubes et, du 25 au 28, le volume d'eau débité, comme le montre très-bien la courbe, oscilla entre 15800 et 15500 mètres cubes.

L'eau, depuis le 25 septembre, coulait au niveau du sol; le 28 octobre, ainsi qu'on l'a vu ci-dessus, la consolidation du tube dans la traversée du faux puits étant terminée, on se décida à relever le plan d'eau au niveau de celui du puits de Grenelle, soit à 20 mètres au-dessus du sol.

A midi, à l'altitude 53 mètres, le produit était de 15 800 mètres cubes; à quatre heures du soir, à l'altitude 72^m,70, le débit était réduit à 4170 mètres cubes; à minuit, il se relevait à 6130; le 29, à six heures du matin, à 7100, et montait peu à peu jusqu'à 8100 mètres cubes, volume constaté le 31, à sept heures du matin. Depuis cette époque jusqu'au 7 novembre, les oscillations de débit ont été peu importantes; le maximum obtenu a été 8300, et le minimum 8000 mètres cubes.

Le 7 novembre 1861, le jaugeage donnait à six heures du matin un débit de 8300 mètres; à midi, ce débit tombait à 7100, et, à six heures du soir, à 6900 mètres cubes, et oscillait entre 7000 et 7400 mètres cubes jusqu'au 9, à minuit.

Le 10, à six heures du matin, il se relevait à 8000, et remontait peu à peu jusqu'au 15, où l'on constatait, à midi, 8500 mètres cubes.

Après des oscillations sans importance, le volume continuait à progresser à partir du 22 novembre jusqu'au 23, où on obtenait à midi le maximum de 8900 mètres; mais à partir du 24, une décroissance assez rapide fut constatée, et le 25, à six heures du soir, on tombait à 8000 mètres cubes, chiffre dont on ne s'est plus écarté à cette altitude[1].

[1] Depuis, l'eau a été relevée à l'altitude nécessaire, pour l'envoyer au réservoir de Passy, à

Il est à remarquer que, dans toutes ces oscillations, les diminutions de débit correspondent toujours à une augmentation des troubles.

Nous reviendrons plus loin sur cette question.

INFLUENCE DU DÉBIT DU PUITS DE PASSY SUR CELUI DE GRENELLE.

On sait que, depuis longtemps, le régime du puits de Grenelle était complétement fixé et qu'il n'éprouvait plus aucune variation, même dans les années d'extrême sécheresse, comme 1857, 1858, 1859, ou d'extrême humidité, comme 1860. Avant l'érection de la tour de la place de Breteuil, l'eau sortait à l'altitude 70^m,07 et le volume débité était de 950 mètres. Depuis le 17 mars 1859, époque de la mise en service de la tour, le plan d'eau a été relevé à l'altitude 72^m,70 et le débit s'était fixé à 907 mètres et n'avait pas varié, même lorsque le forage de Passy, le 25 mai dernier, atteignait la première nappe d'eau.

C'est le 24 septembre, à midi, que la deuxième nappe a été atteinte à Passy.

Le 25, à six heures du matin, le puits de Grenelle débitait encore, comme les jours précédents, 907 mètres cubes.

Mais à partir de ce moment, son débit éprouva des perturbations représentées par la courbe que je mets sous les yeux de la Société et dont je vais rendre compte.

Le 25 septembre, à minuit, le débit tombait à 806 mètres cubes ; le 26, à six heures du matin, à 778, et restait à ce chiffre jusqu'au 27 à midi; le même jour, à minuit, il tombait à 720 mètres cubes, et y restait jusqu'au 1er octobre. Du 1er au 3 octobre, à six heures du soir, il s'abaissait progressivement jusqu'à 654 mètres cubes, produit qui s'est maintenu sans variation jusqu'au 12 à minuit, où l'on a constaté le débit minimum, 605 mètres cubes.

l'altitude de 77^m,15 au-dessus de la mer, et le débit est descendu à 2.000 mètres. (Voir la courbe des débits.)

Ce minimum est, comme on voit, égal aux deux tiers du débit ancien du puits. Il s'est maintenu sans variation jusqu'au 30 octobre à minuit, c'est-à-dire cinquante-six heures après le relèvement du niveau du plan d'eau du puits de Passy.

Le 31, à six heures du matin, le débit remontait à 634 mètres cubes; le 1er novembre, à six heures du soir, à 648, et le 3 novembre, à minuit, à 662. Depuis, le débit du puits de Grenelle est resté en relation constante avec celui de Passy, un peu plus fort quand on élève l'eau à Passy, un peu plus faible quand on l'abaisse[1].

Pendant toutes ces oscillations la limpidité de l'eau n'a pas cessé d'être parfaite.

ÉTAT DE L'EAU DU PUITS DE PASSY

Comme celle du puits de Grenelle dans les premiers temps, l'eau du puits de Passy est sortie trouble, et, aujourd'hui encore, elle est loin d'être limpide.

M. Mangon constate tous les jours, au laboratoire de l'École des ponts et chaussées, le poids des matières en suspension dans un litre d'eau.

On a reconnu en général que les maxima des troubles correspondent aux minima des débits. Ainsi le débit était bien réglé à 16 700 mètres cubes, du 9 au 24 octobre, lorsque les troubles augmentèrent brusquement vers le 27. Le débit tomba alors à 15 620 mètres cubes.

Dans la deuxième expérience, faite au niveau du sol du 6 au 8 décembre, les troubles furent encore plus grands et le débit varia de 16 300 à 15 000 mètres cubes, etc., etc. Le poids des

---

[1] On a continué les expériences sur le débit du puits de Passy à diverses altitudes; nous avons donc complété la courbe de ces débits jusqu'en avril 1862, ainsi que celles des débits correspondants du puits de Grenelle.

matières en suspension a varié, par mètre cube, de 3 grammes à 9 354 grammes[1].

L'eau du puits ne transporte que du sable fin et de l'argile, tandis que l'eau de Grenelle, dans l'origine, montait de gros fragments de pyrite, des nodules et rognons volumineux, etc ; cette différence dans les matières entraînées se comprend facilement.

Lorsque le puits de Grenelle avait son débouché au niveau du sol, la vitesse de l'eau dans le tube y était plus grande que dans le cuvelage du puits de Passy.

Dans ce dernier tube, la vitesse ne dépasse pas $0^m,50$ par seconde, et elle ne suffirait pas pour transporter les gros graviers. Aussi a-t-on constaté avec la sonde qu'il se formait au fond du puits un amas de gros sable, reste des éboulements que l'eau n'a pu soulever. Cet amas grossira peu à peu, jusqu'à ce qu'il s'étende assez loin pour que l'eau n'y pénètre qu'avec une trop petite vitesse pour transporter même le sable fin. Alors elle arrivera limpide à l'orifice, surtout lorsque les éboulis argileux auront cessé de se produire ; c'est alors que le régime du puits sera établi.

Qualité de l'eau. — L'eau, à la sortie du puits de Passy, a, comme celle de Grenelle, une légère odeur sulfureuse qu'elle perd promptement par l'exposition à l'air. Elle est peu agréable à boire, même lorsqu'elle est refroidie, ce qui tient aux matières argileuses impalpables qu'elle renferme en suspension. Elle a, comme celle de Grenelle, la propriété de colorer en jaune les objets en verre sans leur ôter leurs transparence. Je l'ai essayée à l'hydrotimètre, le 9 octobre ; elle m'a donné $9°,74$.

Le même jour, sa température, prise avec un thermomètre à alcool rouge de M. Baudin, était à la sortie du puits $27°,4$.

---

[1] C'est surtout du 16 au 31 mars 1862 que les plus grands troubles ont été observés ; malheureusement il y a eu une lacune dans ces jaugeages, du 11 au 27 mars inclusivement Lorsqu'ils ont été repris, le 28, on a constaté un déficit considérable dans le débit qui était tombé à $5\,300^m$; il s'est relevé peu à peu, depuis, à $5\,000^m$.

C'est à peu de chose près la température et le degré hydrotimétrique de l'eau de Grenelle. L'analyse des gaz qu'elle renferme
a été faite par un chimiste habile, M. Jules Lefort, qui s'occupe depuis très-longtemps de la question de l'aération de
l'eau.

Je demande à la Société la permission de lui lire la note que
M. Lefort a bien voulu me transmettre à ce sujet.

« Nos analyses démontrent que les eaux douces de sources
et autres, non aérées, absorbent avec une grande rapidité les
éléments de l'air.

« Poursuivant cet ordre d'expériences, nous avons voulu connaître le volume d'air que l'eau du puits artésien de Passy
absorberait dans un temps déterminé.

« Le 22 octobre dernier, nous avons puisé de l'eau de ce
puits, à l'endroit même où elle arrive à la surface du sol et avant
tout contact avec l'air ambiant. Un litre nous a donné :

	CENT. CUB.
Acide carbonique libre et combiné. . .	33,84
Azote.	20,00
Oxygène.	1,92
Total.	55,76

« Sous le rapport de l'oxygénation, l'eau du puits de Passy
n'est donc pas suffisamment aérée et elle se rapproche beaucoup
plus, par son volume d'azote, des eaux minérales sulfureuses faibles que des eaux douces proprement dites ; telle qu'elle jaillit
du sol, cette eau est en effet désagréable à boire et ne remplit
aucune des conditions que l'on recherche dans les eaux douces
destinées à la boisson. Mais qu'on l'expose à l'air libre en l'agi-
tant sans cesse, et que, par un artifice quelconque, on abaisse
la température, son odeur sulfureuse disparaît en même temps
qu'elle se sature d'oxygène et qu'elle perd une proportion à peu
près correspondante de gaz azote.

« Voici, en ce qui concerne les gaz, les résultats que nous avons obtenus :

	Après une agitation d'une durée de			
	30 minutes.	1 heure.	2 heures.	10 heures.
	c.c	c.c	c.c	c.c
Acide carbonique libre et combiné.	33,89	33,92	33,98	34,55
Azote.	19,90	19,08	18,38	15,55
Oxygène	5,70	7,30	8,60	9,17
Totaux. . .	59,49	60,30	60,96	59,27

« Lorsqu'on voit une eau, comme celle du puits de Passy, se saturer d'oxygène avec une facilité aussi grande, on est en droit de se demander maintenant si l'on peut considérer comme non aérées les eaux de sources qui ont reçu, pendant un certain temps, le contact de l'atmosphère ambiante. »

Nous pouvons ajouter à ce qui précède que nous avons bu, pendant six mois, les eaux de Grenelle sans prendre aucune précaution pour les aérer, et qu'une personne de la maison, qui les buvait en même temps que nous et qui avait l'estomac très délicat, ne s'est jamais mieux portée.

L'absence presque complète d'oxygène dans l'eau de Passy explique le fait signalé au commencement de cette notice. Des fragments de tôle non galvanisée ont été retirés par M. Mulot, sans aucune trace d'oxydation, après un séjour de plusieurs années dans le puits de Grenelle. C'est un fait fort important, puisqu'il prouve qu'on peut tuber, en tôle non galvanisée, les puits artésiens de Paris, ce qui n'est pas possible dans d'autres localités, notamment dans la Touraine, où les tubages des puits, forés dans la craie inférieure, sont détruits en peu d'années lorsqu'ils sont en tôle.

Prix de l'eau. — L'eau des puits analogues à ceux de Passy est certainement la moins chère de toutes les eaux qu'il est possible de consommer à Paris. Voici en effet les prix de revient de diverses espèces d'eau qui sont ou peuvent être distribuées à Paris. Nous ne parlons pas des eaux anciennes, telles que celles d'Arcueil et de Belleville, dont le prix de revient ne peut être établi aujourd'hui.

PRIX DU MÈTRE CUBES
RENDU DANS LES RÉSERVOIR

Eau du canal de l'Ourcq (altitude 52ᵐ, prix approximatif)	0ᶠ,05
Eau de Seine montée à l'altitude 82ᵐ par les nouvelles machines que l'on construit au quai d'Austerlitz. .	0,0437
Même eau, si elle était montée à l'altitude 53ᵐ (altitude de l'origine du puits de Passy)	0,05
Eau de la Dhuis rendue à l'altitude 108ᵐ.	0,13
Eau des sources de la Vanne rendue à l'altitude 70ᵐ.	0,060
Eau du puits de Passy à l'altitude 53ᵐ, le débit étant 16 700ᵐ	0,0066
Même eau à l'altitude 75ᵐ, le volume étant réduit à moitié	0,0132

Il semblait donc au premier abord que l'alimentation de Paris devrait être faite en eau de puits artésiens.

Usage de l'eau des puits artésiens. — On s'est vivement préoccupé de cette question, et, sur la demande de M. le préfet de la Seine, M. le ministre des travaux publics, par un arrêté du 29 octobre 1861, a formé une commission à l'effet d'examiner la question de savoir s'il serait possible et convenable de pourvoir exclusivement, au moyen de puits artésiens, à l'alimentation de tous les services publics et privés de distribution d'eau de la ville de Paris.

Cette commission, dont M. Dumas était rapporteur, a été d'avis que la question posée par M. le ministre devait être résolue négativement.

Je voudrais transcrire ici tout le remarquable rapport de M. Dumas, mais cela m'entraînerait trop loin ; je me borne à citer les passages suivants :

« Les eaux artésiennes sont donc destinées à prendre un rang très-important dans la consommation parisienne ; mais comme leur emploi demeure libre, nous croyons qu'il serait imprudent de prendre pour base exclusive du service public une nappe naturellement exposée à toutes les entreprises de l'intérêt privé, et des ouvrages qui pourront varier dans leur débit, sinon tout d'un coup, du moins peu à peu, du tiers ou de la moitié, à mesure que le succès des forages voisins de ceux de la ville ouvrira de nouvelles et nombreuses issues aux eaux jaillissantes.

« L'expérience du puits de Grenelle et du puits de Passy est là pour le prouver, comme celle des puits forés de la ville de Tours.

« Sous le rapport de la qualité des eaux, la commission considère l'eau du puits de Grenelle et celle du puits de Passy comme la meilleure pour les usines, comme convenable à tous les usages publics, et comme susceptible, moyennant quelques précautions, d'entrer en concurrence avec toute autre eau potable dans les usages domestiques. Pour les usines, sa température chaude est un avantage dans la plupart des cas. Sa pureté, qui la rapproche des eaux de pluie, la fera rechercher d'ailleurs, toutes les fois qu'il s'agira de produire de la vapeur, les chaudières étant bien moins exposées aux incrustations que par l'emploi des eaux ordinaires de rivière ou de source. Pour les usages publics, l'emploi de telles eaux ne souffre pas d'objections.

« Mais s'il s'agit des usages domestiques, il est certain que la population n'accepterait pas pour ses besoins journaliers une eau tiède, non aérée, et qu'on trouve généralement fade, ce que sa température de 28 degrés, l'absence d'air dissous, la faible proportion d'acide carbonique et de carbonate de chaux qu'elle contient, expliquent assez.

« Le puits de Passy donnait 16 à 17 000 mètres par jour, quand son plan de déversement était au niveau du sol ; il n'en donne que 8 200 depuis qu'on l'a remonté de 20 mètres plus haut.

« Cependant, il n'est encore qu'à 73 mètres au-dessus du niveau de la mer, et s'il fallait alimenter au moyen des eaux artésiennes les parties élevées de Paris, on aurait indubitablement à établir des machines à vapeur, etc....

« Veut-on les faire monter spontanément à ce niveau en prolongeant la colonne qui les dirige? Le calcul montre que la perte de force qu'on subit en ce cas est énorme, et l'expérience fait voir que le forage des puits voisins influe sur le débit des puits existants, d'une manière d'autant plus dangereuse, que le plan de déversement de ceux-ci est plus élevé.... »

On ne peut donc songer à augmenter notablement le nombre des puits artésiens. La réaction produite sur les débits du puits de Grenelle par le forage de Passy prouve que si l'on avait creusé cinq à six puits, comme celui de Passy, dans l'intérieur des fortifications, le dernier fait prendrait probablement toute son alimentation sur le produit des premiers.

Il serait, du reste, d'autant plus difficile de relever le plan d'eau, que le nombre des puits serait plus grand ; c'est ce que je vais chercher à démontrer.

Darcy a prouvé que la relation qui existe entre la pression et la vitesse, en vertu desquelles les eaux de sources ou artésiennes se meuvent dans des couches sableuses, est donnée par une équation du premier degré. Qu'ainsi, en prenant pour axe des abscisses la colonne artésienne de Grenelle ou de Passy, et pour ordonnées les produits de ces puits, la relation entre les hauteurs x à laquelle l'eau s'élèvera et le débit y du puits, sera de la forme :

$$y + ax + b = 0.$$

En déterminant les constantes a et b au moyen des jaugeages faits au puits de Grenelle par MM. Mary et Lefort et en prenant le niveau de la mer pour origine des abscisses x, on arrive à l'équation :

[A] $\qquad\qquad y + 18{,}55\,x - 2\,374{,}4 = 0.$

Depuis que ces jaugeages ont été faits, un nouveau tube plus étroit a été introduit dans le puits et l'équation est devenue

[B] $\qquad\qquad y + 16{,}4\,x - 2\,099{,}2 = 0.$

Ces deux équations donnent, pour $y = o$ ou pour l'altitude que l'eau peut atteindre au moment où elle n'aurait plus la force de couler, $x = 128$ mètres. C'est ce que j'appellerai désormais le point hydrostatique.

L'altitude des localités, où se font les infiltrations d'eau pluviale dans les grès verts, diffère très peu de cette cote 128^m.

Il a été établi ci-dessus que le débit du puits de Grenelle, à l'altitude $72^m,70$, a été diminué d'un tiers par la réaction du puits de Passy. Si l'altitude de l'eau à Grenelle était réduite, il est bien probable que cette proportion d'un tiers serait aussi diminuée. Peut-être qu'à la hauteur du sol, par exemple, la réaction du puits de Passy ne réduirait le débit normal de celui de Grenelle que d'un quart, mais, bien certainement, ce ne serait pas de plus d'un tiers. La ligne des débits réduits du puits de Grenelle est donc, ou une parallèle à la ligne des débits primitifs, ou une ligne moins oblique par rapport à la ligne des abscisses et qui, par conséquent, coupe cette ligne à une hauteur moindre.

Admettons l'hypothèse la plus favorable, soit le parallélisme de la ligne des débits; on voit facilement que l'équation [B], par la réduction d'un tiers de tous les débits, devient

$$[C] \qquad\qquad y + 16,4\,x - 1797 = o,$$

et en faisant $y = o$, on trouve, pour le point hydrostatique, $x = 109$ mètres.

Le forage d'un nouveau puits artésien a donc pour effet de réduire considérablement, non seulement le débit, mais encore la hauteur du point hydrostatique ou l'altitude à laquelle on peut faire monter l'eau des puits existants.

On peut établir l'équation des débits du puits de Passy en se servant des résultats des dernières opérations du jaugeage.

Les débits, lorsque les troubles ne sont pas trop grands, se fixent :

à l'altitude $53^m,15$, à $16\,700^{m.\,c.}$

à l'altitude $77^m,15$, à $\;\;6\,200^{m.\,c.}$

Substituant ces valeurs de x et de y dans l'équation

$$y + ax + b = o,$$

on détermine facilement les constantes a et b, et on arrive à l'équation numérique

[D] $\qquad ly + 438\,x - 39\,953 = o.$

Laissant $y = o$, on a, pour le point hydrostatique,

$$x = 92 \text{ mètres,}$$

nombre évidemment trop petit, puisque le point hydrostatique du puits de Passy doit peu différer de celui du puits de Grenelle, qui est, comme on l'a vu ci-dessus, à 128 mètres d'altitude.

Cette différence tient probablement à ce qu'il y a des fuites considérables dans le cuvelage.

L'équation, du reste, se vérifie bien, en y substituant les données numériques obtenues par l'expérience.

Ainsi, en prenant pour les altitudes x les valeurs :

$$x = 59,50$$
$$x = 65,20$$
$$x = 72,70$$
$$x = 73,20$$

on trouve les débits :

$$y = 13\,980$$
$$y = 11\,395$$
$$y = 8\,110$$
$$y = 7\,891$$

Or, les débits correspondants obtenus par le jaugeage direct ont varié, lorsque le régime a été établi,

De 12 510 à 13 000) l'eau a été constamment très-trouble pen-
De 10 200 à 10 600)   dant ces deux expériences.
De 8 100 à 8 900
De 7 100 à 7 500

nombres peu différents des précédents.

Si on admet l'équation [D] comme l'expression des débits du puits de Passy ou de tout autre forage établi dans des conditions analogues, on reconnaît facilement que ces eaux ne peuvent être employées à la distribution à domicile. En effet, pour faire la distribution aux étages les plus élevés des maisons de Paris, il faut, pour le tiers le plus bas de la surface de la ville, que le réservoir ait son trop-plein situé à l'altitude 75 mètres, pour le tiers moyen à $83^m,50$ et, pour le tiers supérieur, à 108 mètres, et il reste quelques points peu étendus de Belleville et de Montmartre qui ne peuvent même pas être desservis par l'eau élevée à cette dernière altitude.

On voit déjà que le tiers supérieur ne peut être atteint par l'eau de Passy, puisque le point hydrostatique de ce puits est à l'altitude 92 mètres.

Prenant successivement, pour les valeurs de x dans l'équation D, les altitudes 75 mètres et 83 mètres, on obtient pour les débits y, 6 730 mètres et 3 568 mètres.

Pour obtenir les 33 000 mètres cubes d'eau nécessaires au tiers de Paris le plus bas, il faudrait donc cinq puits donnant le même débit que le puits de Passy, à l'altitude 75 mètres.

Pour les 33 000 mètres cubes nécessaires au tiers moyen, il faudrait 9 puits donnant le même débit que le puits de Passy à l'altitude 83 mètres. Mais, d'après ce qui a été dit ci-dessus, si ces quatorze puits étaient forés, ils réagiraient les uns sur les autres et on aurait de grands mécomptes sur les débits. En outre, le point hydrostatique des plus élevés serait abaissé par l'action des puits les plus bas, de telle sorte qu'il est bien probable que le débit, déjà si réduit à Passy quand on l'élève un peu haut, tomberait à rien, à l'altitude $83^m,50$, dans les 9 puits destinés à alimenter les quartiers moyens.

Ajoutons à cela qu'on n'a pas trouvé jusqu'ici le moyen d'abaisser la température des grandes masses d'eau. On a parlé, dans ces derniers temps, de machines à force centrifuge qui diviseraient l'eau et la refroidiraient. L'expérience n'a pas été faite, et d'ailleurs il est certain à l'avance que le procédé serait dispendieux.

D'un autre côté, il paraît absurde d'abaisser la température de l'eau, puisque, dans une ville comme Paris, on a besoin d'eau chaude.

On distribuera donc l'eau des puits artésiens, à la température qu'elle possède au sortir du sol, c'est-à-dire à 27°, et la population ouvrière, qui n'a ni cave pour faire rafraîchir l'eau, ni argent pour acheter de la glace, la boira avec répugnance.

Je crois qu'il n'est pas plus prudent que convenable de faire le service privé de Paris en eau de cette nature. Elle se trouve, au contraire, dans d'excellentes conditions pour la plupart des services publics des quartiers bas et pour l'industrie. L'altitude des réservoirs de l'eau destinée aux services publics peut être diminuée, d'abord de toute la hauteur des maisons, soit d'environ . . . . **20** mètres.

et ensuite de la perte de charge de la canalisation intérieure des habitations qui est de. **4** —

soit de **24** mètres.

Le service des quartiers bas n'exige donc pas que l'eau soit élevée à plus de 75^m — 24^m, soit à 51 mètres au-dessus de la mer, et, en effet, l'altitude légale de l'eau du canal de l'Ourcq, qui fait aujourd'hui ce service, est 52 mètres.

L'eau des puits artésiens pourrait donc être employée concurremment avec l'eau de l'Ourcq, puisqu'au puits de Passy, à l'altitude 53^m,15, on obtient le volume considérable de 15 à 16 000 mètres.

Le service des bornes-fontaines y gagnerait, puisqu'en hiver on pourrait faire le lavage des ruisseaux en temps de gelée, ce qui n'est pas possible aujourd'hui ; les bains, les lavoirs, les chemins de fer, la plupart des industries, les hospices, les jardins préféreraient l'eau chaude et pure des puits artésiens à l'eau fraîche et plus calcaire des dérivations de sources. Voici donc la véritable destination des nouvelles eaux :

Alimentation des bornes-fontaines, des rues et de l'industrie. Quant au service privé, il ne peut être fait avec ces eaux ; elles ne peuvent, sans pertes énormes, être élevées à une altitude suffisante et elles manquent de fraîcheur.

L'administration municipale admet cette solution. Les eaux du puits de Passy sont réservées au bois de Boulogne, et on va forer deux ou trois nouveaux puits dont les eaux serviront de complément à celles du canal de l'Ourcq. Dans cette hypothèse, nous avons démontré ci-dessus qu'aucune eau ne pouvait être fournie dans des conditions aussi économiques, même en admettant les réductions de débit qui résulteront des nouveaux forages.

XIII

On a vu[2] qu'en 1854 le service des eaux était paralysé surtout par l'insuffisance de la canalisation; c'est donc d'abord sur le développement de la canalisation que se portèrent les efforts de l'administration.

A la fin de 1860, au moment de l'annexion, la longueur du réseau des conduites publiques était de :

	MÈTRES.
Longueur du réseau des conduites publiques.	465 250
En 1854, cette longueur était de.	364 680
DIFFÉRENCE	100 570

Cet accroissement était alors considéré comme très-important. C'est surtout à partir du 1er janvier 1857 que ce développement eut lieu, comme cela ressort de l'observation suivante : j'ai introduit alors dans le service, en remplacement des anciens diamètres de 3, 4, 5, 6, 7, 8, 12 pouces, les diamètres métriques $0^m,10$, $0^m,15$, $0^m,20$, $0^m,25$, $0^m,30$, $0^m,40$, etc. Or, en comparant les tableaux des conduites, on voit qu'il a été posé, du 31 décembre 1854 au 31 décembre 1860, les longueurs suivantes :

	LONGUEUR EN MÈTRES.
Conduites de $0^m,10$.	53 980
— de $0^m,15$.	3 991
— de $0^m,20$.	3 137
A reporter	61 108

---

[1] Extrait de l'*Historique du service des eaux*, 1875. Pages 64 à 70.
[2] Page 62.

Report.	61 108

Les autres accroissements de longueur ont porté sur
les conduites dont les diamètres suivent :

Conduites de 0^m,25.	3 404
— de 0^m,50.	12 839
Totalité des conduites de 0^m,80.	1 067
— de 0^m,92.	2 451
— de 1 mètre.	1 565
Total	82 234
Conduites d'autres diamètres.	18 336
Total	100 570

Non-seulement la longueur de la canalisation s'était augmentée de 100 570 mètres, mais encore on avait introduit, dans
le service, des conduites de 0^m,80, 0^m,92 et 1 mètre. qui jusqu'alors n'avaient pas été employées. A cela ne se bornèrent pas
les améliorations. L'aqueduc de ceinture était considéré comme
insuffisant; il fut élargi entre le bassin de la Villette et l'aqueduc
Saint-Laurent, sur une longueur de 1 kilomètre; il conduit
aujourd'hui jusqu'à cette galerie un volume d'eau beaucoup
plus grand que celui qu'on pouvait alors tirer du bassin de la
Villette. Quelques années après, on reporta sous la voie publique
les parties de cet aqueduc qui passaient sous des propriétés particulières, entre l'aqueduc Saint-Laurent et la rue des Martyrs,
et entre la place Vintimille et le réservoir de Monceau, et on a
profité de cela pour agrandir sa section.

Les machines de Chaillot refoulaient l'eau dans des cuves en
tôle d'une capacité insuffisante et à niveau variable. Ces variations de niveau déterminaient des chocs dans les organes de
ces machines, qui fonctionnent avec des contre-poids. On construisit le premier des grands réservoirs de Paris, celui de
Passy, composé de deux bassins supérieurs, de deux bassins inférieurs et d'un bassin de réserve, dont les trop-pleins
sont aux altitudes 75^m,33, 71^m,95, 72^m,61. Une soumission
de MM. Gariel et Garnuchot fut acceptée par le Conseil municipal. L'eau arrive dans ce réservoir à un niveau constant.

ce qui régularisa immédiatement le service des machines de Chaillot.

Les vieilles pompes à feu du Gros-Caillou furent remplacées par une machine de 70 chevaux-vapeur, établie en amont de Paris, au quai d'Austerlitz, n° 17.

Ces travaux furent payés au moyen du crédit qui figure tous les ans au budget communal sous le titre : *Continuation de la distribution générale des eaux.* Ce crédit, qui n'était d'abord que de 500 000 francs par an, fut, sur ma demande, élevé à 1 000 000 francs.

Le résultat de ces premiers travaux fut considérable. La distribution d'eau de l'Ourcq, qui ne pouvait dépasser 60 000 mètres cubes par jour, en 1854, pouvait largement absorber, à la fin de 1858, les 105 000 mètres que la Ville avait le droit de tirer du bassin de la Villette. Les machines de Chaillot, qui, dans l'origine, étaient plus souvent en réparation qu'en service, marchèrent très-régulièrement après l'achèvement des bassins de Passy, et à partir de l'annexion, la distribution d'eau de Seine se développa sans difficulté.

Développement de la canalisation depuis le traité passé avec la Compagnie générale des eaux jusqu'au 31 décembre 1874

		MÈTRES.
Au 31 décembre 1874, la longueur totale des conduites publiques était de		1 370 427
Au 31 décembre 1860, elle était de		465 250
Augmentation.		905 177
Il convient de retrancher de cette longueur celle du réseau cédé par la Compagnie générale des eaux.		
En 1861, la Compagnie a abandonné à la Ville sa canalisation, dont la longueur était de	259 154	
Mais la Ville lui a rétrocédé, en 1869, le réseau extra-muros.	134 228	
Reste à retrancher.	124 926	124 926
Différence représentant la longueur de la canalisation faite par la Ville, de 1861 à 1874		780 251

Cette longueur se décompose ainsi :

Conduites de 0m,10.		569 274
—	0m,15.	40 812
—	0m,20.	60 378
—	0m,25.	4 530
—	0m,30.	23 222
—	0m,40.	43 501
—	0m,50.	37 988
—	0m,60.	38 518
—	0m,80.	12 131
—	1m,00.	1 129
Toutes les conduites de 1m,10.		5 988
—	1m,30.	1 338
TOTAL.		838 809

Dont il convient de retrancher les conduites relevées
ou abandonnées en terre :

Conduites de 0m,054.	15 210	
— 0m,081.	43 137	58 347

Total indiquant l'accroissement réel du réseau.   780 462[1]

Le détail des dépenses faites pour ce grand développement de
la canalisation a été perdu avec mes registres de comptabilité,
dans l'incendie de l'Hôtel de ville. Mais on peut rétablir le
compte avec une grande approximation, en appliquant aux conduites les prix moyens de la pose en terre et en égout, la fonte
étant comptée à 19 francs les 100 kilogrammes.

	DIAMÈTRE.	FRANCS.	PRODUITS FRANCS.
569 274 mètres courants de conduites de 0m,10 à		10,35	5 891 986
40 812 —	0m,15 à	14,34	585 244
60 378 —	0m,20 à	18,41	1 111 559
4 530 —	0m,25 à	23,28	105 458
23 222 —	0m,30 à	28,34	658 111
43 501 —	0m,40 à	38,39	1 670 003
37 988 —	0m,50 à	50,54	1 912 316
38 518 —	0m,60 à	65,17	2 510 218
12 131 —	0m,80 à	97,47	1 182 409
1 129 —	1m,00 à	127,01	143 394
A reporter.			15 770 698

[1] La petite différence qui existe entre ce dernier nombre et celui qui résulte de la comparaison des tableaux, ne vaut pas la peine d'être rectifiée.

		DIAMÈTRE	FRANCS.	PRODUITS FRANCS.
	Report.			15 770 698
5 988 mètres courants de conduites de		1ᵐ,10 à	157,32	942 032
1 338 [1]	—	1ᵐ,30 à	248,10	531 958
1 200 robinets-vannes de.		0ᵐ,10 à	144,00	172 800
80	—	0ᵐ,15 à	210,34	26 827
120	—	0ᵐ,20 à	297,21	35 665
35	—	0ᵐ,25 à	360,64	12 622
46	—	0ᵐ,30 à	493,09	22 682
87	—	0ᵐ,40 à	694,00	60 378
76	—	0ᵐ,50 à	958,16	72 820
60	—	0ᵐ,60 à 1,314,20		78 852
26	—	0ᵐ,80 à 2 337,12		60 765
4	—	1ᵐ,10 à 6 000,00		24 000
	Total.			17 612 099
A déduire conduites de refoulement des usines déjà comptées.				2 579 733
	Reste.			15 032 366

Ce compte n'est pas rigoureusement exact, mais il est assez rapproché de la vérité pour donner une idée nette de la dépense faite pour le développement de la canalisation.

Le tableau suivant donne la longueur des conduites au 31 décembre 1874. Il est intéressant de le comparer à celui de la page 246 qui donne la situation au 31 décembre 1854.

---

[1] Conduites en béton.

DÉSIGNATION DES DIAMÈTRES	OURCQ				SEINE ET AUTRES				LONGUEUR TOTALE DES CONDUITES PAR DIAMÈTRE (Seine et Ourcq)
	FONTE	TÔLE ET BITUME	PLOMB	TOTAUX	FONTE	TÔLE ET BITUME	PLOMB	TOTAUX	
0^m,027	»	»	174	174	»	»	468	468	642
0^m,034	»	»	135	135	»	»	291	291	424
0^m,041	59	»	424	463	612	»	457	1 069	1 532
0^m,054	731	275	55	1 061	64 969	3 150	41	68 160	69 221
0^m,060	2 955	225	4	3 184	285	»	10	295	3 477
0^m,081	71 513	6 209	»	77 724	43 580	9 287	1 015	53 882	131 606
0^m,100	161 943	»	»	161 943	460 921	»	»	460 921	622 864
0^m,108	15 713	1 612	3	16 778	20 472	9 310	329	30 111	47 439
0^m,135	5 714	415	»	6 129	10 167	3 541	473	14 181	20 310
0^m,150	10 415	»	»	10 415	54 388	»	»	54 388	44 803
0^m,162	9 441	1 850	»	11 271	24 769	2 639	»	27 408	38 679
0^m,190	2 782	699	»	3 481	1 022	»	»	1 022	4 503
0^m,200	13 000	»	»	16 000	47 983	»	»	47 983	63 983
0^m,216	4 511	368	»	4 879	2 009	889	»	2 898	7 777
0^m,250	18 781	601	»	19 382	17 780	7 253	»	25 033	44 413
0^m,300	17 007	757	»	17 764	32 807	663	»	33 470	51 234
0^m,325	4 219	»	»	4 219	6 449	»	»	6 449	10 668
0^m,350	10 824	»	»	10 824	7 004	»	»	7 004	17 828
0^m,400	19 045	»	»	19 045	38 173	1 105	»	39 278	58 323
0^m,500	13 782	»	»	13 782	46 270	2 990	»	49 260	65 042
0^m,600	1 771	2 571	»	4 342	34 736	»	»	34 736	39 078
0^m,800	1 402	»	»	1 402	12 841	»	»	12 841	14 243
0^m,920	985	»	»	985	1 531	»	»	1 531	2 516
1^m,000	»	1 401	»	1 401	1 093	»	»	1 093	2 494
1^m,100	»	»	»	»	5 988	»	»	5 988	5 988
1^m,300	»	»	»	»	»	»	»	»	1 338
TOTAUX.	391 575	16 965	795	409 351	915 847	40 827	3 084	959 758	1 370 427

DÉSIGNATION	TOTAUX DES CONDUITES		
	EN FONTE	EN TÔLE ET BITUME	EN PLOMB
Ourcq.	391 575	16 965	793
Seine.	915 847	40 827	3 084
TOTAUX PARTIELS.	1 307 422	57 790	3 877
Total y compris la conduite de 1^m,50 en béton de 1338 mètres	**1 370 427**		

Les orifices et appareils servant à la distribution de l'eau sont indiqués au tableau suivant :

DÉSIGNATION	APPAREILS EXISTANTS		
	AU 1ᵉʳ JANVIER 1860	AU 1ᵉʳ JANVIER 1875	DANS LA ZONE ANNEXÉE DÉJA COMPTÉS DANS LA COLONNE PRÉCÉDENTE
Bornes-fontaines..	1728	461	30
Bouches sous trottoirs..	443	4702	1528
Poteaux d'arrosement..	111	58	9
Bouches d'arrosement { au tonneau..	71	177	85
Bouches d'arrosement { à la lance ..	»	5041	943
Urinoirs..	85	860	184
Coffres d'incendie.	42	55	2
Bouches pour pompes d'incendie à vapeur..	»	184	68
Bureaux des voitures de place.	69	161	50
Bornes-fontaines à repoussoir..	54	257	203
Fontaines Wallace.	»	54	55
Fontaines marchandes..	13	26	13
Fontaines de puisage.	52	55	1
Fontaines monumentales.	25	52	6

XIV

DÉVELOPPEMENT DE LA CONSOMMATION ET DU PRODUIT DES EAUX PUBLIQUES. RAPIDE AMORTISSEMENT DES DÉPENSES[1]

Au fur et à mesure que les moyens de production augmentaient, la consommation de l'eau se développait rapidement.

On a vu, dans la note précédente, que, de 1854 à 1860, la longueur des conduites publiques s'était augmentée de 100 570 mètres. L'élargissement de l'aqueduc de ceinture, entre les boulevards extérieurs et la galerie Saint-Laurent, la pose des conduites maîtresses de $1^m,00$, $0^m,92$ et $0^m,80$, permettaient de tirer du bassin de la Villette le volume d'eau d'Ourcq qui était assuré à la ville de Paris par les traités, et le développement de la grosse canalisation était suffisant pour répartir ce grand volume d'eau dans la partie la plus populeuse et la plus riche de la ville. La consommation d'eau de l'Ourcq augmenta donc rapidement dès les premières années de l'annexion. La consommation moyenne annuelle, paralysée par l'insuffisance de la canalisation, ne s'élevait pas, en 1854, à plus de 18 091 955 mètres cubes. En 1860, elle montait à 28 468 497 mètres cubes, et augmentait encore dans les années suivantes, au fur et à mesure du développement des besoins. Après la construction des usines de Trilbardou et d'Isles-les-Meldeuses, elle atteignait, en 1874, le chiffre de 40 502 447 mètres cubes.

La consommation des autres eaux, retardée par l'insuffisance des moyens de production, a marché d'abord beaucoup plus

---

[1] Extrait de l'*Historique du service des eaux*, 1875. — Pages 71 à 85.

lentement que celle de l'eau de l'Ourcq. En 1863, la consommation totale ne montait qu'à 18 030 217 mètres cubes, tandis que celle de l'Ourcq atteignait le chiffre de 31 825 774 mètres cubes. Mais, au fur et à mesure que les eaux d'Austerlitz, de la Dhuis et de Saint-Maur entraient dans la distribution, le développement de la consommation des eaux, autres que celles de l'Ourcq, augmentait rapidement, et, en somme, en 1874, elle s'élevait à 48 551 112 mètres cubes, dépassant de 8 000 000 mètres cubes la consommation de l'eau de l'Ourcq, ainsi qu'on le voit dans le tableau de la page suivante :

CONSOMMATION ET RÉPARTITION DE L'EAU
ENTRE LE SERVICE PRIVÉ ET LE SERVICE PUBLIC, DE 1851 A 1874.

LES VOLUMES SONT INDIQUÉS EN MÈTRES CUBES

ANNÉES	SERVICE PRIVÉ — CUBES INSCRITS SUR LES ÉTATS DE LA COMPAGNIE GÉNÉRALE DES EAUX. OURCQ	AUTRES EAUX	SERVICE PRIVÉ — LES QUANTITÉS CI-CONTRE AUGMENTÉES DE UN QUART. OURCQ	AUTRES EAUX	TOTAL GÉNÉRAL	SERVICE PUBLIC OURCQ	AUTRES EAUX	TOTAL	CONSOMMATION ANNUELLE OURCQ	AUTRES EAUX	TOTAL
1854..	»	»	»	»	»	»	»	»	18 091 955	7 259 020	25 350 975
1860..	»	»	»	»	»	»	»	»	28 468 597	7 969 263	36 437 860
1861..	8 840 500	6 961 171	11 050 375	8 701 464	19 751 839	16 571 711	5 476 755	22 048 466	27 622 086	14 178 219	41 800 305
1862	9 635 270	7 111 040	12 044 087	8 888 800	20 932 887	19 319 690	7 215 418	26 535 108	21 363 777	16 104 218	47 467 995
1863..	10 144 810	8 060 245	12 681 012	10 075 306	22 756 318	19 144 762	7 954 911	27 099 673	51 825 774	18 030 217	49 855 991
1864..	10 859 952	8 964 352	13 574 940	11 205 440	24 780 380	16 031 691	10 620 577	27 261 268	50 206 631	21 835 017	52 041 648
1865..	11 300 765	9 822 074	14 125 956	12 277 592	26 403 548	19 503 258	12 249 923	31 753 181	33 629 214	24 527 515	58 156 729
1866..	11 822 715	10 282 671	14 778 394	12 853 339	27 631 755	19 508 475	20 794 877	40 303 352	34 286 869	33 648 216	67 935 085
1867..	12 156 325	10 970 581	15 195 406	13 713 229	28 908 655	20 215 518	27 003 925	47 219 443	35 410 924	40 717 154	76 128 078
1868..	12 558 192	12 263 129	15 697 740	15 328 911	31 026 651	19 247 523	27 566 345	46 813 668	34 945 065	42 895 256	77 840 319
1869..	13 072 840	13 356 790	16 541 050	16 695 987	33 037 037	18 731 900	28 140 304	46 872 204	35 072 950	44 836 291	79 909 241
1870..	13 022 855	13 836 107	16 278 544	17 295 134	33 573 678	11 245 359	23 158 872	34 404 231	27 525 903	40 454 006	67 977 909
1871..	13 180 515	13 605 299	16 475 644	17 006 624	33 482 268	12 488 038	22 117 295	34 605 333	28 963 682	39 125 919	68 087 601
1872..	13 476 852	14 695 274	16 846 065	18 369 092	35 215 157	20 095 554	27 422 621	47 518 175	36 941 619	45 791 713	82 733 352
1873..	13 520 695	14 435 996	16 900 869	18 044 995	34 945 864	22 043 557	30 644 500	52 688 057	38 944 426	48 689 495	87 633 921
1874..	13 949 205	15 278 968	17 436 506	19 098 710	36 535 216	23 065 941	29 452 402	52 518 343	40 502 447	48 551 112	89 053 559

Ce tableau exige une explication : le volume d'eau inscrit sur les polices des abonnés est toujours dépassé, même lorsque l'eau est jaugée et, à plus forte raison, lorsqu'elle est délivrée à robinet libre. D'après différentes considérations, dont il est inutile de parler ici, j'ai supposé que cette perte était égale au quart du volume inscrit sur les polices.

La consommation du service privé est toujours notablement moindre que celle du service public. Ainsi, en 1861, les abonnés tiraient des conduites publiques 19 751 839 mètres cubes d'eau, et, en 1874, 36 535 216 mètres cubes. Les divers services publics consommaient, en 1861, 22 048 466 mètres cubes, et en 1874, 52 518 343 mètres cubes.

En reconstituant mes archives, je n'ai pu retrouver les documents relatifs aux années 1861 et 1862 : cependant les chiffres de la consommation d'eau de l'Ourcq sont exacts; ils ont été pris dans un bulletin de l'inspection des eaux. La consommation des autres eaux a été calculée pour ces deux années, par interpolation. Les autres nombres sont extraits des bulletins de quinzaine et sont, par conséquent, rigoureusement exacts.

En divisant ces nombres par 365, on obtient la consommation moyenne par 24 heures; mais ce n'est pas cette moyenne qu'il est important de constater, c'est la consommation maximum surtout qui est intéressante. C'est elle qui donne une juste idée de la puissance de la distribution d'une ville, puisque c'est dans les grandes chaleurs de l'été, lorsque cette puissance tombe à son minimum, que la consommation s'élève à son maximum. Or, il y a une grande différence entre la moyenne et le maximum d'une distribution d'eau. Voici, par quinzaine et par jour, la distribution de 1874 :

	PREMIÈRE QUINZAINE.	DEUXIÈME QUINZAINE.
Janvier	220 680	229 566
Février	220 295	213 218
Mars	228 826	230 554
Avril	237 515	247 072
Mai.	254 897	261 773

	PREMIÈRE QUINZAINE.	DEUXIÈME QUINZAINE
Juin	262 740	251 211
Juillet	276 860	267 774
Août..	258 449	253 221
Septembre.	255 887	247 602
Octobre.	238 228	239 241
Novembre.	258 142	252 638
Décembre.	263 236	256 398

La consommation maximum par jour correspond à 276 860 mètres, et elle est notablement plus grande que la moyenne qui est égale à $\frac{89\ 053\ 559}{365} = 243\ 982$. La puissance de la distribution doit être, et est, en effet, très supérieure à ce maximum. S'il en était autrement, le service tomberait chaque année en souffrance, par l'accroissement normal de la consommation d'eau.

Ces deux chiffres de la dépense maximum et de la dépense moyenne, pour une population de 1 851 792 habitants, donnent par tête une consommation de 150 litres et de 132 litres.

Si les 400 000 mètres cubes d'eau que le service peut délivrer par jour étaient utilisés, la consommation par tête monterait à 216 litres.

Résumé des dépenses faites, depuis 1861, *par le service des eaux.* — Ces dépenses sont indiquées sur le tableau suivant :

| ANNÉES | DÉPENSES ORDINAIRES | | | | | DÉPENSES EXTRA-ORDINAIRES | TOTAL GÉNÉRAL |
| | PERSONNEL (Moitié des dépenses du personnel de la direction des eaux et des égouts). | COMPAGNIE GÉNÉRALE DES EAUX (Annuités, régie et remises). ET ANNUITÉS DE L'USINE DE SAINT-MAUR | ENTRETIEN ET EXPLOITATION (Établissements hydrauliques. machines, riv. d'Oureq. Dhuis et Vanne) | DÉPENSES DIVERSES (Frais de timbre, pensions à divers). | TOTAL | | |
I	2	3	4	5	6	7	8
	francs	francs	franc.	francs	francs	francs	francs
1861	172 241,95	1 527 491,55	1 236 861,05	5 000,00	2 947 594,55	995 723,64	3 943 318,17
1862	203 875,68	1 596 661,41	1 331 942,60	8 000,00	3 140 497,69	2 891 935,80	6 032 413,49
1863	210 119,95	1 727 760,04	1 388 934,64	8 000,00	3 334 814,63	5 183 602,01	8 473 416,64
1864	216 887,92	1 795 422,76	1 393 965,16	8 000,00	3 414 275,84	15 922 540,18	19 336 816,02
1865	225 624,59	1 959 039,75	1 620 838,55	8 000,00	3 813 502,89	10 489 077,61	14 302 580,50
1866	253 861,98	2 008 500,00	1 503 867,63	8 000,00	3 774 229,51	6 773 645,56	10 547 875,07
1867	311 741,48	2 083 087,74	1 864 423,79	8 065,00	4 269 318,01	7 188 682.11	11 458 000,12
1868	283 156,59	2 131 626,47	1 685 000,00	8 065,00	4 107 848,06	8 528 264,47	12 636 112,53
1869	288 605,85	2 160 766,86	1 776 000,00	8 065,00	4 233 437,71	10 668 785,04	14 902 222,75
1870	281 460,67	1 807 750,00	1 859 068,39	8 065,00	3 956 344,06	10 158 365,40	14 114 709,46
1871	285 793,81	1 857 526,16	1 784 998,96	8 065,00	3 956 383,93	2 163 940,80	6 102 324,73
1872	289 442,03	2 129 100,00	1 777 006,09	5 906,66	4 201 454,78	5 602 129,20	9 803 583,98
1873	299 569,63	1 988 100,00	1 847 847,44	3 634,17	4 139 151,21	7 217 813,36	11 356 964,57
1874	294 724,24	1 971 500,00	1 896 785,34	3 265,00	4 166 274,58	4 741 412,48	8 907 687,06
Totaux	3 625 106,37	26 746 322,74	22 967 559,49	98 130,83	53 435 109,43	98 482 915,66	151 918 025,09

Ce tableau se divise en deux parties très naturelles : les dépenses ordinaires et les dépenses extraordinaires. *Les dépenses ordinaires* comprennent les frais du personnel, l'annuité de 1 160 000 francs, les frais de régie et les primes variables suivant l'importance des recettes, à payer à la compagnie générale des eaux ; l'annuité moyenne de 98 500 francs à payer à MM. Darblay et Béranger, pour l'acquisition des usines de Saint-Maur ; les frais d'entretien et d'exploitation des établissements hydrauliques, et enfin des dépenses diverses d'une minime importance. Ces dépenses se sont élevées, avec le développement du service, de 2 947 594 fr. 53, total de l'exercice 1861, à 4 269 318 fr. 01, total de l'exercice 1867. Depuis cette époque, les dépenses ordinaires ont peu varié et, en retranchant les années 1870 et 1871, se sont tenues dans

une moyenne de 4 200 000 francs environ. D'après le budget
de 1874, le total de 4 166 274 fr. 58 se décompose ainsi :

			FRANCS.
Personnel			294 724,24
Compagnie générale des eaux et MM. Darblay et Béranger.	Annuité	1 160 000,00	
	Prime sur l'augmentation des recettes	715 000,00	1 971 500,00
	Annuité de l'usine de Saint-Maur	98 500,00	
Entretien et exploitation des établissements hydrauliques	Entretien proprement dit	700 000,00	
	Exploitation	1 100 000,00	
	Entretien de la vieille rivière d'Ourcq et des moulins.	4 200,00	1 896 785,34
	Emploi des revenus des immeubles de la Dhuis et de la Vanne.	92 585,34	
Dépenses diverses..	Pensions payées par le service des eaux..	2 265,00	3 265,00
	Frais de timbre	1 000,00	
Total égal			4 166 274,58

Le Conseil municipal ayant décidé que les produits des immeubles de la Vanne seraient appliqués, non pas seulement aux
frais de gestion proprement dits, mais encore à l'achat et à la
dérivation de sources nouvelles, et au payement des deux usines
qui restaient à acheter, les 92 585 fr. 34 qui figurent ci-dessus,
sous le titre *emploi des revenus* des immeubles de la Dhuis et de
la Vanne, ont été employés à des frais d'entretien et à d'utiles
travaux, non prévus au projet primitif. Les autres articles des
dépenses s'expliquent d'eux-mêmes.

Les dépenses extraordinaires ont été soldées au moyen des
crédits ouverts au budget communal, à la caisse des travaux. Ils
se divisent ainsi :

Usine d'Austerlitz

FRANCS.

Travaux (1862-63).	710 062
Conduites de refoulement, environ..	709 938

Usine de Saint-Maur

Dépense totale.	8 365 918

Usine de Maisons-Alfort

Transport d'une machine de 50 chevaux et rema-niement complet de l'usine (1864-67).	297 560

Usine d'Isles-les-Meldeuses

Acquisition du terrain.	10 479	
Construction de l'usine.	422 905	433 384

Usine de Trilbardou

Dépense totale.	652 260

Usine de relais de Ménilmontant

Dépense totale.	222 000

Usine de la place de l'Ourcq

Dépense totale.	330 536

Développement de la distribution des eaux

Réservoirs de Ménilmontant et de Belleville (1863-64-65).	4 564 500	
Réservoir de Montrouge, payé jusqu'au 31 décembre 1874, y compris les fontes	6 006 930	
Réservoir de Gentilly et de Charonne, environ.	300 000	
Réservoir de la butte Chaumont. .	113 000	26 016 796
Conduites maîtresses de la distribution de la Dhuis et des eaux de Saint-Maur.	5 000 000	
Conduites maîtresses de la distribution de la Vanne.	2 214 532	
Développement de la canalisation dans l'ancien et le nouveau Paris.	7 817 834	

À reporter.	37 738 454

Report. . .	37 738 454
Puits artésien de la Butte-aux-Cailles et de la place Hébert (dépenses payées au 31 décembre 1874).	1 855 898
Construction de l'aqueduc de la Dhuis (acquisition de la source, indemnités de terrain et d'usines comprises).	18 000 000
Construction de l'aqueduc de la Vanne (dépenses payées au 31 décembre 1874, acquisition de sources, d'usines, et indemnités de terrains comprises).	37 229 782
Frais de l'emprunt de la Vanne, dépôt des fontes et dépenses diverses.	3 658 781
Total.	98 482 915

Produit des eaux. — *Service privé.* — On a vu, dans le tableau qui précède, que l'accroissement de la consommation d'eau, pour le service privé, avait presque doublé de 1861 à 1874. Le produit des eaux a suivi une progression analogue. C'est ce qu'on voit dans le tableau suivant :

PRODUIT DES EAUX

ANNÉES	EAU DE SEINE ET AUTRES		EAU DE L'OURCQ		PRODUIT DES				TOTAUX	
	Nombre d'abonnements	Produits	Nombre d'abonnements	Produits	Décomptes	Suppléments	Attachements	Fontaines marchandes	Nombre d'abonnements	Généraux des produits
1	2	3	4	5	6	7	8	9	10	11
		FRANCS		FRANCS	FRANCS	FRANCS	FRANCS	FRANCS		FRANCS
1861	10 181	1 595 748	10 092	1 513 514	151 024	42 498	66 275	702 907	20 273	3 669 966
1862	11 008	1 652 694	10 913	1 461 113	89 957	36 498	67 275	675 106	21 921	3 982 643
1863	11 586	1 965 111	11 488	1 561 175	120 020	42 277	111 343	668 181	23 074	4 468 077
1864	12 963	2 216 065	12 322	1 651 432	105 055	55 989	101 609	627 602	25 285	4 757 750
1865	14 135	2 538 016	12 836	1 745 659	101 948	74 959	164 011	606 271	26 971	5 030 864
1866	15 467	2 599 809	13 496	1 719 526	124 569	129 589	113 400	542 830	28 963	5 259 903
1867	16 851	2 814 975	13 904	1 822 410	185 451	94 905	142 665	507 822	30 735	5 568 226
1868	18 195	3 040 869	14 390	1 919 201	155 719	118 308	194 278	461 848	32 585	5 891 223
1869	20 082	3 402 511	15 151	1 966 820	157 417	130 487	195 729	420 867	35 233	6 273 631
1870	22 275	3 437 885	15 413	1 859 334	125 549	61 558	79 696	323 332	37 688	5 887 154
1871	20 915	3 491 522	15 223	1 963 959	76 046	45 687	13 010	197 528	36 138	5 787 752
1872	21 293	3 733 966	15 323	1 927 306	139 3 79	45 264	35 978	229 402	36 616	6 111 295
1873	22 191	3 955 746	15 666	1 982 420	136 566	32 894	39 892	210 880	37 857	6 358 398
1874	23 096	4 128 386	16 008	2 038 363	178 050	44 215	47 413	188 350	39 104	6 624 775

Le nombre d'abonnements et le produit des eaux délivrées régulièrement à domicile sont inscrits dans les colonnes 2, 3, 4 et 5. Pour simplifier la comptabilité et faciliter les recouvrements, les abonnements aux eaux de la ville commencent tous à un trimestre, principalement au 1er janvier ou au 1er juillet de l'année où ils sont contractés. Lorsqu'un propriétaire demande l'eau entre deux termes et désire en jouir immédiatement, on règle son compte depuis le jour de l'entrée en jouissance jusqu'au terme suivant. Ces produits des eaux sont inscrits dans la colonne n° 6, sous le titre de *décomptes*.

Beaucoup de propriétaires, dont les abonnements sont jaugés, demandent, à certaines époques de l'année, notamment en temps de sécheresse, un volume d'eau plus considérable. Les produits de ces ventes d'eau figurent à la colonne n° 7, sous le nom de *suppléments*. A la colonne n° 8, sont inscrites, sous le nom d'*attachements*, les recettes des ventes d'eau temporaires. Enfin, les fontaines marchandes, où se vendait autrefois toute l'eau de Seine distribuée à Paris, sont encore fréquentées par les porteurs d'eau. Les recettes de ces fontaines sont portées dans la colonne n° 9.

Si l'on examine séparément ces diverses sources de produits, on reconnaît que les recettes des abonnements à l'eau de l'Ourcq, qui, en 1861, étaient presque égales à celle des autres eaux (1313 514 francs et 1 393 748 francs), en atteignent à peine la moitié en 1874 (2 038 563 francs et 4 128 586 francs); le total des recettes est plus que doublé (2 707 262 francs et 6 166 749 francs). Les décomptes, les suppléments et les attachements donnent lieu à des recettes absolument irrégulières, et cela s'explique tout naturellement par le mode de délivrance des eaux. Il n'y a presque aucune différence entre les recettes de 1861 et de 1874 (259 797 francs et 269 676 francs), mais c'est un résultat purement fortuit.

Les recettes des fontaines marchandes ont été en décroissant rapidement d'année en année, et cela devait être. Au fur et à mesure que les abonnements se développent, la clientèle des porteurs d'eau diminue; il est certain que si les abonnements étaient contractés par les locataires et non par les propriétaires, toutes les maisons seraient abonnées aux eaux de la ville; chacun donnerait la préférence aux eaux qui ne coûtent au plus que 35 centimes par mille litres, et abandonnerait celles que le porteur d'eau monte à domicile au prix exorbitant de 5 francs par mètre cube.

Les fontaines marchandes, qui produisaient encore 702 907 fr. en 1861, ne donnaient plus, en 1874, que 188 350 francs; c'est une diminution de recette de 514 557 francs, qu'il ne faut pas regretter, car elle représente une fourniture d'eau de 514 557 mètres cubes, que le locataire payait 2 572 785 francs au porteur d'eau, et que la Ville lui délivre aujourd'hui pour moins de 172 000 francs; il est d'autant plus à désirer que cette recette absurde disparaisse à bref délai, qu'elle pèse surtout sur le locataire mal aisé.

Services publics. — La Ville doit se payer à elle-même l'eau consommée par les divers services publics, au prix qu'elle consentirait à payer à une compagnie qui la lui livrerait au prix de revient. En tenant compte de l'intérêt et de l'amortissement des sommes dépensées pour construire les établissements hydrauliques, les aqueducs et les réservoirs, pour la pose et l'entretien des conduites, ainsi que des frais généraux du service des eaux, on trouve qu'un mètre cube d'eau, qui sort d'un orifice de distribution, coûte 10 centimes. Cette question a été discutée avec M. David Portau, ancien directeur de la compagnie générale des eaux, et avec le nouveau directeur, M. Marchant, et nous sommes tombés parfaitement d'accord sur ce point : aucune compagnie ne pourrait vendre de l'eau à Paris, au-dessous de 10 centimes, sans être en perte, surtout depuis l'augmentation du prix de la houille. J'ai donc appliqué ce prix de 10 centimes à l'évaluation des recettes des services publics, en faisant toutefois une exception pour l'eau de l'Ourcq. Il est admis, dans le service, que les dépenses premières d'établissement du canal de l'Ourcq sont aujourd'hui amorties, et que l'eau de l'Ourcq ne coûte plus à la Ville que 4 centimes par mètre cube, montant des frais généraux de la distribution. Cela n'est pas exact; il ne me serait pas difficile de démontrer que le mètre cube d'eau de l'Ourcq coûte à la Ville plus de 4 centimes. Mais enfin, pour me conformer à l'usage, j'ai adopté ce prix pour calculer les produits de l'eau de l'Ourcq, consommée par les services publics.

En appliquant ces prix aux volumes d'eau dépensés par les services publics, d'après le tableau de la page 324, on obtient les nombres suivants, pour les années comprises de 1861 à 1874 :

	FRANCS
Recettes effectives du service privé.	74 943 286
Service d'eau de l'Ourcq.	10 312 511
Autres eaux	27 982 774
Services divers qui seront détaillés ci-dessous. .	4 470 644
Le produit total des eaux pendant ces quatorze années s'élève donc à.	117 709 215

Amortissement des dépenses. — C'est à partir du 1ᵉʳ janvier 1857 que l'administration se décida à prendre des mesures énergiques pour développer le service des eaux. Les recettes du service privé ne dépassaient pas alors 1 200 000 francs. Le volume d'eau employé aux services publics était insignifiant, et le produit des eaux ne couvrait pas même les dépenses ordinaires ; mais, au fur et à mesure que la distribution se développait, les produits augmentaient rapidement. Ainsi, en 1860, les recettes dépassaient déjà notablement les dépenses ordinaires inscrites au budget communal.

Le tableau de la page suivante fait voir que cette augmentation progressive du produit des eaux a suffi pour amortir la plus grande partie des dépenses.

Ce tableau se divise en deux parties, les recettes et les dépenses, de 1861 à 1874.

AMORTISSEMENT DES DÉPENSES DU SERVICE DES EAUX.

		1° PRODUITS						2° DÉPENSES					
ANNÉES	PRODUIT DE LA RÉGIE DE LA COMPAGNIE GÉNÉRALE DES EAUX	EAUX CONSOMMÉES PAR LES SERVICES PUBLICS — EAU D'OURCQ — MÈTRES CUBES	PRODUIT DU CUBE CI-CONTRE × 0f04	AUTRES EAUX — MÈTRES CUBES	PRODUIT DU CUBE CI-CONTRE × 0f10	RECETTES ACCESSOIRES	PRODUIT TOTAL DE L'ANNÉE	DÉPENSES ORDINAIRES	DÉPENSES EXTRA-ORDINAIRES	INTÉRÊTS À 5 0/0 DE LA SOMME INSCRITE A LA COLONNE 14 EN REGARD DE L'ANNÉE PRÉCÉDENTE	TOTAL DES DÉPENSES	DIFFÉRENCES ENTRE LES DÉPENSES ET LES RECETTES	DIFFÉRENCES CUMULÉES OU DÉPENSES RESTANT A AMORTIR A LA FIN DE CHAQUE ANNÉE
1	2	3	4	5	6	7	8	9	10	11	12	13	14
	francs	mèt. cubes	francs	mèt. cubes	francs	francs	francs	francs	francs	francs	francs	francs	francs
1861	3 669 966	16 571 711	662 868	5 476 755	517 676	3 205	4 883 713	2 947 595	995 724	»	3 943 319	} 2 078 795	»
1862	3 946 646	19 319 690	772 788	7 215 418	721 542	3 220	5 444 196	3 140 480	2 891 954	»	6 052 414		»
1863	4 471 040	19 144 762	765 790	7 954 911	795 491	10 125	6 042 446	3 354 815	5 138 602	»	8 473 417		2 078 795
1864	4 741 691	16 631 691	665 268	10 629 577	1 062 958	92 139	6 562 056	3 414 276	15 922 540	105 940	19 440 756	12 878 700	14 957 495
1865	5 002 159	19 503 258	780 130	12 249 925	1 224 992	84 044	7 091 325	3 813 505	10 489 078	747 875	15 050 456	7 959 131	22 916 626
1866	5 242 488	19 508 475	780 539	20 794 877	2 079 488	66 969	8 169 284	3 774 230	6 775 646	1 145 831	11 695 707	3 524 425	26 441 049
1867	5 506 351	20 215 518	808 621	27 005 925	2 700 393	76 345	9 091 710	4 269 318	7 188 682	1 322 052	12 780 052	3 688 342	30 129 391
1868	5 892 506	19 247 325	769 895	27 566 345	2 756 635	156 122	9 573 156	4 107 848	8 528 264	1 506 470	14 142 582	4 567 426	34 696 817
1869	6 261 334	18 731 900	749 276	28 140 504	2 814 050	415 629	13 258 269	4 255 458	10 668 785	1 734 841	16 657 064	5 398 795	38 095 612
1870	4 997 000	11 245 359	449 814	25 158 872	2 315 887	102 560	7 865 261	3 956 344	10 158 365	1 904 781	16 019 490	8 154 229	46 249 841
1871	5 396 105	12 488 038	499 522	22 117 295	2 211 730	100 761	8 208 118	3 936 384	2 165 941	2 312 492	8 414 817	206 699	46 456 540
1872	6 853 000	20 095 554	803 822	27 422 621	2 742 262	125 079	10 522 163	4 201 455	5 602 129	2 322 827	12 126 411	1 604 248	48 060 788
1873	6 398 000	22 043 557	881 742	30 644 500	3 064 450	125 807	10 469 999	4 139 151	7 217 815	2 403 059	15 760 003	3 290 004	51 350 792
1874	6 563 000	23 065 941	922 638	29 452 402	2 945 240	112 644	10 545 519	4 166 275	4 741 412	2 567 540	11 475 227	929 708	52 280 500
	74 943 286	257 812 777	10 312 511	279 827 725	27 982 774	4 470 644	117 709 215	55 435 112	98 482 915	18 071 688	169 989 715		La somme des dépenses restant à amortir au 31 décembre 1874, s'élevait donc à 51 280 500 fr.

Recettes. — Les nombres inscrits à la colonne n° 2 représentent les recettes effectives de la compagnie générale des eaux, c'est-à-dire les recettes dégagées de toutes les non-valeurs, en un mot, les versements effectués à la caisse municipale. Les nombres inscrits dans cette colonne diffèrent donc un peu des sommes de la colonne n° 11 du tableau de la page 330, qui sont les produits réglés d'après les polices des abonnés, et, par conséquent, sans déduction des non-valeurs.

	FRANCS.
D'après le tableau de la page 330, les produits du service privé des quatorze années montent à .	75 671 657
D'après le tableau précédent, les recettes effectives s'élèvent à	74 943 286
DIFFÉRENCE	728 371

Cette différence comprend les non-valeurs et les restes à recouvrer.

J'ai déjà dit comment ont été calculés les produits des services publics inscrits dans les colonnes n°ˢ 4 et 6.

La colonne n° 7 ne comprend, pour les trois premières années, que les locations des usines de la vieille rivière d'Ourcq. Dans les années suivantes, les locations des usines de Saint-Maur et des immeubles de la vallée de la Vanne s'ajoutent à ces produits; à partir de 1870, ces derniers produits figurent en recettes et en dépenses sur le budget communal.

En 1869, une recette extraordinaire s'ajoute à la colonne n° 7. Pour cette année, le chiffre inscrit dans cette colonne s'élève à 3 413 629 francs, et se décompose ainsi :

	FRANCS.
Rachat par la compagnie générale des eaux des traités passés avec les communes extra-muros. .	3 300 000
Recettes diverses ordinaires.	113 629
TOTAL.	3 413 629

En somme, le produit total des eaux pour les quatorze années s'élève à 117 709 215 francs.

Dépenses. — Les dépenses ordinaires et extraordinaires, inscrites aux colonnes 9 et 10, sont celles qui figurent déjà au tableau de la page 327. Le total des dépenses comprend, en outre, les intérêts des sommes qui ne sont pas amorties dans l'année, intérêts qui figurent à la colonne n° 11. La colonne n° 13 donne les restes à payer, et la colonne n° 14 ces restes cumulés, ou les dépenses restant à amortir à la fin de chaque année. C'est ainsi qu'on reconnaît que, sur 169 989 715 francs de dépenses faites de 1861 à 1874, intérêts compris, il ne reste plus à amortir aujourd'hui que 52 280 500 francs.

L'opération de la Vanne, y compris le réservoir de Montrouge et les travaux de distribution, figure dans les dépenses pour 45 451 244 francs. Il est bien évident que cette opération toute récente, et qui n'a donné jusqu'ici aucun produit, ne peut encore être amortie. Si on retranche cette somme des restes à amortir, on voit que ces restes se réduisent à 6 829 256 francs, résultat très-satisfaisant sans aucun doute. Il prouve que le service des eaux, avec ses seules ressources, amortirait bien vite toutes ses dépenses, et qu'avant peu d'années il donnerait à la Ville d'importantes recettes, sans charger beaucoup le budget des dépenses.

XV

Personne ne peut dire quel développement le service des eaux prendra dans l'avenir. Tel qu'il est, il suffit largement à l'alimentation d'une ville de 2 000 000 habitants, en supposant toutefois qu'on exécute les travaux complémentaires suivants :

Eaux de sources. — *Achèvement des travaux de l'aqueduc de la Vanne.* — Ces travaux étant en cours d'exécution et les crédits étant ouverts, je n'en parle ici que pour mémoire.

Dérivation de la source de Cochepie. — Cette belle source, qui est la propriété de la Ville, jaillit près de Villeneuve-sur-Yonne. Elle débite, au minimum, 20 000 mètres cubes d'eau par jour et peut être jetée dans l'aqueduc de la Vanne par une conduite de 11 kilomètres de longueur.

Achèvement de l'aqueduc de la Dhuis. — Dérivation des sources que la Ville possède dans les vallées du Verdon, du Surmelin et de Hondevilliers.

Eaux de rivière. — *Usine de Saint-Maur.* — Construction d'une seconde pompe à feu pour suppléer les turbines en temps de sécheresse.

[1] Extrait de l'*Historique du service des eaux,* 1875, pages 86 et suivantes.

22

Usine de Port-à-l'Anglais, sur la Seine. — La chute du barrage de Port-à-l'Anglais, sur la Seine, peut être utilisée pour créer une grande usine, analogue à celle de Saint-Maur. Cette chute est variable; en été, elle est d'environ 2^m,50. Autrefois il était à peu près impossible d'en tirer parti, parce que le barrage était formé de hausses mobiles qui laissaient échapper la plus grande partie de l'eau du fleuve. Aujourd'hui les hausses sont remplacées par des vannes étanches, et presque toute l'eau de la Seine peut être utilisée.

Pendant les six mois de la saison des crues, c'est-à-dire de novembre à avril inclusivement, on ne pourrait compter sur le travail de l'usine, parce que la chute s'efface lorsque les crues dépassent 2^m,50. Pendant le reste de l'année, c'est-à-dire de mai à octobre inclusivement, on pourrait disposer de 30 mètres cubes d'eau par seconde. L'eau montée par cette usine serait reçue dans le réservoir de Gentilly, situé à l'altitude 82^m,10. La hauteur du refoulement serait de 52 mètres, à quoi il faut ajouter la perte de charge dans les conduites, ce qui porte à 60 mètres la hauteur totale de la colonne d'eau.

La puissance théorique de la chute serait donc de :

$$30\,000 \times 2^m,50 = 75\,000 \text{ kilogrammètres ;}$$

en admettant que les turbines et les pompes à établir utilisent moitié de cette force, le volume d'eau monté par seconde serait

$$\frac{75\,000}{2 \times 60} = 625 \text{ litres par seconde ou } 54\,000$$

mètres cubes par 24 heures.

Pendant les six mois de novembre à mai, les turbines seraient en chômage habituellement, mais, en même temps, les sources de la Vanne seraient en crue et donneraient largement le complément d'eau nécessaire. Le service serait soutenu, au besoin, par les pompes à feu de Port-à-l'Anglais et de Maisons-Alfort.

Voici à quoi servirait ce grand volume d'eau :

Complément des services publics des XIIe, XIVe, et XVe arrondissements et des parties hautes des Ve et VIe.

Substitution, dans les réservoirs de Passy, de l'eau de Seine, puisée en amont de Paris, à l'eau de Seine puisée par les machines de Chaillot, presque à l'aval de la ville.

Les pompes à feu de Chaillot seraient conservées comme machines de secours.

Les travaux à faire comprendraient :

1° — Cinq turbines de 200 chevaux chacune, dont une de rechange.

2° — Un pont sur la Seine.

3° — Deux conduites de refoulement, de 1 mètre de diamètre, entre l'usine et le réservoir de Gentilly.

4° — Achèvement du réservoir de Gentilly, construction d'un second compartiment de 6 000 mètres cubes.

5° — Pose d'une conduite, de 1 mètre de diamètre, entre les réservoirs de Gentilly et de Passy.

Complément du service d'eau d'Ourcq à Grenelle. — Construction d'un réservoir de 6 000 mètres cubes dans le terrain que la Ville possède rue de l'Abbé-Groult. Pose d'une conduite de $0^m,40$ entre ce réservoir et la conduite de $0^m,50$ du boulevard des Invalides.

Réservoirs de Passy. — Exhaussement de 2 mètres et couverture des deux bassins découverts.

Construction de deux pompes à feu, de 10 chevaux chacune, pour refouler au sommet de Montmartre l'eau du réservoir de la Fontenelle. Construction d'un réservoir de 6 000 mètres cubes au point culminant de la butte.

Distribution d'eau de la Villette. — Construction d'un réservoir d'eau de la Vanne, de 12 000 mètres cubes, dans un terrain que la Ville possède rue de Puebla, pour l'alimentation du quartier de la Villette (trop-plein à l'altitude 77 mètres). Pose d'une conduite de 0^m,60 d'eau de la Vanne, entre ce réservoir et la conduite de 0^m,60 de l'égout du Château-d'Eau, et conduite de retour de 0^m,60.

Évaluation sommaire des dépenses.

FRANCS

Dérivation de la source de Cochepie.		2 000 000
Achèvement de l'aqueduc de la Dhuis		2 000 000
2ᵉ pompe à feu de Saint-Maur (projet présenté)		265 000

Usine de Port-à-l'Anglais.	Turbines et bâtiments comme à Saint-Maur, environ.	1 000 000	
	Pont sur la Seine . .	100 000	
	Conduites de refoulement	2 000 000	2 450 000
	Achèvement du réservoir de Gentilly.	150 000	
	Conduite de 1 mètre entre les réservoirs de Gentilly et de Passy. . .	1 000 000	
Complément du service d'eau de l'Ourcq à Grenelle.	Réservoir de la rue de l'Abbé-Groult.	180 000	260 000
	Conduite de 0^m,40. .	80 000	
Exhaussement des bassins de Passy.			250 000
Pompe à feu du réservoir de la Fontenelle et bâtiments.			80 000
Distribution d'eau de la Vanne à la Villette. .	Réservoir de la rue de Puebla.	360 000	700 000
	Conduites d'amenée et de retour.	340 000	

	9 805 000
Somme à valoir pour cas imprévus.	1 195 000
Dépense totale	11 000 000

Il sera nécessaire, pour compléter la canalisation moyenne et secondaire, de maintenir au budget des dépenses une somme de 500 000 francs, pour la continuation de la distribution générale des eaux.

Ces travaux peuvent être classés ainsi par ordre d'urgence :

1° — Construction d'une seconde pompe à feu à Saint-Maur. — Pompe à feu de la Fontenelle. — Exhaussement des bassins découverts de Passy. — Distribution d'eau de la Vanne à la Villette. — Complément de la distribution d'eau de l'Ourcq à Grenelle. — Évaluation des dépenses : 1 555 000 francs.

2° — Dérivation de la source de Cochepie. — Usine de Port-à-l'Anglais. — Achèvement de l'aqueduc de la Dhuis. — Évaluation des dépenses : 8 250 000 francs. En ajoutant à ces deux sommes la réserve, pour cas imprévus, de 1 195 000 francs, on arrive au total de 11 000 000 francs.

Les travaux de première urgence s'appliquent à des services qui sont en souffrance aujourd'hui. La seconde pompe à feu de Saint-Maur fera cesser le chômage des services publics, qui se produit dans les XIX° et XX° arrondissements en temps de grande sécheresse. La pompe à feu de la Fontenelle remplacera la petite machine provisoire de la Fontaine-du-But, qui alimente d'une manière insuffisante le sommet de Montmartre. La couverture et l'exhaussement des bassins découverts de Passy sont indispensables, pour faire un bon service d'eau de source, dans le XVII° arrondissement. Le service privé est en grande souffrance à la Villette et le service d'eau de l'Ourcq est tout à fait insuffisant à Grenelle.

Développement de la distribution à domicile. — Voici, par arrondissement, le nombre des maisons abonnées et non abonnées aux eaux de la Ville.

DÉSIGNATION	NOMBRE DE MAISONS	MAISONS ABONNÉES AUX EAUX DE LA VILLE	MAISONS RESTANT A ABONNER
I⁰ʳ arrondissement.	2 206	1 669	537
II⁰ —	2 250	1 752	478
III⁰ —	2 189	1 647	542
IV⁰ —	2 424	1 540	884
V⁰ —	2 487	1 647	840
VI⁰ —	2 527	1 868	659
VII⁰ —	2 115	1 812	303
VIII⁰ —	2 957	2 928	29
IX⁰ —	3 334	3 157	177
X⁰ —	2 891	2 592	299
XI⁰ —	3 942	3 262	680
XII⁰ —	2 929	1 506	1 423
XIII⁰ —	2 957	1 149	1 808
XIV⁰ —	4 440	1 430	3 010
XV⁰ —	4 210	1 604	2 606
XVI⁰ —	3 592	2 396	1 196
XVII⁰ —	4 043	2 407	1 636
XVIII⁰ —	4 645	2 766	1 879
XIX⁰ —	3 269	1 739	1 530
XX⁰ —	4 576	1 767	2 809
	63 963	40 638	23 325

Si l'on décompose les chiffres de ce tableau, on trouve que, dans les onze premiers arrondissements, il y a 29 302 maisons, dont 23 874, soit 82 pour 100, sont abonnées aux eaux de la Ville. Dans les neuf autres arrondissements, qui constituent presque toute la zone annexée, il y a 54 661 maisons dont 16 764, soit 48 pour 100, sont abonnées aux eaux de la Ville. Cette grande disproportion tient à des causes très-complexes dont la principale est celle-ci : la zone annexée est surtout occupée par la classe ouvrière, et les propriétaires sont d'autant moins disposés à faire jouir leurs locataires d'une distribution intérieure, que les bornes-fontaines de puisage y sont très nombreuses et qu'elles sont à la portée de tous les petits ménages.

Dans l'ancien Paris, le progrès consistera surtout à substituer l'eau de la Vanne à l'eau du canal de l'Ourcq. Le petit nombre de maisons restant à abonner aura bientôt une distribution intérieure. Dans le nouveau Paris, on n'arrivera à donner de l'eau à toutes les maisons, qu'avec la vidange à l'égout, qui exige obligatoirement une distribution d'eau intérieure.

Le nombre des maisons donné ci-dessus a été relevé en 1872. Aujourd'hui ce nombre doit, je le suppose, être assez rapproché de 70 000, en y ajoutant les édifices publics. Mais ces édifices et la plupart des nouvelles maisons sont pourvus de distributions d'eau; il n'y avait donc aucun intérêt à s'en occuper ici.

[1] Ainsi qu'on l'a vu dans le corps de l'ouvrage, une partie des travaux, signalés comme restant à faire en 1875, étaient exécutés en 1878.

XVI

DE L'ACTION DE L'EAU SUR LES CONDUITES EN PLOMB[1]

Le plomb est employé à la confection des tuyaux de conduite depuis l'origine des distributions d'eau dans les villes. Ne considérons que les aqueducs romains. C'est, suivant Varron, en l'an de Rome 432 que fut construit le premier aqueduc qui conduisait l'eau Appia. Depuis cette époque, on n'a cessé de faire des conduites en plomb. Toutes les canalisations, dans l'intérieur des villes antiques, étaient faites avec ce métal. Chaque usager avait son branchement qui partait du château d'eau privé, sorte de cuvette de distribution commune à tous les habitants d'un quartier, et aboutissait à son habitation. Les fontaines publiques étaient alimentées de la même manière. La canalisation, qui reliait le château d'eau public au château d'eau privé, était ordinairement en plomb (voir Frontin, qui donne les dimensions des tuyaux en plomb de la distribution de Rome). Ce mode de distribution, qui exigeait de très-longues conduites en plomb, a été en usage à Paris jusqu'à ces dernières années. Il fonctionne encore à Rome, à Clermont-Ferrand et dans quelques autres villes. Dans le moyen âge, et jusqu'à la fin du dix-huitième siècle, la canalisation publique de Paris était en plomb; on trouvait encore, il y a quelques années, des conduites de ce genre posées du temps de Philippe-Auguste; l'emploi des conduites de fonte ne s'est généralisée que vers 1782, à l'époque de la création des usines de Chaillot et du Gros-Caillou par les frères Périer.

[1] Extrait des *Comptes rendus des séances de l'Académie des sciences*, t. LXXVII, séance du 10 novembre 1873.

Depuis ces temps si reculés, on n'avait vu, jusqu'ici, aucun danger dans cet emploi du plomb. Ni Pline, ni Frontin, ni aucun des historiens de l'antiquité n'avaient signalé le moindre fait d'empoisonnement[1]. Il en a été de même dans le moyen âge et dans les temps modernes.

C'est seulement depuis quelques années qu'on cherche à émouvoir le public et à démontrer que les conduites d'eau en plomb sont d'un emploi dangereux. L'eau, dit-on, s'y charge d'une petite quantité de plomb qui exerce une action, lente mais pernicieuse, sur la santé des consommateurs.

Cette année, *la guerre au plomb* (c'est le nom qu'on donne à cette croisade) a pris un grand développement, et peut jeter de l'inquiétude dans l'esprit des Parisiens. Il était donc de mon devoir de chercher ce qu'il y a de fondé dans ces attaques, et je l'ai fait avec l'aide d'un chimiste distingué, M. Félix Le Blanc, vérificateur du pouvoir éclairant du gaz.

Je dois d'abord poser nettement la question et faire connaître la statistique des conduites publiques et privées de la ville.

Voici, d'après le relevé, fait au 31 décembre 1872, la statistique des conduites publiques :

		MÈTRES.
Conduites en fonte		1 335 184
— en tôle bitumée		65 126
— en plomb, environ		5 000
	Total	1 399 310

On voit déjà que les conduites publiques sont hors de cause

---

[1] Vitruve émet une opinion sur cette question, mais sans citer aucun fait d'empoisonnement par le plomb. Il divise les conduites en deux genres : les *tubuli*, conduites de terre cuite et les *fistulæ*, conduites en plomb; il ajoute :

« L'eau puisée dans les *tubuli* est beaucoup plus salubre que l'eau provenant des *fistulæ*; « il semble que celle-ci doit être altérée par le plomb, duquel naît la céruse, si nuisible « au corps humain. Si ce qui naît du plomb est dangereux, lui-même ne peut être salubre : « citons, comme exemple, les ouvriers plombiers, qui sont atteints de pâleurs. Lorsqu'ils « fondent le plomb, les vapeurs qui se dégagent envahissent leurs corps et détruisent les « vertus du sang. » (Vitruve, *De Architecturâ*, livre VIII, chap. VII. Traduction libre.)

La solidité du raisonnement est contestable. Les Romains ne se sont guère préoccupés, d'ailleurs, de l'opinion de leur grand architecte. Frontin n'en parle même pas, et, à Rome, à Pompéi, à Paris même, les conduites romaines sont surtout en plomb.

et que la guerre au plomb serait sans objet, s'il n'y avait un autre réseau composé de branchements très courts, d'un très petit diamètre, et qui, à peu d'exceptions près, sont tous en plomb.

Ces branchements relient les conduites publiques aux orifices de puisage. Leur réseau se subdivise ainsi :

1° — Branchements des établissements de l'État. . . . . — . .		152
2° — Branchements du département.		14

	Bornes-fontaines à repoussoir.	224	
	Fontaines de puisage à la sangle. . . .	33	
3° — Branchements	Bornes-fontaines	456	
des établissements	Fontaines marchandes.	26	1 357
de	Bureaux de stationnement.	155	
la ville de Paris.	Établissements municipaux divers. . .	167	
	Édifices religieux.	49	
	Écoles et collèges.	247	

4° — Branchements des établissements de l'Assistance publique. . .		83
5° — Branchements des abonnés aux eaux de la ville.		37 889
TOTAL DES BRANCHEMENTS.		39 495

Les branchements en plomb appartiennent donc, pour la plupart, aux particuliers.

Dans l'énumération qui précède ne figurent pas les branchements appartenant à la ville de Paris, qui ne servent jamais au puisage de l'eau destinée aux besoins domestiques, tels que ceux des fontaines monumentales, des bouches d'eau sous trottoir, des poteaux et boîtes d'arrosement, des bouches d'arrosage à la lance, des coffres d'incendie, des pompes à vapeur et des urinoirs, qui sont au nombre de 8 277, ni ceux du service des promenades et plantations qui ne sont pas moins nombreux.

Les branchements en plomb, qui servent aux puisages domestiques, sont donc au nombre de 39 500 ; on peut évaluer leur longueur moyenne à 40 mètres, et leur longueur totale à 1 580 000 mètres.

Malgré le développement énorme de ce réseau, chaque litre d'eau, puisé pour la consommation des habitants, ne parcourt qu'une très petite longueur de conduite en plomb, 5 mètres à peine lorsque le puisage est fait aux orifices de la voie publique, 100 mètres au plus lorsque le branchement aboutit dans une maison particulière.

Lorsque la maison est habitée, le plus long séjour de l'eau dans les conduites en plomb peut être évalué ainsi :

Abonnements à robinets libres. { Séjour pendant la nuit, 9 heures.
{ Séjour pendant le jour, de 5 à 10 minutes.

Abonnements jaugés, écoulement continu, au plus de 3 à 6 heures.

Le temps du contact de l'eau avec les parois de la conduite est trop court, comme on le verra plus loin, pour que le plomb soit attaqué.

J'ai dit que, dans le réseau des conduites publiques, il reste environ 3 kilomètres de conduites en plomb. On en démonte quelques-unes de temps en temps, et l'on constate que leur surface intérieure est toujours parfaitement lisse et sans traces d'érosion ; j'en mets deux tronçons sous les yeux de l'Académie. L'un provient de la conduite du faubourg Saint-Antoine, qui a été posée en 1670, à l'époque où la pompe du pont Notre-Dame fut érigée ; il a donc plus de deux cents ans, et l'on voit encore dans l'intérieur l'impression des grains de sable du moule. L'autre a été extrait des rues latérales au marché Saint-Germain ; il est d'une date plus récente et n'est pas moins intact.

Je dois faire remarquer encore que les branchements en plomb se tapissent promptement d'une légère croûte adhérente qui empêche le contact de l'eau et du plomb. Je présente à l'Académie un tronçon d'un de ces branchements où cette patine est très-visible.

J'ai visité dans les ateliers de M. Fortin-Hermann, entrepreneur des travaux d'entretien de la Ville, le dépôt des vieux plombs où se trouvent de nombreux débris de branchements. Je n'en ai pas trouvé un seul qui ne satisfît à cette condition : surface intérieure du plomb parfaitement lisse, tapissée d'une croûte mince très adhérente de limon ou de carbonate de chaux.

L'innocuité des conduites en plomb me semble démontrée par l'ensemble de ces faits, qui font comprendre pourquoi ces conduites sont en usage dans toutes les villes de France et dans la plupart des villes de l'Europe, sans qu'on ait jamais eu à s'en plaindre.

J'ai voulu cependant, par des analyses directes, rechercher le plomb dans toutes les eaux distribuées à Paris, et c'est dans cette recherche que M. Le Blanc a bien voulu me prêter son précieux concours.

Les essais ont été faits d'abord sur les eaux publiques de Paris puisées aux points suivants :

1° — Eau de Seine. — Hôtel-Dieu, branchement en plomb de 200 mètres de longueur.

2° — Eau de Seine. — Avenue d'Orléans, n° 74, branchement en plomb de 100 mètres.

3° — Eau d'Ourcq. — Hôpital des Récollets, branchement en plomb de 70 mètres.

4° — Eau de Dhuis. — Avenue de Clichy, n° 40, abonnement jaugé de 250 litres par vingt-quatre heures, branchement en plomb de 20 mètres.

5° — Eau de Dhuis. — Rue de Moscou, n° 25, abonnement à robinet libre, branchement en plomb de 40 mètres.

On envoyait à M. Le Blanc un échantillon de 5 litres d'eau de chaque espèce.

Envoi du 16 août 1873, — observation de M. Le Blanc. — Aucune de ces eaux limpides et incolores ne prend une coloration appréciable sous l'influence de l'hydrogène sulfuré. Pas de trace de plomb dans le produit évaporé dans une capsule en platine.

Envoi du 1er septembre. — Même observation.

Envoi du 1er octobre. — Même observation.

On peut conclure de cette première série d'expériences que les eaux publiques de Paris, puisées à l'extrémité des branchements en plomb, ne contiennent pas trace de ce métal lorsque la maison est habitée, c'est-à-dire lorsque l'eau ne séjourne jamais plus de neuf à dix heures dans le branchement.

M. Le Blanc a entrepris une autre série d'expériences en laissant séjourner le plomb beaucoup plus longtemps dans l'eau. Je lui laisse la parole :

SUR L'ACTION DES EAUX SUR LE PLOMB.

« Les chimistes savent depuis longtemps avec quelle facilité s'oxyde le plomb immergé dans l'eau distillée ayant le contact de l'air. Il se forme très rapidement de l'oxyde de plomb hydraté en très petits cristaux blancs, à éclat nacré, dont la quantité va toujours en augmentant et finit par former un dépôt notable au fond des vases. Il en est de même de l'eau de pluie très-pure. Au contraire, l'eau contenant une certaine quantité de sels, principalement l'eau de puits séléniteuse, n'attaque pas du tout le plomb dans les mêmes conditions.

« Ce sont là des expériences que les professeurs de chimie font depuis quarante ans dans les cours publics. M. Dumas ne manquait jamais de mettre ces résultats sous les yeux de ses auditeurs à la Sorbonne. Plusieurs fois, divers chimistes ont fait remarquer l'innocuité du plomb à l'égard des eaux potables circulant dans les tuyaux de ce métal, et cela, en raison des matières salines qui préservent le métal de l'oxydation.

« Il serait sans doute difficile de donner une théorie de ces faits, mais ils semblent du même ordre que ceux qui ont été constatés à l'égard du fer, qui peut se conserver sans oxydation dans l'eau distillée, même aérée, à la faveur de quelques millièmes d'alcali ajouté à cette eau, tandis que ce métal s'oxyde très-rapidement dans l'eau pure aérée. Chose singulière ! en augmentant, dans une certaine mesure, la proportion d'alcali, on peut faciliter l'oxydation. On sait combien les particularités signalées par M. Gaymard dans les conduites d'eau, à Grenoble, ont occupé les chimistes, il y a environ quarante ans (oxydation tuberculeuse de la fonte). Il importait de s'assurer si les eaux potables

les plus pures contenaient encore assez de matières salines pour préserver le plomb de l'oxydation.

« Le tableau ci-après démontre que des eaux très-pures, telles que celles du puits de Grenelle, par exemple, contenant beaucoup moins de matières salines que l'eau de Seine, possèdent encore la propriété de préserver le plomb de l'oxydation ; cette eau marque de 8 à 10° à l'hydrotimètre.

« On verra que des eaux, marquant même moins de 1° à l'hydrotimètre, conservent encore cette même propriété. Enfin l'eau de pluie elle-même peut ne pas attaquer le plomb, si elle n'a pas été recueillie avec le plus grand soin et après une sorte de lavage prolongé de l'atmosphère par l'eau pluviale. Pour peu que l'eau de puits indique la présence des sels de chaux par les réactifs, on lui reconnaît la propriété de ne pas agir sensiblement sur le plomb. Lorsque l'eau de pluie est devenue insensible à l'action des réactifs de la chaux, elle commence à attaquer le plomb assez rapidement, à la manière de l'eau distillée.

ACTION DU PLOMB CHIMIQUEMENT PUR SUR DIVERSES EAUX

(LE PLOMB EST IMMERGÉ DANS L'EAU ET LE LIQUIDE A LE CONTACT DE L'AIR; LINGOT DE 25 GRAMMES DE PLOMB PUR ET 250 CENTIMÈTRES CUBES D'EAU.)

NATURE DES EAUX	DATE DE L'IMMERSION	RÉSULTAT OBSERVÉ
Eau distillée..	27 septembre.	Attaque considérable; cristaux blancs d'oxyde de plomb hydraté.
Eau de Dhuis[1].	— id. —	Pas d'attaque
Eau de Seine[2]..	— id. —	— id. —
Eau du puits de Grenelle[3]..	— id. —	— id. —
Eau d'Ourcq[4].	— id. —	— id. —
Eau d'Arcueil[5]..	— id. —	— id. —
Eau de puits de Belleville[6].	— id. —	— id. —
Sources du Nord, Prés-Saint-Gervais[7].	— id. —	— id. —
Eau du puits de Passy..	— id. —	— id. —
Eau du réservoir du gouffre d'Enfer, à St-Étienne (terrain granitique). Titre hydrotimétrique 1°,44[8]..	8 octobre.	— id. —
Eau du réservoir des Settons (Morvan), rivière de Cure Titre hydrotimétrique 0°,96[9]	— id. —	— id. —
Eau de l'Ourthe (Belgique), terrain dévonien. Titre hydrotimétrique, 0°,96	15 octobre.	— id. —
Eau de pluie, recueillie dans la cour, quai de Béthune.	8 octobre.	Pas d'attaque constatée. Traces de sulfate de chaux.
Eau de pluie, recueillie sur les réservoirs de Ménilmontant..	28 octobre.	L'attaque du plomb est sensible au bout de vingt-quatre heures et va en augmentant. Dépôt assez abondant le 5 novembre.

[1] A l'embouchure de l'aqueduc de Ménilmontant.
[2] Au milieu du fleuve, près de la prise d'eau du chemin d'Orléans.
[3] A l'orifice supérieur.
[4] Au milieu de la gare circulaire.
[5] Dans l'aqueduc au regard X, en amont de la conduite.
[6] Maison, rue Fessart, 19.
[7] Rigole du regard des Mossins, derrière le bastion 20. (Eau très limpide.)
[8] Ce réservoir contient habituellement 1 600 000 mètres cubes d'eau.
[9] La capacité de ce réservoir est de 19 à 20 millions de mètres cubes.

Nota . — Les tuyaux doublés d'étain ne s'attaquent pas plus que le plomb des tuyaux de la Ville. On a employé l'eau de Grenelle pour les expériences comparatives.

« Quels sont les sels les plus efficacés pour s'opposer, même à faible dose, à l'oxydation du plomb au contact de l'eau? Les sels de chaux, employés seuls, sont incontestablement efficaces aux doses les plus minimes.

« Cependant, en l'absence de la chaux, d'autres sels paraissent aussi capables de protéger le plomb à la dose de $0^{gr},1$ environ par litre. Néanmoins, au bout de vingt-quatre à trente heures, l'eau se colore à peine par l'acide sulfhydrique, mais cet effet s'arrête bientôt et l'oxydation cesse. C'est ce qui résulte des observations suivantes :

« *Expériences pour constater l'influence particulière de divers sels.* — On a formé les dissolutions suivantes avec : 1° — sulfate de soude ; 2° — chlorure de sodium ; 3° — chlorure de potassium ; 4° — sulfate de magnésie.

« La dose de chaque sel était de $0^{gr},1$ par litre.

« Le plomb a été immergé dans ces dissolutions le **22** octobre. Au bout de vingt-quatre heures, l'eau devenait fauve par l'acide sulfhydrique ; mais l'attaque n'a pas continué, et l'on peut dire que les eaux précitées n'attaquent pas sensiblement le plomb, car, au bout de dix jours, il n'y avait pas de véritable précipité par le réactif.

« Ces expériences seront continuées, en variant les proportions. »

Nous avons entrepris, avec M. Le Blanc, une autre série d'expériences ; c'est ainsi qu'en mettant l'eau dans les conditions les plus favorables pour une attaque, on a obtenu quelques traces de plomb dans cette eau évaporée.

Dès que ces expériences seront terminées, j'en ferai connaître les résultats à l'Académie.

En résumé, le danger d'empoisonnement par l'eau de la Ville, puisée à l'extrémité d'un embranchement en plomb, est nul. Je ne pense pas qu'il soit possible d'obliger, comme on l'a demandé, les propriétaires de Paris à remplacer les 1500 kilomètres de branchements en plomb, établis aujourd'hui dans leurs propriétés. On trouverait l'intérieur de ces branchements parfaitement lisse, sans trace d'attaque et recouvert de la mince croûte de dépôt adhérent qui sépare le plomb de l'eau.

Peut-on même recommander aux personnes timorées un autre mode de canalisation? Je ne le crois pas. Le fer, en usage à Londres, surtout pour le gaz, à cause de son bas prix, convient beaucoup moins à Paris, d'abord parce qu'on ne trouve pas, dans le commerce, les pièces de raccord nécessaires, et surtout parce que les tuyaux en fer étiré se détruisent très-vite dans le sol de Paris, où les matières organiques abondent ; la compagnie anglaise du gaz, qui avait fait originairement, vers 1835, ses branchements en fer étiré, les avait tous relevés, parce qu'ils étaient hors de service lorsqu'elle a opéré sa fusion avec la compagnie parisienne.

On a recommandé, dans ces derniers temps, des tuyaux en plomb doublés d'étain. Ces tuyaux, d'un prix élevé, présentent un grave inconvénient; en faisant les nœuds de soudure, on fond la doublure d'étain et l'on produit des obstructions dans la conduite. J'ai fait disparaître ce danger d'obstruction, en faisant fondre d'avance l'étain, sur 8 à 10 centimètres de longueur, aux extrémités de tuyaux destinés à recevoir des nœuds de soudure, dans un bain de sable chauffé à plus de 227°, point de fusion de l'étain et moins de 330°, point de fusion du plomb. A la vérité, on met ainsi le plomb à nu, mais, suivant moi, sur une trop petite longueur pour qu'il soit attaqué. On ne peut cependant recommander l'emploi de ces tuyaux, qui sont trop nouveaux pour que les inconvénients qu'ils peuvent présenter soient bien connus.

En réalité, aucun de ces genres de conduites ne peut avoir

une action quelconque sur la santé des usagers. L'administration a donc pris le seul parti raisonnable, en autorisant les abonnés à prendre, à leur gré et sous leur responsabilité, soit des tuyaux de plomb, soit des tuyaux en fonte et en fer, soit des tuyaux en plomb doublés d'étain, à la seule condition de donner à ces tuyaux, sous la voie publique, l'épaisseur nécessaire pour résister à la pression de l'eau.

XVII

CONDITIONS DANS LESQUELLES LE PLOMB EST ATTAQUÉ PAR L'EAU[1]

Je reconnais, comme M. Bobierre, que le plomb divisé en petites parties (la limaille de plomb par exemple) est facilement attaqué par l'eau lorsqu'il est exposé à l'air dans un état constant d'humidité : c'est un fait connu depuis longtemps; il se forme alors une grande quantité de carbonate de plomb.

Mais il n'en est plus ainsi lorsque le plomb offre de grandes surfaces, comme dans les réservoirs; ces surfaces, même lorsqu'elles sont alternativement exposées à l'action de l'air et à l'action de l'eau, sont très-peu attaquées, comme le prouve l'expérience qui se fait tous les jours dans les 500 000 maisons de Londres.

La question est tellement grave que je demande à l'Académie la permission de lui faire connaître une lettre du docteur Letheby, qui, tous les mois, fait officiellement l'analyse des eaux distribuées à Londres.

Cette lettre ne m'est pas adressée personnellement; elle répond à un questionnaire rédigé par moi. En voici la traduction faite sous mes yeux par M. Vialay, ingénieur attaché à la compagnie parisienne du gaz.

« Collège Laboratory, hôpital de Londres, déc. 9, 1873.

« Cher Monsieur,

« J'ai reçu, ce matin, votre lettre en date d'hier, et je m'em-

---

[1] Remarques relatives à la communication de M. Bobierre, par M. Belgrand. *Comptes rendus de l'Académie des sciences.* T. LXXVIII. Séance du 2 février 1874.

presse de vous donner les renseignements que vous me demandez sur le mode de distribution des eaux de Londres.

« 1° — Les conduites qui distribuent l'eau provenant des réservoirs des différentes compagnies de Londres sont toutes *en fonte.*

« 2° — Les branchements qui amènent l'eau de ces conduites aux réservoirs de l'intérieur des maisons sont presque toujours en plomb; exceptionnellement, dans des cas très-rares, ces branchements sont en fer comme ceux du gaz, mais c'est le petit nombre.

« 3° — La distribution de l'eau des réservoirs des maisons aux différents étages se fait invariablement au moyen de tuyaux de plomb.

« 4° — Les réservoirs des maisons sont, dans la plupart des cas, en bois revêtu de plomb : exceptionnellement on en rencontre en fer galvanisé, c'est-à-dire en fer doublé d'une mince couche de zinc. Exceptionnellement aussi, on en fait en bois avec chemise en zinc. Il y a aussi quelques réservoirs en ardoise, et, dans les quartiers pauvres, le réceptacle est un muid ou une futaille de bois de chêne; mais dans quatre-vingt-dix-neuf cas sur cent, le réservoir est en plomb, c'est-à-dire en bois doublé de plomb.

« Quant à l'action de l'eau sur le plomb, je puis vous dire que cela a été ici l'objet des recherches les plus approfondies, et nous trouvons comme résultat constant des expériences que, quand l'eau contient 5 et plus de sels de chaux (principalement de carbonate et de sulfate) en 100 000 parties d'eau, on peut, sans inconvénient, laisser séjourner l'eau dans des réservoirs en plomb et la distribuer au moyen de branchements en plomb.

« Cependant, si les sels contenus dans l'eau sont des chlorures et des nitrates, le plomb est attaqué et l'eau devient insalubre. Pour ce qui concerne les eaux de Londres que j'analyse tous les mois, la proportion de matières salines varie de 25 à 40 pour 100 000 parties d'eau, et je n'entends jamais dire que le plomb ait été attaqué, ni que l'eau ait, le moins du monde, nui à la santé des habitants.

« Je ne connais pas la composition de l'eau de Paris, mais je suis porté à croire qu'elle diffère peu de l'eau de Londres, et, pour plus amples renseignements, je vous envoie la composition moyenne des eaux de Londres des trois provenances suivantes : 1° — la Tamise à Hampton ; 2° — la New-River à Hertford ; 3° — les sources calcaires de Kent-Company.

SUBSTANCES EN DISSOLUTION	Pour 100 000 parties d'eau.		
	TAMISE	NEW-RIVER	SOURCES CALCAIRES
Ammoniaque libre ou à l'état de sel.	0,0014	0,0014	0,0000
Ammoniaque provenant des matières organiques.	0 0043	0,0043	0,0029
Azote ou azotates.	0,1757	0,2029	0,3100
Carbonate de chaux ou de magnésie.	16,83	17,97	23,59
Sulfate de chaux	5,07	3,44	10,10
Chlorure de sodium.	2,60	2,39	3,67
Azotate de magnésie.	1,04	1,20	1,83
Silice, alumine, peroxyde de fer.	0,37	0,54	0,30
Matières organiques	0,50	0,37	0,13
Totaux.	26,41	25,91	39,62
Degré de dureté (titre hydrotimétrique).	20°,4	20°,7	28°,6
— après 15 minutes d'ébullition.	5°,0	5°,0	8°,1

« Il sera peut-être intéressant, pour vous, de connaître les chiffres d'alimentation journalière moyenne de Londres pour les diverses compagnies d'eau, ainsi que le nombre de maisons alimentées par chacune d'elles.

NOMS DES COMPAGNIES	NOMBRE DE MAISONS ALIMEN- TÉES PAR CHACUNE D'ELLES	NOMBRE DE GALLONS D'EAU FOURNIS PAR JOUR	PROVENANCES
Grand-junction C°. . . .	34 243	11 319 550	Tamise à Hampton (57 860 026 gallons).
West-Middlesex.	44 565	9 019 458	
Southwark et Vauxhall..	79 438	17 786 818	
Chelsea C°.	28 270	8 201 700	
Lambeth C°.	49 267	11 532 500	
New-River C°	121 194	26 295 000	New-River et sources.
East-London C°.	104 637	23 312 600	River Lee.
Kent C°.	41 936	6 690 900	Sources calcaires.
Totaux.	503 550	114 158 526	

« La population de Londres, en 1873, étant évaluée à
3 356 073 habitants, cela fait une alimentation de 34 gallons
impériaux[1], soit 154 litres par tête d'individu. Je pourrais ajouter
aussi que l'alimentation à présent est discontinue (elle est d'environ vingt minutes par jour), mais que les compagnies se préparent
à une alimentation continue, par suite d'un acte récent du
parlement.

« Votre dévoué,

« *Signé* : Letheby. »

Ainsi, à Londres comme à Paris, les conduites publiques sont
en fonte, les branchements particuliers sont en plomb ; en outre,
à Londres, chaque abonné reçoit l'eau dans un réservoir doublé
de plomb, ce qui n'a pas lieu ici.

Le volume d'eau distribué par jour et par habitant est, à
très peu près, le même qu'à Londres ; mais la moitié environ
de ce volume est répandue sur la voie publique, tandis qu'à
Londres, il est affecté presque entièrement au service privé. A
Paris, le nombre des maisons est de 70 000 seulement, et, ainsi
que je l'ai dit dans une précédente communication, un peu plus

---

[1] Gallon impérial : 4lit,543.

de la moitié de ces maisons reçoit les eaux publiques ; à Londres, le nombre des maisons est de 503 550, et toutes reçoivent les eaux des compagnies. Le développement des branchements en plomb est donc incomparablement plus grand à Londres qu'à Paris ; de plus, 500 000 réservoirs, se remplissant en vingt minutes, se vident nécessairement pendant le reste de la journée, et, néanmoins, jamais la présence du plomb n'a été constatée dans les eaux publiques de cette ville.

On remarquera que ce résultat n'est nullement en contradiction avec ceux que M. Bobierre a signalés : ce chimiste laisse le plomb exposé à l'action de l'eau pendant huit jours ; dans les réservoirs garnis de plomb de Londres, le niveau de l'eau varie continuellement.

XVIII

RECHERCHES STATISTIQUES SUR LES MATÉRIAUX
DE CONSTRUCTION EMPLOYÉS
DANS LE DÉPARTEMENT DE LA SEINE[1].

M. l'ingénieur Michelot nous a adressé, le 20 octobre 1853, un mémoire remarquable sur les résultats obtenus dans ses recherches sur les matériaux de construction. Nous aurions mis depuis longtemps ce travail sous les yeux de l'administration, si son auteur ne nous avait exprimé le désir de le conserver encore quelque temps, pour le soumettre à l'appréciation de nos géologues les plus distingués.

Nous n'avons pas à regretter ce retard, car lorsque l'administration s'engage dans une voie nouvelle, il n'est pas sans importance de connaître, dès l'origine, l'avis des hommes véritablement compétents. Nous avons toujours cru que le service de recherches statistiques sur les matériaux, réduit à des proportions pratiques, devait être véritablement utile ; nous avons eu la satisfaction de nous trouver sur ce point du même avis que MM. Elie de Beaumont, Dufrénoy, Graves, d'Archiac, de Verneuil, Bayle, etc., qui ont tous donné leur complète approbation au travail de M. Michelot.

Analyse du mémoire de M. Michelot. — M. Michelot a divisé son mémoire en quatre parties.

Dans la première, il fait connaître l'objet et l'utilité du service ; dans la deuxième, il expose très-sommairement les notions de géologie pratique du bassin parisien ; dans la troisième, la plus importante de toutes, il donne la statistique des carrières de pierre de taille du bassin de Paris, et, dans la quatrième, il parle des chaux hydrauliques, ciments, briques, meulières, gypse, etc.

---

[1] Rapport de M. Belgrand sur le mémoire de M. Michelot. *Annales des ponts et chaussées,* 1855, 2ᵉ semestre.

Première partie. — *Objet du service.* — L'objet du service a été indiqué dans un rapport de M. le directeur Michal du 20 janvier 1851; on peut le définir en peu de mots : faire une bonne statistique des carrières qui fournissent, ou pourraient fournir, des matériaux de construction au département de la Seine et une classification rationnelle de ces matériaux, en tenant compte de toutes leurs propriétés physiques, telles que leur résistance à l'écrasement et à la gelée, etc., et, accessoirement, de leur prix de revient; déterminer les localités où des exploitations nouvelles pourraient être établies avantageusement.

M. Michelot cite plusieurs faits qui prouvent que, de tout temps, le besoin d'une bonne statistique des matériaux de construction s'est fait sentir à Paris.

Ainsi, jusqu'à la fin du quatorzième siècle, on trouvait en abondance, dans le sol même de Paris, les excellentes pierres dures connues sous le nom de liais, cliquart, etc.

On voit cependant des architectes, par négligence ou ignorance, employer en soubassements, avec ces matériaux de premier choix, les pierres beaucoup moins bonnes, connues sous le nom de bancs francs. Les parties supérieures des édifices étaient construites en matériaux de très-médiocre qualité, les lambourdes; ce n'est que vers la fin du quinzième siècle qu'on voit entrer à Paris les excellentes pierres tendres de Saint-Leu, qui, cependant, étaient appréciées sur les bords de l'Oise dès le douzième. Leur usage devint général à l'époque de la Renaissance, comme on peut s'en assurer en examinant les principaux édifices de Paris de cette époque, l'Hôtel de Ville, le Louvre, etc.

Le vergelé, autre pierre tendre non moins bonne, n'a été admis à Paris que beaucoup plus tard encore.

Au dix-septième siècle, à mesure que les liais et les cliquarts deviennent plus rares, l'emploi des mauvais bancs francs devient plus général; aussi voyons-nous presque tous les soubassements de cette époque fortement attaqués par la gelée.

Au dix-huitième siècle, on commence à faire usage de la pierre de Conflans, qu'on retrouve au Garde-Meuble, à la Monnaie, etc.; plus tard, Perronet ouvre les carrières de Château-Landon, pour construire le pont de Nemours, et celles de Saillancourt, dont les matériaux sont employés aux ponts de Mantes, de Neuilly, de la Concorde.

On voit apparaître successivement, dans les temps modernes, la roche négligée par les anciens architectes et qui s'associe aux bancs francs dans les soubassements, le vergelé, employé avec avantage dans les gares de chemin de fer, notamment dans celles de Lyon et de Strasbourg, tandis que, dans celles de Rouen et de l'Ouest, on continue à admettre les mauvaises pierres tendres de la banlieue de Paris, et enfin les excellentes pierres dures du Soissonnais, de la Picardie, de la Bourgogne, etc.

Nous renvoyons au mémoire de M. Michelot pour tous ces détails historiques qui sont réellement d'un haut intérêt, et qui font comprendre comment les monuments de certaines époques, tels que le Louvre, l'Hôtel de Ville, etc., sont encore intacts aujourd'hui, tandis que ceux d'époques beaucoup plus rapprochées sont déjà rongés par la gelée.

A mesure que le cercle d'approvisionnement de Paris s'agrandit, le choix des matériaux devient plus difficile. Aussi voit-on, dans les nombreux monuments qui se construisent aujourd'hui, employer des matériaux d'une qualité plus que douteuse. Parmi les édifices où le choix de la pierre a été très-bien fait, M. Michelot cite la bibliothèque Sainte-Geneviève, le Timbre, la gare de Strasbourg, celle de Lyon, le Ministère des affaires étrangères. Mais on a, au contraire, employé souvent des matériaux de qualité inférieure au palais de Justice, à la caserne Napoléon, au palais de l'Industrie, à la gare de l'Ouest, rue Saint-Lazare, et, malheureusement, dans les nouveaux travaux du Louvre.

Tous ces faits viennent à l'appui des considérations pratiques exposées par M. le directeur Michal, dans son rapport du 20 janvier 1851, et démontrent l'utilité d'une bonne statistique des matériaux employés à Paris.

M. Michelot donne ensuite la division systématique qu'il propose pour le service. Comme, dans son mémoire, il s'occupe spécialement de la pierre de taille, nous examinerons avec soin cette partie de son travail.

Il a divisé le cercle d'approvisionnement de Paris en deux parties presque concentriques : la première comprenant le bassin tertiaire; la deuxième, le grand demi-cercle jurassique, qui en est séparé par la craie blanche et qui s'étend des Ardennes à Caen, en passant par Metz, Nancy, Chaumont, Clamecy, Bourges, Poitiers et Alençon.

Les études sur les matériaux tertiaires sont presque complètes; c'est d'elles surtout qu'on s'occupera.

Deuxième partie. — *Application de la géologie aux recherches statistiques.* — Des recherches de ce genre seraient complètement impossibles, si l'on ne prenait pour se guider les indications qui sont fournies par la géologie. Nous avons eu bien souvent occasion de faire des applications de cette science dans le cours de notre carrière, surtout dans les recherches de matériaux destinés à l'entretien des routes. Ainsi, nous avons fait ouvrir des carrières excellentes, là où l'on ne connaissait que des matériaux de détestable qualité. Mais dans la banlieue de Paris, où tous les matériaux bons ou mauvais sont exploités et trouvent des acquéreurs, on peut dire que la géologie devient un guide indispensable pour se reconnaître dans cette multitude de dénominations locales, où le même nom désigne souvent des matériaux qui n'ont aucune analogie entre eux, et où souvent, au contraire, des pierres complètement identiques portent des noms très-différents.

M. Michelot a réellement rétabli l'ordre dans ce chaos.

Nous ne le suivrons point dans les notions sommaires qu'il donne sur la géologie du bassin de Paris; nous nous contenterons d'indiquer la position géologique de chaque espèce de pierre dont il sera question ci-dessous.

Coupe des terrains tertiaires du bassin de Paris. — Voici

d'abord la coupe des terrains tertiaires du bassin de Paris admise aujourd'hui par tous les géologues, quoiqu'on soit loin d'être d'accord sur les divisions de détail qu'elle comporte :

TERRAINS TERTIAIRES	**ÉTAGE MOYEN OU MIOCÈNE**	Calcaire lacustre supérieur.	Meulières de Montmorency..... → Plateaux de Marly, de Montmorency, etc.
			Calcaire de Beauce... → Plateaux entre le Loing et l'Eure.
		Sables de Fontainebleau ou sables supérieurs....	Forêt de Fontainebleau, bords des vallées de l'Essonne, de la Juine, de l'Orge, de l'Yvette, de la Bièvre; bords des coteaux de Marly, Montmorency, Triel, etc.
	ÉTAGE INFÉRIEUR OU ÉOCÈNE	Calcaire lacustre moyen.	Calcaires et meulières de Brie... → Plateaux de la Brie et du Tardenois, entre Fère et l'extrémité sud de la montagne de Reims.
			Marnes vertes. → Bords de toutes les vallées de la Brie, des coteaux de l'Yvette, de la Bièvre, de Meudon, Ville-d'Avray, Bougival, etc.
			Gypse et calcaire siliceux de Saint-Ouen..... → Plateau entre Saint-Denis et Fère-en-Tardenois. Le gypse se trouve principalement entre Meulan et Château-Thierry.
		Sables moyens ou de Beauchamp.........	Plateaux du Soissonnais et du Tardenois. Bords des vallées de la Marne et de ses affluents, et de l'Oise.
		Calcaire grossier......	Soissonnais, Vexin français, banlieue de Paris, surtout du côté du sud et de l'ouest, bords de l'Oise.
		Argile plastique, sables du Soissonnais ou inférieurs.	Dans le Soissonnais, au bord de la Brie du côté de la Champagne; dans la vallée de la Marne, à Meudon, Bougival, Poissy, Mantes, etc.
		Calcaire pisolithique....	Détruit presque partout avant le dépôt tertiaire; disséminé en lambeaux en divers points, notamment au bord de la Brie, du côté de la Champagne, dans le Vexin, etc.
		Craie blanche......	Plaines de la Champagne, fonds des vallées de la Beauce, entre Chartres et Rouen, de la Normandie, de la Picardie, etc.

Les matériaux de construction proviennent surtout du calcaire grossier. C'est donc principalement de ce terrain que M. Michelot s'est occupé.

Il a adopté les quatre divisions principales de Brongniart et de Cuvier, savoir : 1° — calcaire grossier inférieur, ou à nummulithes ; 2° — calcaire grossier moyen, ou à miliolithes ; 3° — calcaire grossier supérieur ou à cérithes ; 4° — et enfin, marnes ou caillasses. Par une étude intelligente des fossiles et des caractères minéralogiques des roches, il a établi un grand nombre de subdivisions qui ne se trouvent pas dans toutes les localités, mais qui se présentent toujours dans le même ordre de superposition, et dans lesquelles il a pu faire rentrer tous les matériaux qui s'exploitent dans le bassin de Paris, en remettant à leur place ceux que les carriers, par ignorance ou mauvaise foi, voulaient faire passer pour d'autres.

DÉSIGNATION GÉOLOGIQUE		TEINTES CONVENTIONNELLES DES COUPES DE M. MICHELOT	NOMS DES MATÉRIAUX
CALCAIRE GROSSIER	Caillasses		Marnes, rochette.
	Supérieur. . . .	Rose avec hachures verticales. . . :	Roche.
		Rose	Bancs francs.
		Vert avec hachures inclinées	Cliquart, liais Laversine.
		Vert	Banc vert.
		Vert avec hachures verticales	Saint-Nom.
	Moyen.	Jaune.	Banc royal.
		Brun clair.	Masse des vergelés (lambourdes).
		Rouge brun.	Vergelé de fond.
	Inférieur. . . .	Bleu foncé	Bancs à verrains (Saillancourt, Chérence).
		Bleu clair.	Saint-Leu.
		Lilas.	Bancs à nummulithes.

Le tableau ci-dessus donne les principales subdivisions adoptées par M. Michelot, et les teintes conventionnelles qui, dans ses coupes de carrières, indiquent les bancs exploités comme pierre de taille.

Les couches inférieures, très-reconnaissables aux grains de sable vert (glauconie, silicate de fer) qu'elles renferment et aussi aux nombreuses nummulithes qui leur ont fait donner par les ouvriers le nom de *pierre à liard*, ne sont jamais exploitées comme pierre de taille.

Pierre de Saint-Leu. — Les bancs teintés en bleu clair, qui viennent ensuite, donnent l'excellente pierre tendre, d'un grain gras, d'un jaune clair, connue sous le nom de pierre de Saint-Leu et qui ne se trouve guère, en effet, qu'aux bords de l'Oise, près de cette localité.

Pierres de Vallangoujard, Saillancourt, Tessancourt, Chérence. — L'assise teintée en bleu foncé, très-facile à reconnaître par les longs moules de *cerithium giganteum* qu'elle renferme, et qui lui ont fait donner le nom de *pierre à verrains* par les ouvriers du Soissonnais, est désignée dans la banlieue de Paris sous le nom de *banc Saint-Jacques*, à Saint-Leu sous celui de *turlu*. Elle a une grande importance dans le Vexin et sur les bords de l'Oise, où elle donne les pierres dures de Vallangoujard, Saillancourt, Tessancourt, Chérence, etc. On y trouve souvent, à la base, des grains verts de sable glauconieux.

Bancs royals, vergelés. — Le calcaire grossier moyen fournit surtout des pierres tendres faciles à reconnaître, parce qu'elles sont entièrement pétries d'un très-petit fossile nommé miliolithe, qui lui donne un aspect rude et grenu. Les meilleures de ces pierres viennent des bords de l'Oise, où elles sont désignées sous les noms de banc royal, vergelé, vergelé de fond; celles qu'on exploite à Conflans (banc royal), à Saint-Leu et à Saint-Maximin sont réellement impérissables.

Dans la plaine de Paris, on désigne sous le nom de lambourde une pierre tendre qui correspond exactement aux vergelés par sa position géologique, mais d'un grain plus gras, plus marneux et d'une qualité bien inférieure. Cette pierre est très-souvent employée en élévation dans les édifices particuliers, et, malheureusement, on la substitue trop fréquemment au vergelé dans les édifices publics.

Excellentes pierres dures de Laversine, Saint-Nom, liais, cliquart. — Le calcaire grossier supérieur se décompose en deux parties. La partie inférieure, teintée en vert, donne les meilleures pierres dures du bassin de Paris ; elle est séparée en deux par un banc marneux, qu'on nomme le banc vert, facile à reconnaître à sa texture marno-compacte et aux nombreux moules de *cerithium lapidum* qu'on y trouve associés à des fossiles d'eau douce. On en extrait une pierre de taille de médiocre qualité (roche de Nanterre).

Le banc placé au-dessous, caractérisé par de nombreux moules de *turritella fasciata,* donne les excellentes pierres dures de Saint-Nom et Comelle. Au-dessus, on retrouve également la *turritella fasciata* dans les pierres si recherchées autrefois et qu'on extrayait du sol même de Paris, sous les noms de liais et de cliquart, et dans celle de Laversine.

Roche et bancs francs. — La partie supérieure, teintée en rose, est la roche qui ne se trouve guère que dans la banlieue de Paris. Elle est caractérisée par le nombre prodigieux de cérithes qu'elle renferme.

Les premières assises à partir de la base, moins riches en cérithes, sont aussi bien moins dures ; souvent elles sont gélives ; on les désigne sous le nom de bancs francs. La pierre de taille qui en provient forme malheureusement les soubassements d'un grand nombre d'édifices à Paris ; elle a été admise dans les voûtes de beaucoup de ponts, où elle est facile à reconnaître à ses arêtes arrondies par la gelée.

La *roche* proprement dite s'extrait au-dessus des bancs francs ; elle est beaucoup plus riche en cérithes : le lit supérieur en est pour ainsi dire pétri, surtout dans certaines carrières, telles que celles de la Butte-aux-Cailles.

Si la roche était homogène, elle donnerait réellement une pierre impérissable, mais le lit inférieur est d'une qualité médiocre; il est souvent marneux et doit être ébousiné avec soin.

La roche n'était pas exploitée dans le dernier siècle; elle formait le ciel des carrières de Bagneux et de la Butte-aux-Cailles; c'est dans cette position qu'on va la chercher aujourd'hui dans les anciennes carrières.

Caillasses. — Les caillasses qui couronnent le calcaire grossier ne sont pas exploitées, et n'offrent aucun intérêt au point de vue pratique.

Nous ne dirons qu'un mot des autres assises tertiaires qui ont bien moins d'importance que le calcaire grossier.

Pavés des sables moyens et supérieurs. — La plus grande partie des pavés employés à Paris sont extraits des sables moyens des bords de l'Oise et de la Marne et des sables supérieurs de la banlieue de Fontainebleau, de l'Yvette et de Marly.

Dans les calcaires lacustres moyens et supérieurs, caractérisés par des fossiles d'eau douce, tels que lymnées, planorbes, etc., on ne trouve généralement pas de pierre de taille; cependant, du côté du sud, sur les bords du Loing, ces calcaires donnent l'excellente pierre dure de Château-Landon.

Meulières. — Les terrains d'eau douce de la Brie et de Montmorency donnent les meulières si souvent employées à Paris dans les constructions modernes.

Pour tout ce qui concerne les fossiles et les autres détails géologiques, nous renvoyons au travail de M. Michelot.

Troisième partie. — *Statistique des carrières du bassin de Paris divisées en douze groupes.* — Dans cette partie, M. Michelot fait la statistique complète des carrières du bassin de Paris; il a divisé ces carrières en douze groupes portant les désignations suivantes : 1° — carrières de Paris; 2° — de Saint-Germain; 3° — de Pontoise; 4° — du Vexin; 5° — du Clermontois; 6° — du Senlissois; 7° — du Valois; 8° — du Soissonnais; 9° — du Noyonnais; 10° — du Laonnais; 11° — de la Marne; 12° — du Loing.

Chacun de ces douze groupes a son dossier contenant un tableau statistique des carrières, un cahier de coupes et une carte géognostique.

Tableau statistique. — Le tableau statistique donne, sous une forme très-simple pour chaque carrière, la production annuelle, la position géologique des bancs avec leurs désignations locales, leur épaisseur, la nature des pierres qui en proviennent.

Dans la même colonne, une courte note fait connaître la qualité de la pierre.

Dans la colonne suivante, intitulée : « *Emploi des matériaux* », on fait connaître le parti qu'on en peut tirer. Le tableau se termine par des données numériques sur les prix des matériaux sur carrière et à Paris, les prix du sciage et de la taille, le poids du mètre cube, la résistance à l'écrasement, etc.

Plusieurs colonnes n'ont pu être remplies, on le conçoit ; on comblera ces lacunes au fur et à mesure qu'on le pourra. Ainsi des expériences sur la résistance à l'écrasement ont été entreprises cette année ; elles permettront de remplir une des colonnes les plus importantes.

Coupes des carrières. — M. Michelot possède, dans ses archives, une collection très-nombreuse de coupes des carrières du bassin de Paris ; il en a joint cent cinquante-six des plus intéressantes à son mémoire.

Ces coupes sont rapportées à l'échelle de $0^m,01$ pour mètre ; tous les bancs y sont figurés avec leurs désignations locales ; ceux qui sont exploités pour pierre de taille portent une des teintes indiquées dans le tableau ci-dessus qui fixe sa position géologique.

Cartes géognostiques. — Ces cartes, qui complètent le dossier de chaque groupe de carrières, sont des fragments des cartes du bureau de la guerre sur lesquels on a indiqué par des teintes les différents terrains, et, par des points rouges, la position des carrières. Celles des groupes de Paris portent, en outre, leurs numéros d'ordre.

Il est inutile d'insister sur l'importance de tous ces documents dont nous ne pouvons donner qu'une idée fort imparfaite dans ce résumé. Ils comprennent 40 pièces, savoir : 12 tableaux statistiques, 12 cahiers de coupes et 16 cartes.

M. Michelot passe ensuite en revue les douze groupes de carrières qu'il a établis. On conçoit que nous ne puissions le suivre dans tous les détails qui forment, pour ainsi dire, le corps de son mémoire, la partie à consulter au point de vue pratique. Nous nous bornerons aux considérations générales suivantes :

Premier groupe de Paris. — Le groupe le plus intéressant, par sa position au moins, est le n° 1, qui entoure Paris ; il comprend 346 exploitations. Malheureusement, les matériaux durs commencent à y être rares, et on peut prévoir qu'avant peu d'années, ces carrières, qui autrefois ont fourni tant de belle et excellente pierre, ne seront plus d'aucune ressource pour les travaux publics, et ne produiront plus que des lambourdes et du moellon pour les constructions particulières.

La *roche* ou pierre dure de Paris, comme nous l'avons déjà dit, n'est pas homogène. Si le lit supérieur est très-dur, il arrive souvent que l'inférieur est tendre et demande à être ébousiné avec soin. C'est un grand inconvénient qui augmente beaucoup le prix de la pierre, puisque cet ébousinage prend de $0^m,05$ à $0^m,15$ d'épaisseur.

Deuxième groupe de Saint-Germain. — *Pierre dure de Saint-Nom.* — Le deuxième groupe ne fournit que deux sortes de pierres présentant quelque intérêt : le liais de Saint-Denis, recherché pour dalles et balcons ; la pierre de Saint-Nom, excellente roche dure dont M. Michelot a donné le nom à une de ses subdivisions du calcaire grossier. Cette pierre s'exploite en trop petite quantité pour être d'une grande ressource dans les travaux de Paris. Elle est facile à reconnaître à un fossile, la *turritella fasciata*, qui s'y trouve en abondance.

Troisième groupe de Pontoise. — *Roche de Vallangoujard.* — Le groupe de Pontoise, qui vient ensuite, comprend 130 exploitations; la seule roche dure de quelque importance qu'on y trouve est celle de Vallangoujard, qui correspond au calcaire à verrains; mais les pierres demi-dures qui en proviennent jouissent d'une juste réputation. Le banc royal de Conflans fournit la meilleure pierre de ce genre à la consommation de Paris. On peut citer ensuite, quoique d'une qualité un peu inférieure, les bancs royals de Butry, Méry, l'Abbaye-du-Val, qui ont fourni de très-belles pierres à plusieurs édifices importants de Paris.

Les pierres tendres de ce groupe sont toutes de qualité plus ou moins médiocre.

Quatrième groupe du Vexin. — *Pierres dures de Chérence, Saillancourt, Vernon, etc.* —Les carrières du quatrième groupe, quoique moins importantes que celles qui précèdent au point de vue de l'approvisionnement de Paris, sont cependant très-intéressantes pour nous, puisqu'elles fournissent toute la pierre de bonne qualité employée dans la troisième section de la navigation de la Seine.

En première ligne, viennent les pierres dures de Chérence et de Tessancourt, qui sont excellentes quand elles sont bien choisies. Les carrières de Saillancourt donnent aussi de la pierre de taille de bonne qualité quoique moins dure, mais d'un choix encore plus difficile. Ces trois carrières appartiennent au calcaire grossier inférieur (pierre à verrains).

Pierres tendres de Saint-Gervais et Nucourt. — On trouve à Saint-Gervais et à Nucourt d'excellente pierre tendre provenant du banc des vergelés; nous avons eu l'occasion de l'employer dans les maisons éclusières.

Enfin la pierre de Vernon, qui provient de la craie blanche durcie accidentellement, est employée souvent comme pierre dure dans les travaux hydrauliques, bien qu'elle soit de qualité inférieure aux pierres fournies par les bons bancs durs du calcaire grossier.

Cinquième groupe du Clermontois. — *Pierres tendres de Saint-Leu et de Saint-Maximin.* — Le cinquième groupe est particulièrement remarquable par ses pierres tendres, qui sont les meilleures et les plus abondantes du bassin de Paris. Les carrières de Saint-Leu et de Saint-Maximin fournissent à Paris deux espèces de pierres tendres excellentes, le Saint-Leu appartenant au calcaire grossier inférieur, le vergelé au calcaire grossier moyen. Ces pierres, dont la dernière est préférée aujourd'hui, ont été employées avec succès en élévation dans nos plus beaux édifices[1].

Sixième groupe du Senlissois. — Liais de Senlis. — On ne trouve, dans les carrières du sixième groupe, que deux natures de pierres remarquables, le liais de Senlis (calcaire grossier supérieur), qui a une grande réputation à Paris et qui s'y vend fort cher (90 francs le mètre cube), et le banc royal de Marly-la-Ville.

Septième groupe du Valois. — Les carrières du septième groupe offrent encore moins de ressources, leurs pierres tendres ne pouvant entrer en lutte avec celles de Saint-Maximin et de Saint-Leu, qui sont de meilleure qualité.

Huitième groupe du Soissonnais. — Pierres dures de Puiseux, Vauxrezis, Crouy, Laversine, etc. — Le huitième groupe est, au contraire, un des plus importants du bassin. Les carrières de Puiseux, de Vauxrezis, de Crouy, donnent une pierre plus dure que la roche de Bagneux. Celle de Laversine est un peu plus tendre, mais bien plus homogène. Toutes ces pierres sont extraites des bancs teintés en vert sur la coupe de M. Michelot et qui correspondent au liais et à la roche de Saint-Nom. Le Soissonnais est aujourd'hui un des points où Paris prend une grande partie des pierres dures qui lui sont nécessaires.

Neuvième groupe du Noyonnais. — Le neuvième groupe du Noyonnais ne fournit pas de pierres à Paris et rien n'annonce qu'il doive prendre plus d'importance à l'avenir.

Dixième groupe du Laonnais. — Pierre dure de Vandresse.

---

[1] Les parements vus des tympans des nouveaux ponts de Paris sont en vergelé; on a même reconstruit avec cette pierre les voûtes du pont de Maisons-Laffitte.

— Le dixième groupe ne renferme aujourd'hui qu'une carrière, celle de Vandresse, qui fournisse de très-bonne pierre dure. Cette excellente pierre, qui provient, comme celle du Soissonnais, des bancs teintés en vert, est d'un grain très-fin, et peut remplacer, avec avantage, le liais de Senlis dans les escaliers et autres ouvrages du même genre.

Onzième groupe de la Marne. — Grès d'Étrépilly. — Le onzième groupe ne fournit point de pierre à Paris. La pierre de taille d'Étrépilly, qui n'est qu'un grès extrait des sables moyens, est cependant de bonne qualité, mais ne peut arriver à Paris en raison de son prix trop élevé.

Douzième groupe du Loing. — Pierre de Château-Landon. — Les pierres de taille du douzième groupe, comme les précédentes, ne sont point extraites du calcaire grossier, mais des formations lacustres moyenne et supérieure. La pierre de Château-Landon, qui en provient, est trop connue pour qu'on en parle plus longuement ici ; les carrières sont réellement inépuisables et seront d'une grande ressource pour Paris, quand on les aura appréciées à leur juste valeur.

En résumé, on ne peut guère compter maintenant sur les carrières de la banlieue pour l'approvisionnement de la pierre dure nécessaire à Paris. C'est dans le Soissonnais, sur les bords du Loing, en Bourgogne et en Lorraine, comme nous le dirons tout à l'heure, qu'on doit aller chercher cette pierre.

Il en est de même des liais, qui, dans peu d'années, proviendront tous du Senlissois et du Laonnais.

Les pierres demi-dures et tendres de bonne qualité commencent elles-mêmes à devenir rares dans les carrières de Paris ; c'est sur les bords de l'Oise, entre Conflans et Clermont, qu'il faut aller les chercher.

M. Michelot termine cette remarquable description des carrières du bassin de Paris par un tableau où il fait connaître la hauteur d'assise, les prix de la pierre et de la taille des matériaux qui en proviennent.

Ce tableau, on le comprend, sera très utile à consulter.

Carrières situées hors du bassin tertiaire de Paris. —Il donne ensuite la description des carrières situées hors du bassin. tertiaire, qui commencent à envoyer de la pierre de taille à Paris.

Carrières de la Bourgogne et de la Lorraine. — En première ligne viennent les carrières oolithiques de la Bourgogne et de la Lorraine.

Coupe de l'étage oolithique inférieur en Bourgogne. — Les meilleures pierres de la Bourgogne proviennent de l'étage oolithique inférieur. Nous compléterons la description de M. Michelot par le tableau suivant, qui donne une idée de la disposition des bancs exploités.

Les bancs inférieurs et supérieurs ne peuvent fournir de la pierre qu'à la consommation locale, quoique cette pierre soit très-dure et d'excellente qualité.

Les bancs inférieurs (calcaire à entroques) sont trop rarement épais pour qu'ils puissent donner lieu à des exploitations sur une grande échelle.

DÉSIGNATION GÉOLOGIQUE			OBSERVATIONS		
Oolithe moyenne ; terrain à minerai de fer du Châtillonnais.			Point de pierre de taille.		
ÉTAGE OOLITHIQUE INFÉRIEUR. — ÉPAISSEUR : 130 A 200 MÈTRES	Grande oolithe.	Corn-brash.	Assise caractérisée par un nombre prodigieux de térébratules (*t. coarctata, concinna*).	Carrières de Layer, Cérilly près Châtillon-sur-Seine.	Pierre de taille d'une extrême dureté, mais malheureusement trop trouée par les moules de térébratules.
			Roches en bancs plus ou moins épais, presque dépourvues de fossiles, souvent très-dures, mais presque toujours gélives et trop fragiles pour être exploitées.		
		Forest-marble.	Plusieurs assises de 0ᵐ,40 à 1 mèt. d'épaisseur d'un calcaire très-dur ; gris à oolithes indistinctes fondues dans la pâte, peu de fossiles, baguettes d'oursins dans les gardes.	Excellentes carrières de pierre. — Chèvre, Coulmiers-le-Sec, Puits, les Souillats, Creux-Rateau, près Coutarnoux.	Pierre de taille très-dure d'un beau grain gris, non gélive, quelle que soit la saison dans laquelle elle est tirée.
			Bancs minces d'un calcaire blanc, à oolithes fines parfaitement sphériques, toujours gélif.		
		Grande oolithe proprement dite.	Banc puissant d'un calcaire demi-dur, blanc ou orange très-clair, à oolithes fines toujours distinctes.	Carrières de Montbard (mauvaises) ; — Cry, Anstrude (bonnes) ; — Champ-Rotard, à Coutarnoux (bonnes), Chevroches (bonnes) ; — la Manse (médiocres).	Pierre de taille de qualité variable, très-bonne dans certaines carrières, médiocre et gélive dans d'autres, d'un très-bel aspect.
			Bancs gélifs sans usage.		
		Terre à foulon. (Calcaire à bucardes de M. Lacordaire, calcaire blanc jaunâtre de M. de Bonnard.)	Calcaire marneux remarquable par le nombre prodigieux de pholadomies qu'il renferme. M. Lacordaire avait pris ces fossiles pour des bucardes et avait désigné le terrain sous le nom de calcaire à bucardes. A la base, quantité prodigieuse de petites huîtres (*ostrea acuminata*).		
	Oolithe inférieure.	Calcaire à entroques	Assises minces d'un calcaire très-dur pétri d'entroques (bras de pentacrinites) d'un gris passant par toutes les nuances du gris bleu au gris rose.	Carrières des vallées de la Brenne et de l'Armançon, travaux du canal de Bourgogne entre Pouilly et Sainte-Reine.	Excellente pierre de taille, mais malheureusement peu exploitable en grand, parce que les bancs épais sont rares et peu suivis dans les carrières.
Lias		Marnes à bélemnites.	Point de pierres de taille ; ciment de Vassy.		

Les bancs supérieurs (corn-brash) présentent le même défaut et sont tellement criblés de trous par les moules de térébratules qu'il est difficile de les tailler proprement.

Les deux bancs moyens donnent d'excellente pierre, qui commence à être appréciée à Paris sous le nom de pierre de Bourgogne. Mais il y a une grande différence de qualité entre les deux genres de pierre.

La grande oolithe proprement dite donne une pierre demi-dure très-bonne dans certaines carrières, telles que celle de Cry, arrondissement de Semur (Côte d'Or), Anstrude, Champrotard, arrondissement d'Avallon (Yonne), Chevroches, arrondissement de Clamecy (Nièvre). Cette dernière carrière peut même être considérée comme donnant de la pierre dure.

Mais dans d'autres carrières, telles que celles de Montbard (Côte d'Or), Saint-Moré (Yonne), la Manse (Nièvre), cette pierre ne peut inspirer aucune sécurité, parce qu'elle est souvent gélive.

Dans toutes les carrières qui correspondent à cet horizon, sauf dans celles de Chevroches, il existe des bancs gélifs qu'il est assez difficile de distinguer des bons bancs; on peut donc être facilement trompé, et la réception de la pierre est une chose fort délicate.

Les bancs supérieurs, qui correspondent au *forest-marble* des Anglais, ne donnent que d'excellente pierre; on ne pourrait trouver un seul morceau de pierre gelée, même dans les découverts, sur les carrières de Pierre-Chèvre, Coulmiers-le-Sec, la Comme-de-Nesle, près Châtillon-sur-Seine, des Souillats, Coutarnoux, l'Isle-sur-le-Serain (arrondissement d'Avallon).

On ne peut d'ailleurs confondre les matériaux de la grande oolithe avec ceux qui proviennent du *forest-marble*, ceux-ci ayant leurs oolithes très-peu distinctes et, pour ainsi dire, fondues dans la pâte de la pierre; ceux-là étant, au contraire, criblés d'oolithes bien sphériques, parfaitement visibles.

Les deux genres de carrières de la grande oolithe occupent en Bourgogne une grande zone qui traverse le bassin de la Seine, entre Clamecy et Chaumont, sur 160 kilomètres en longueur et plusieurs kilomètres en largeur. Il s'en faut beaucoup qu'on ait ouvert des carrières sur tous les points exploitables.

Position des meilleures carrières de pierre dure qu'on y trouve. — Les meilleures carrières de pierre dure sont situées sur les plateaux compris entre Montbard et Châtillon (Côte-d'Or), et sur les deux rives du Serain, dans le canton de l'Isle (Yonne); les voussoirs de tête du pont Notre-Dame et le cordon du quai du Louvre proviennent de ces deux localités[1].

Les terrains oolithiques moyens ne peuvent guère fournir de pierres pour l'approvisionnement de Paris. On y remarque cependant la pierre dure d'Avigny (arrondissement d'Auxerre), les pierres demi-dures de Pacy (arrondissement de Tonnerre), les pierres tendres de Courson, Bailly (arrondissement d'Auxerre), Tonnerre.

Toutes ces pierres proviennent de deux étages de l'oolithe moyenne, la première et les trois dernières de l'oolithe corallienne, la deuxième de l'oxford-clay.

Dans le bassin de la Seine, l'oolithe supérieure ne fournit qu'une seule nature de pierre de quelque qualité, celle du groupe de carrières des environs de Saint-Dizier. Les carrières de Chevillon et Savonnières donnent une pierre demi-dure de bonne qualité et d'un très-bel aspect. Ces pierres arriveront sans doute à Paris en concurrence avec les vergelés et les bancs royaux.

Carrières de Lorraine. — Les bancs à pierre de taille de la grande oolithe longent les vallées de la Meuse et de la Moselle et sont exploités en grand dans la banlieue de Metz. Ils donnent de la pierre demi-dure de bonne qualité (carrières de Jaumont, Rongueveau, Neufchef) qui peut arriver à Paris.

Le coral-rag (étage oolithique moyen) donne une pierre dure de très-bonne qualité et aujourd'hui bien connue à Paris sous les noms de pierre d'Euville, Lérouville et Mécrin, près Com-

---

[1] Depuis, on a fait avec la même pierre les voussoirs de tête des ponts d'Austerlitz, des Invalides et de l'Alma.

mercy (Meuse). Elle est facile à reconnaître, parce qu'elle est pétrie de grosses entroques qui lui donnent une cassure miroitante.

Enfin les grès bigarrés des Vosges (carrières d'Arschwiller, Niderwiller, Phalsbourg) ont été employés au Palais de cristal, mais ils sont d'une qualité trop variable pour qu'on continue à les recevoir à Paris. Les quatre statues de la place de la Bourse sont en grès de bonne qualité de Phalsbourg. (Voir, pour plus de détails sur les carrières de Bourgogne et de Lorraine, le mémoire de M. Michelot.)

QUATRIÈME PARTIE. — *Meulières, Briques, Chaux, etc.* — M. Michelot donne ensuite des considérations très-intéressantes sur les meulières, les briques, les chaux hydrauliques naturelles et artificielles, les ciments, les plâtres, les granites et les bitumes. Ce rapport est déjà trop long pour que nous insistions beaucoup sur cette partie du mémoire dont nous présentons l'analyse; nous n'en parlerons donc que sommairement.

Meulières. — Les meulières sont toutes extraites des parties supérieures des calcaires lacustres moyen et supérieur (plateau de la Brie et de Satory).

Chaux et ciments. — Les chaux hydrauliques naturelles employées à Paris proviennent presque toutes des marnes du gypse (fours des Buttes-Chaumont, de Romainville, Argenteuil); cependant on en obtient qui proviennent du banc vert du calcaire grossier (fours de Gentilly, Ivry, la Gare, Grenelle). On extrait également des pierres à ciment des marnes du gypse.

Difficultés du choix de la pierre à chaux dans le bassin de Paris. — Les chaux et ciments hydrauliques naturels de Paris sont d'un bon usage quand la pierre est bien choisie, mais là gît la difficulté; rien n'est plus difficile que de faire un bon choix dans des matériaux souvent d'aspects peu différents, dont les uns sont bons et les autres très-mauvais, ce qui arrive presque toujours dans les carrières à chaux de la banlieue de Paris.

Chaux hydraulique artificielle. — Les ingénieurs donnent

donc presque tous, et avec raison, la préférence à la chaux hydraulique artificielle, quoiqu'elle soit plus chère et ne foisonne pas. La plus estimée est celle d'Issy et des Moulineaux, qui se fait par un mélange de craie et d'argile plastique.

Gypse. — Les terrains gypsifères du bassin de Paris forment, dans les terrains lacustres moyens, une grande lentille en partie détruite par les courants diluviens, qui s'étend du sud-est au nord-ouest, entre Meulan et Château-Thierry. Cette partie des richesses du sol de Paris paraît inépuisable, puisque son étendue n'a pas moins de 100 kilomètres en longeur et 40 en largeur, en y comprenant, à la vérité, les larges vides faits par les courants diluviens. Toutes les masses réunies ont quelquefois 20 mètres de hauteur.

Granites. — Les granites employés aujourd'hui à Paris viennent de Normandie. M. Michelot fait observer, avec raison, qu'avec un peu plus de conscience, les fournisseurs du Morvan auraient pu leur faire une utile concurrence; il existe, en effet, de très-bons granites en Bourgogne; nous en avons fait exploiter à Avallon qui nous paraissent bien supérieurs en dureté à ceux de Normandie.

Matériaux d'empierrement : meulières caillasses. — Les meulières dures, destinées à l'entretien des empierrements, se nomment meulières caillasses, et proviennent des mêmes terrains que les autres; comme dans tous les mélanges de matières bonnes et mauvaises, entre lesquelles il faut faire un choix, le triage de ces meulières destinées à l'entretien des empierrements des rues de Paris est devenu très-difficile, et le service municipal a été souvent obligé d'admettre des matériaux mélangés qui ont donné de médiocres résultats.

Quartzites des Ardennes. — Il en est résulté que les ingénieurs de ce service ont demandé à employer les quartzites des Ardennes et du Calvados et y ont été autorisés. Un premier essai a été fait sur les boulevards.

Résistance des matériaux à l'écrasement. — Il est inutile

de dire combien il serait important de connaître la résistance des matériaux de construction à l'écrasement.

Les expériences de Rondelet, les seules qui aient été faites avec suite et précision, ont perdu beaucoup de leur intérêt, parce qu'elles ne s'appliquent presque à aucune des pierres employées aujourd'hui.

Expériences de MM. Michelot et Delesse sur les pierres tendres. — M. Michelot a entrepris, avec M. l'ingénieur des mines Delesse, des expériences sur les pierres tendres du bassin de Paris au moyen d'une machine du laboratoire de l'artillerie.

Expériences commencées sur les pierres dures. — Des essais sur les pierres dures sont faits cette année avec une autre machine construite en 1853 au siège de la Société d'encouragement, qui a bien voulu mettre une de ses salles à notre disposition. Les résultats obtenus seront l'objet d'un second mémoire dès qu'ils auront été classés.

Collections d'échantillons de matériaux utiles. — Enfin, des collections d'échantillons de tous les matériaux de construction employés à Paris ont été commencées. Ces collections, destinées aux Écoles des ponts et chaussées et des mines et au Muséum, sont déjà très-riches en ce qui concerne le bassin de Paris; celles de la Bourgogne et de la Lorraine sont nécessairement moins avancées.

Conclusions. — On peut conclure du présent rapport que le mémoire de M. Michelot est la monographie la plus complète qui ait encore été faite sur les matériaux de construction employés à Paris. La méthode suivie par lui est entièrement originale, car nous ne pouvons considérer comme antécédents les notes publiées à deux reprises par nous, en 1849, dans une notice sur la carte géologique et agronomique de l'arrondissement d'Avallon, et, en 1852, dans les *Annales des ponts et chaussées*.

Dans ces notes sur les matériaux de construction de l'arrondissement d'Avallon et du bassin de la Seine, nous prenions également la géologie pour guide ; mais elles sont beaucoup trop succinctes, trop incomplètes pour pouvoir être comparées au travail de M. Michelot.

Nous croyons donc que le mémoire de cet ingénieur doit être considéré comme une statistique des carrières du bassin très-complète et dressée sur un plan entièrement neuf ; il peut être consulté avec beaucoup de fruit par tous les constructeurs qui y trouveront des données précises sur la position des carrières, le degré de dureté, la résistance à l'écrasement et à la gelée, et même sur les prix de revient des matériaux qui en proviennent. M. Michelot tient, en outre, à leur disposition des échantillons de toutes les espèces de pierres qui peuvent être employées à Paris.

Pour se convaincre de l'utilité de ces recherches, il suffit de parcourir pendant quelques heures les rues de Paris. On ne rencontrera pas un seul monument ayant plus de vingt à trente années d'existence, si ce n'est peut-être la cour intérieure du Louvre, qui ne soit déshonoré par de nombreuses pierres gelées ; les constructions neuves, où le choix des matériaux ne laisse rien à désirer, sont elles-mêmes fort rares.

Nous pensons que le service doit être maintenu en suivant à peu près le programme indiqué par M. Michelot dans ses conclusions.

Jamais, suivant nous, ce travail de statistique ne pourra être considéré comme complet, parce que la situation des carrières change tous les jours ; les anciennes s'épuisent, de nouvelles exploitations commencent, des matériaux inconnus à Paris y sont importés sans que les constructeurs soient toujours suffisamment éclairés sur leur valeur réelle. Il est donc nécessaire que l'administration maintienne un bureau d'ingénieur, où tous les renseignements viennent s'enregistrer et restent à la disposition du public.

Mais pour que le service soit permanent, il faut en réduire les dépenses qui consistent presque toutes en frais de personnel.

Nous avons donc demandé à l'administration qu'un arrondissement de la troisième section de la Seine y soit réuni; cette proposition a été adoptée. Aujourd'hui les dépenses sont considérablement réduites; l'année dernière encore, le personnel se composait d'un ingénieur, d'un conducteur et de deux agents temporaires; aujourd'hui il se réduit à un seul agent temporaire, auquel les autres employés s'adjoignent de temps en temps, quand la besogne presse.

Dans ces nouvelles conditions, la permanence du service ne nous paraît devoir soulever aucune objection.

Maintenant, on peut se demander ce qu'on doit faire des nombreux documents que M. Michelot a pu réunir; plus de trois cents coupes de carrières, une quantité énorme d'échantillons de toute espèce de roche sont entre les mains de cet ingénieur. Lorsque nous avons été chargé de ce service, M. Michelot était déjà autorisé à fournir des échantillons à l'École des mines et au Muséum.

On a pensé qu'une collection d'échantillons devait être placée à l'École des ponts et chaussées. L'insuffisance du local qu'il est possible de consacrer maintenant à cette collection, soit au quai de Billy, soit à l'École même, ne permettra pas, sans doute, de lui donner toute l'extension qu'elle devrait avoir. Mais enfin ce sera le commencement d'une grande chose ; car il devrait y avoir à l'École des ponts et chaussées une collection des matériaux utiles de toute la France, aussi complète que la collection de minéralogie de l'École des mines. Là, non-seulement les élèves, avant de quitter l'École, pourraient se faire une idée nette des ressources que leur offriraient les arrondissements dans lesquels ils seraient envoyés, mais tous les ingénieurs et les architectes y trouveraient des renseignements sur les matériaux de construction, qui n'existent pas ailleurs ; car, dans toutes les collections, l'échantillon rare est toujours préféré à l'échantillon utile, et tous les documents relatifs à l'emploi des matériaux manquent complètement. C'est donc à l'École des ponts et chaussées que devrait être fait le dépôt des échantillons, des cartes, et des coupes de carrières réunis par M. Michelot.

En attendant que cette collection puisse se réaliser, cet ingénieur conservera dans ses archives toutes les pièces importantes et déposera au magasin du quai de Billy les échantillons les plus encombrants.

La collection de l'École des ponts et chaussées sera continuée au fur et à mesure qu'on agrandira l'emplacement où elle doit être faite.

Nous ne pouvons en indiquer ici le plan, qui ne peut être arrêté qu'après un mûr examen de MM. les administrateurs de l'École.

TABLE DES CHAPITRES

APPENDICE

TABLE ALPHABÉTIQUE

DES MATIÈRES

———

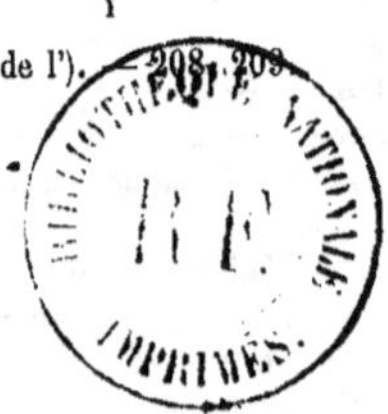